U0183344

COFFEEOLOGY
Series 1

精品咖啡学

咖啡

韩怀宗

著

总论篇

浅焙、单品、庄园豆
第三波精品咖啡大百科

浙江人民出版社

CONTENTS　**目录**

Chapter
|

第一章　**精品咖啡进化论（上）：**
第一、第二波咖啡简史

第三波咖啡席卷全球　002

Chapter
2

第二章　**精品咖啡进化论（下）：**
第三波咖啡登场

第三波：咖啡美学化——
庄园、品种、浅焙、黑咖啡强出头　034

Chapter

3

第三章 **台湾地区**
　　　　精品咖啡大跃进

Chapter

4

第四章 **亚齐搏命，**
　　　　关于曼特宁的前世今生

Chapter
5

第五章　**精品咖啡溯源，"旧世界"古早味：
埃塞俄比亚、也门与印度**

咖啡三大古国　196

Chapter
6

第六章 **新秀辈出，"新世界"改良味（上）：**
巴西、秘鲁、玻利维亚、危地马拉、
萨尔瓦多、肯尼亚

Chapter
7

第七章 **新秀辈出，"新世界"改良味（下）：**
艺伎双娇——巴拿马 vs 哥伦比亚

Chapter
8

第八章　**量少质精，汪洋中的海岛味：**
夏威夷、牙买加、古巴、波多黎各、
多米尼加、波旁、圣赫勒拿

Chapter
9

第九章　**1300年的阿拉比卡大观（上）：**
族谱、品种、基因与迁徙历史

推荐序

咖啡的美学经济时代终于来临！

　　大约是在两年前，朋友带着我走进阳明山菁山路一家不起眼的咖啡厅，主人陈老板不仅一眼认出我，还热情地为我上了一堂咖啡课，从那一刻起，我从喝茶一族转变为爱咖啡一族。

　　那天，陈老板只告诉我如何分辨新鲜的与不新鲜的咖啡，如何通过味蕾去感受咖啡的新鲜度。他告诉我，咖啡好坏不在价格高低，重要的是新不新鲜。黄曲霉是广泛存在的好氧微生物，霉变的花生中就含有对人体有害的黄曲霉素，而霉变的咖啡更可怕，含有比霉变花生含量更高、毒性更烈的黄曲霉毒素。

　　我的咖啡学就从"新鲜"这一课出发，陈老板要我把烘焙好的咖啡豆放在嘴里和吃花生一样咬，慢慢感受其中的苦甘味。从这一刻起，我开始品尝黑咖啡，不再喝加了很多牛奶的拿铁，连卡布奇诺也很少喝了。

以前到办公室前，我总会到便利店带一杯拿铁到办公室，现在则是拿陈老板亲自烘焙的新鲜咖啡豆，每天用保温瓶带一壶煮好的咖啡到办公室来喝。偶尔，我也会到湛卢或马丁尼兹、黑汤咖啡等咖啡专卖店，感受不同的咖啡文化。

这些年来，咖啡文化就像红酒文化一般越来越兴盛。品味红酒让人的眼界不断开阔，进而寻访更好年份的红酒，喝咖啡也是如此。空闲的时候，找一处喝咖啡的好地方也是一大享受，若更有闲情逸致，一脚踩进咖啡殿堂，研究咖啡的历史、冲泡细节和品味方式，也是很有趣的功课。

咖啡文化亦推动咖啡产业的发展。2010 年，欧债危机引发全球性股灾。2011 年，全球股市整整缩水 6.3 万亿美元。然而，在这场金融灾难中，美国的咖啡连锁店——星巴克的股价居然创下 47.35 美元的历史新天价，美国的绿山咖啡也顺势而起。大街小巷弥漫着咖啡香。

在台湾地区的街头，我们看到统一超商的 CITY COFFEE 大卖，一年的销售额达几十亿台币，连带着全家、莱尔富也卖起伯朗咖啡，而伯朗咖啡的李添财董事长亦开起了咖啡连锁店。除了这些巨型咖啡连锁店，许多咖啡达人的咖啡专卖店，也吸引了众多顾客前来捧场。连阿里山咖啡或东山咖啡这些当地种植的咖啡，都身价非凡。

正如同作者韩怀宗先生所说的，全球的咖啡时尚，从天天都要喝咖啡的第一波"咖啡速食化"，到星巴克引领重焙潮流的第二波"咖啡精品化"，终于来到了返璞归真的第三波"咖啡美学化"，这话说得真好！真希望在第三波"咖啡美学化"的新浪潮中，能诞生真正的咖啡新文化！

谢金河

《财讯双周刊》发行人

　　2015 年至今，我走访了中国大陆 20 多个市县，包括海南海口，福建福州、厦门，广东深圳，云南昆明、普洱、景洪、勐海、临沧、大理、保山，重庆，江苏苏州，上海，湖北武汉，山东青岛，陕西西安、咸阳，北京，天津，辽宁大连，吉林延吉，黑龙江哈尔滨。此外，还有香港特别行政区。这是我动笔写《精品咖啡学》之初，未料想到的美事，5 年来广交咖啡专家、学者、咖友与玩家，相互切磋交流，收获满盈。

　　之前，我去过中南美洲和亚洲的一些咖啡产地，一直苦于没有机会走访中国大陆的咖啡种植场。2015 年终于圆梦，我受邀出席在海南澄迈举行的第四届中国福山杯国际咖啡师冠军赛，主办单位还安排参访福山的罗布斯塔咖啡园，我得以见识到海南传统的糖炒罗布斯塔绝技，风味甘苦平衡，余韵深长。最令我惊艳的是产自海南白沙黎族自治县陨石坑的罗布斯塔，干净度（clean cup）极佳，喝得到奶油与巧克力香气，风味比驰名世界的印度皇家罗布斯塔更为干净丰富。这应该和陨石坑海拔达 600～800 米，以及土壤富含多种矿物质有关。这是我喝过的最优质的罗豆。可惜海南罗豆的年产量不到 500 吨，内销尚且不足，更无力外销。

大陆的阿拉比卡主产于云南。云南是我参访最多的省份，咖啡品种以混血的卡帝汶（Catimor）为主，迥异于宝岛台湾的铁比卡（Typica）、波旁（Bourbon）、SL34 以及艺伎。云南咖啡发轫于 1904 年宾川县的朱苦拉村。2017 年我出席朱苦拉咖啡论坛，并参访有着百年历史的朱苦拉古咖啡园，一路上饱览云南干热河谷宏伟壮丽的景致，毕生难忘。

我曾三次出席古都西安的咖啡活动，主办单位陪我走访秦始皇兵马俑、汉武帝茂陵、唐太宗昭陵、华清池、唐高宗和武则天的乾陵及大雁塔等名胜古迹。西安的书友还邀我漫游风景如泼墨山水画的华山。最让我感动的是，上海的书友得知我的祖籍在苏州，花了一天时间带我游览太湖畔的东山岛风景区，按照先父生前留下的地址，居然找到父亲 90 年前的故居。

为了促进海峡两岸咖啡产业进一步交流，2019 年 5

月，我发起首届两岸杯 30 强精品咖啡邀请赛，在台湾地区南投县的正瀚风味物质研究中心举行，为期一周。评审团由海峡两岸的杯测师（cupping judge）组成，为两岸精选的 30 支极品豆评分，受邀观礼的包括云南国际咖啡交易中心的贵宾。两岸咖啡人共聚一堂，鉴赏评委们选出的金质奖、银质奖、优等奖和主审特别奖，共 30 支赛豆的千香万味，为这场共赢共好的比赛画上圆满的句号。

《精品咖啡学》分两篇，共 30 余万字，详述咖啡三大浪潮的始末、产地信息、品种族谱、风味轮概要、知香辨味、杯测入门、金杯准则（Gold Cup Standard）与手冲技法，内容缤纷有序。

咖啡学是一门与时俱进的学科，每隔几年就会进化衍生出新的内容与论述。我目前正埋首撰写《第四波咖啡学：变动中的咖啡世界》，而前作《精品咖啡学》可作为第四波咖啡学的暖身书。学海无涯，循序渐进，必有收获。

谨志于台北内湖

2020 年 9 月 22 日

走进精品咖啡的世界!

《精品咖啡学(上):浅焙、单品、庄园豆,第三波精品咖啡大百科》,以及《精品咖啡学(下):杯测、风味轮、金杯准则,咖啡老饕的入门天书》,是笔者继1998年译作《星巴克:咖啡王国传奇》、2000年译作《咖啡万岁:小咖啡如何改变大世界》,以及2008年著作《咖啡学:秘史、精品豆与烘焙入门》(后文简称《咖啡学》)之后,第四与第五本咖啡"双胞胎"书籍。[1]

这两本书同时出版,实非吾所料。记得2009年5月,动笔写咖啡学两部曲的初衷,只想精简为之,10万字完

---

[1] 完稿于2011年7月,首次出版时间为2012年。2022年版将书名改为:《精品咖啡学·总论篇》《精品咖啡学·实务篇》,分别对应原版的上、下册。——编者注

书。孰料一发而不可收，10 万字难以尽书精品咖啡新趋势，索性追加到 20 万字，又不足以表达第三波咖啡美学在我内心激起的澎湃浪涛……

完稿日一延再延，直至 2011 年 7 月完成初稿，编辑帮我统计字数，竟然超出 30 万字，比我预期的多出 20 多万字，也比前作《咖啡学》厚了两倍。

这么"厚脸皮"的硬书怎么办？谁读得动一本 30 万字的大部头咖啡书？一般书籍约 10 万字，照理 30 多万字可分成 3 册出版，但我顾及整体性，又花不少时间整编为上、下两册。

本套书的总论篇，聚焦于精品咖啡的三波演化、产地寻奇与品种大观。

我以两章的篇幅，尽数半个世纪以来，全球精品咖啡的三大波演化，包括第一波的"咖啡速食化"、第二波的"咖啡精品化"和第三波的"咖啡美学化"，并记述美国第三波的三大美学咖啡馆与第二波龙头星巴克尔虞我诈的殊死战。

另外，我以六章的篇幅，详述产地传奇与最新资讯，包括"扮猪吃老虎"的台湾咖啡，以及搏命进入亚齐（Aceh）的历险记。我也参考葡萄酒的分类，将三大洲产地分为"精品咖啡溯源，'旧世界'古早味""新秀辈出，

'新世界'改良味"和"量少质精，汪洋中海岛味"，分层论述。

总论篇的最后三章，献给了我最感兴趣的咖啡品种，包括"1300年的阿拉比卡大观（上）：族谱、品种、基因与迁徙历史""1300年的阿拉比卡大观（下）：铁比卡、波旁……古今品种点将录"及"精品咖啡外一章，天然低因咖啡"。

我以地图及编年纪事，铺陈阿拉比卡下最重要的两大主干品种——铁比卡与波旁，在7世纪以后从埃塞俄比亚扩散到也门，进而移植到亚洲和中南美洲的传播路径。最后以点将录的形式来呈现古今名种的背景，并附全球十大最昂贵咖啡榜，以及全球十大风云咖啡榜，为本篇画上香醇句号。

本套书实务篇，聚焦于鉴赏、金杯准则、萃取三大主题，我以十章逐一论述。

咖啡鉴赏部分共有五章，以如何喝一杯咖啡开场，阐述香气、滋味与口感的差异，以及如何运用鼻前嗅觉（orthonasal olfactory）、鼻后嗅觉（retronasal olfactory）、味觉以及口腔的触觉，鉴赏咖啡的千香万味与滑顺口感。第二章论述咖啡的魔鬼风味，以及如何辨认缺陷豆。第三章杯测（coffee cupping）概论，由我和已考取美国精品咖啡协会（SCAA）精品咖啡鉴定师（Q-Grader）资格证的黄纬纶联手合写，探讨如何以标准化流程为抽象的咖啡风味打分。第四章与第五章深入探讨咖啡味谱图，并提出我对咖啡风味轮（flavor wheel）的新解与诠释。

第六章至第七章则详述金杯准则的历史与内容，探讨咖啡风味的量化问题，并举例说明如何换算浓度与萃出率（extraction yield）。最佳浓度区间与最佳萃出率区间交叉而成的"金杯方矩"，就是百味平衡的咖啡蜜点。

咖啡萃取实务则以长达三章的篇幅，详述手冲、赛风等滤泡式咖啡的实用参数以及如何套用金杯准则的对照表，并辅以彩照，解析冲泡实务与流程，期使理论与实务相辅相成。

全书结语，回顾第三波的影响力，并前瞻第四波正在酝酿中。

咖啡美学，仰之弥高，钻之弥坚。《精品咖啡学》撰写期间遇到许多难题，本人由衷感谢海内外咖啡俊彦的鼎力相助，助吾早日完稿。

感谢碧利咖啡实业董事长黄重庆与总经理黄纬纶，印度尼西亚棉兰 Sidikalang 咖啡出口公司总裁黄顺成、总经理黄永镇和保镖阿龙，协助安排亚齐与曼特宁故乡之旅。

感谢屏东咖啡园李松源牧师提供"丑得好美"的瑕疵

豆照片，以及亘上实业李高明董事长招待的庄园巡访。

感谢环球科技大学白如玲老师安排的古坑庄园巡礼。我还要感谢台湾大学农艺学系研究所的郭重佑，为我提供了关于咖啡学名的宝贵意见。

更要感谢妻子容忍我日夜颠倒，熬了1000个夜，先苦后甘，完成30多万字的咖啡论述，但盼继《咖啡学》之后，《精品咖啡学》能为海峡两岸和港澳地区的咖啡文化略尽绵薄之力。前作《咖啡学》简体字版权，已于2011年签给大陆的出版社。

最后，将"咖啡万岁，多喝无罪"献给天下以咖啡为志业的朋友，唯有热情地喝、用心地喝，才能领悟"豆言豆语"和博大精深的天机！

谨志于台北内湖

2011年12月17日

Chapter

1

第一章

精品咖啡进化论(上):
第一、第二波咖啡简史

～

　　本书开宗明义,第一章先论述精品咖啡的第三波现象,以及孕育第三波长达六十载的第一波与第二波现象,谓之"第三波前传"并不为过。第二章再详述第三波的三位咖啡翘楚、三大美学咖啡馆、经营理念,以及镇店名豆。笔者以两章篇幅,细数精品咖啡六十年演化与来龙去脉,协助业者掌握潮流,知所因应。

第三波咖啡席卷全球

　　台北、东京、纽约、波特兰、洛杉矶、芝加哥、奥斯陆、伦敦、悉尼……越来越多的大城市吹起无糖拒奶的黑咖啡美学风，咖啡馆不再是浓缩咖啡与拿铁独尊。各大城市咖啡吧台的浓缩咖啡机旁，亮出喧宾夺主的手冲与赛风行头，举凡电热卤素灯、瓦斯喷灯、美式滤泡壶 Chemex、日式手冲壶 Hario Buono、日式锥状滤杯 Hario V60、日本壶王 Kalita Copper 900、中国台制手冲壶 Tiamo 与台式聪明滤杯 Clever Dripper 争奇斗艳，为全球第三波咖啡 (Third Wave Coffee) 热潮增添几许无国界风情。

　　2007 年，赢得世界咖啡师大赛冠军的英国浓缩咖啡大师詹姆斯·霍夫曼 (James Hoffmann) 经营的平方英里咖啡烘焙坊 (Square Mile Coffee Roasters)，以浓缩咖啡配方闻名于世，并为各国参赛好手代工专用豆。然而，2010 年 5 月，他抛出一颗震撼弹，在伦敦市区开了实验性质的"一分钱咖啡馆"（Penny University）[1]，为期 3 个月，专卖手冲、赛风黑咖啡和琳琅满目的滤泡器材，唯独不见浓缩咖啡机、牛奶和糖。他要教育伦敦咖啡迷：简单就是美。最能诠释产地咖啡特质的萃取法，不是通过浓缩咖啡机萃取，而是人人都买得起的手冲和赛风。霍夫曼以浓缩咖啡桂冠头衔，纡尊降贵推广英国罕见的手冲与赛风。

德不孤，必有邻。曾访问的台湾地区 2009 年世界咖啡师大赛冠军——格威利姆·戴维斯（Gwilym Davies）也拔刀相助，为"一分钱咖啡馆"手冲献技，两位世界咖啡大赛的桂冠，不拉花吸客却执壶卖起手冲咖啡，引起伦敦咖啡迷热烈回响。"一分钱咖啡馆"于 2010 年 7 月 30 日结束实验，在掌声中圆满落幕，誓言择期扩大示范。

---

[1] 英国人早期称咖啡馆为"一分钱大学"，只要付一分钱即可进咖啡馆喝一杯咖啡，更重要的是可与学者、教授、医生或政客交流意见，步出咖啡馆后，自觉增长见闻，犹如上了大学一般。

巧合的是，美国执业咖啡师斯科特·拉奥（Scott Rao）2008年出版《专业咖啡师手册》（*The Professional Barista's Handbook*），详述浓缩咖啡实战技巧，成为畅销书。2010年顺势又出了一本《独缺浓缩咖啡》（*Everything But Espresso*），书名之怪，令人莞尔，无异于凸显“后浓缩咖啡时代”的现实。

滤泡黑咖啡重出江湖

这就是第三波现象，传统滤泡黑咖啡复兴，意大利浓缩咖啡式微，其来有自。浓缩咖啡机以额外施加的9个标准大气压，高效率萃取，对咖啡的香气与滋味，不论优劣均有放大效果，且浓度太高，致使许多细腻精致的味谱被掩盖或抑制。

2000年后，咖啡迷追求的不是浓到口麻、酸到噘嘴、苦到咬喉、涩到口干的味谱，而是返璞归真、慢工出细活，回归更温和自然、无外力干扰的滤泡式萃取法，让咖啡细腻雅致的“地域之味”（terroir）自吐芬芳，如同葡萄酒酿造业转向更天然、无外力施加的酿造法，只求忠实呈现水土与气候浑然天成的味谱。

第三波是全球化咖啡现象，亦是精品咖啡再进化的新里程，默默影响你我喝咖啡的习惯与品味，世人身处其境却不自知，犹如苏轼《题西林壁》所述"不识庐山真面目，只缘身在此山中"。对中国台湾地区和日本的咖啡迷而言，手冲或赛风大流行并不稀奇，但对浓缩咖啡独尊的欧美咖啡馆，却是石破天惊的新体验。

三波咖啡潮之演化始末

第三波咖啡是如何形成的？既然咖啡时尚已进化到第三波，那么第一波与第二波如何界定？精品咖啡的三波演化论，是最近八年积渐而成的，滥觞于欧洲，成论于美国。

● 挪威第三波抗衡全自动浓缩咖啡机

2002 年 12 月，挪威奥斯陆颇负盛名的摩卡咖啡烘焙坊（Mocha Coffee Roaster）女烘焙师翠西·萝丝格（Trish Rothgeb）发表《挪威与咖啡第三波》（*Norway and Coffee's Third Wave*），首度揭示精品咖啡的三波演化进程：

第一波在第二次世界大战前后，也就是速溶咖啡与罗布斯塔（Robusta）盛行的年代，品质不佳却带动咖啡消费量上升。

第二波在 1966 年后，美国的艾佛瑞·毕特（Alfred Peet）创立毕兹咖啡与茶[1]（Peet's Coffee & Tea），推广欧式重焙与现磨现泡的新鲜理念，采用 100% 高海拔阿拉比卡，不添加低海拔罗布斯塔，被誉为美国精品咖啡的"教父"。而毕兹咖啡的"徒弟"星巴克则引进意大利卡布奇诺与拿铁，将其包装成时尚饮料，开设连锁咖啡馆，带动了全球第二波精品咖啡时尚。

根据萝丝格的看法，第三波肇始于欧洲。2000 年前后，瑞士雀巢全自动浓缩咖啡机问世，雀巢公司在挪威开了第一家自动化咖啡馆，威胁传统第二波咖啡馆生计，一批挪威咖啡师不向全自动咖啡机低头，以精湛拉花手艺和庄园咖啡战胜了全自动咖啡机，这就是萝丝格笔下的第三波咖啡。这些咖啡师多半是世界咖啡师大赛的冠军得主，包括罗伯特·索瑞森和提姆·温铎柏，专业度远胜第二波咖啡。索瑞森与温铎柏皆参与了挪威这场纯手艺与全自动咖啡机之间的第三波圣战。

温铎柏回忆这段往事说："如果没有自动咖啡机的挑

---

[1] 中国大陆译为"皮爷咖啡"。——编者注

战与淬炼，我们不会有今日成就。全自动化咖啡机虽然方便好用，只需按键，不需技巧，就可冲出咖啡，但味谱呆板，远不如手工咖啡迷人。"

● 美国第三波抗衡星巴克

萝丝格论述的第一波与第二波，与美国精品咖啡进化历程吻合，唯第三波手艺精湛的咖啡师与全自动浓缩咖啡机的殊死战，并不符合美国情况。因此，2003 年，《挪威与咖啡第三波》一文刊登在美国咖啡烘焙者学会 (The Roasters Guild) 的春季新闻信《火焰守卫者》(The Flamekeeper) 上后，虽引起业界共鸣，但美国精品咖啡界

第三波的三大龙头……

走一趟美国最红火的第三波咖啡馆——Intelligentsia Coffee & Tea（知识分子咖啡与茶，以下简称"知识分子"）、Stumptown Coffee Roasters（树墩城咖啡烘焙坊，以下简称"树墩城"）以及 Counter Culture Coffee（反文化咖啡，以下简称"反文化"），你肯定会大吃一惊，除了原有的浓缩咖啡吧台外，还设立了滤泡式专区，手冲壶多达 9 个，没有一个咖啡师闲着，全忙着为排成长龙的客人手冲三大洲庄园豆。有趣的是，壶具大半来自日本和中国台湾地区，大有东风西渐的痛快。

却着手将第三波修正为"三大"(Big Three)与星巴克的战争，以符合美国实况。

所谓的"三大"是指红透半边天的知识分子、树墩城与反文化。换言之，美国版的第三波咖啡意指"三大"为了抗衡第二波龙头星巴克而创新的咖啡时尚与文化，诸如振兴手冲、赛风的黑咖啡美学；重视杯测、产地、品种与地域之味；宣扬精品咖啡并非黄豆、玉米等一般的大宗商品；提倡直接交易制(Direct Trade)，让咖啡农获得更多实惠；倡导咖啡科学，诠释咖啡美学；降低烘焙度，推广浅焙、中焙与中深焙美学，反对第二波的重焙。2003年也被公认为美国精品咖啡第三波元年。

○ 波波相扣，旗帜鲜明的咖啡演化潮

"三大"的咖啡美学，重塑美国乃至全球2000年后的咖啡时尚，影响既深且广。近年，重视品质与地域之味的新锐咖啡馆，纷纷向第三波旗帜靠拢，以便与第二波的重焙咖啡区分市场。对第三波的咖啡馆而言，将其与第二波的星巴克相比，如同拿星巴克与第一波的雀巢或麦斯威尔速溶咖啡相较，根本就不在同一个基准点上。美国咖啡师大赛与世界咖啡师大赛的冠军得主，皆标榜自己是第三波

信徒，并不令人意外。

2008 年，美国餐饮文化名作家迈克尔·韦斯曼（Michaele Weissman）所著《杯中上帝》（*God in a Cup*）亦阐述了精品咖啡第三波现象。这几年，"三大"与第三波咖啡被美国主流媒体《纽约时报》《华盛顿邮报》《洛杉矶时报》《时代》周刊和美国有线电视新闻网（CNN）争相报道，俨然成为精品咖啡新宠儿。

笔者详考 70 多年来全球咖啡演化进程，归纳为以下旗帜鲜明的三大波：

- 第一波（1940—1960）：咖啡速食化。
- 第二波（1966—2000）：咖啡精品化。
- 第三波（2003 年至今）：咖啡美学化。

这三大波前后相继，波波相扣，置身洪流冲刷洗礼中的咖啡迷与业者，不妨多加了解，掌握潮流，从中寻得定位、调整与愿景，共享进化成果。

 第一波：咖啡速食化，烂咖啡当道

根据萝丝格与韦斯曼的论述，第一波发生在第二次世界大战（1939—1945）前后，笔者将其界定在 1940—1960 年。

　　这期间恰好是人类酗咖啡的年代，战争确实带动了市场对咖啡的庞大需求，因为当时欧美国防部的军粮皆配有研磨或速溶咖啡，以提升阿兵哥的精神与耐力。以美国为例，战争期间每月采购14万袋咖啡，是平时的10倍，换算一下，这足以供给每名官兵每年14.7十克咖啡，让原本不喝咖啡的阿兵哥在战场染上咖啡瘾。另外，美国为了稳住战争期间拉丁美洲的经济，不惜以较高价收购咖啡，并鼓励美国人多喝咖啡。1941年，美国人平均喝下7.5千克咖啡，创下人均咖啡消费量纪录。1945年，第二次世界大战结束，美国每人年均咖啡消耗量更是飙到9千克的空前纪录（中国台湾地区目前每人年均咖啡消费量约1千克）。

　　然而，此时期的欧美咖啡工业看似花团锦簇，却建筑在有量无质的基础上。咖啡被视为大宗商品，产量很大，不论谁生产，品质都一样，无好坏之分，如同大豆、玉米、小麦、可可、棉花、石油和矿产一般。为了规避咖啡行情波动风险，咖啡期货交易所早在19世纪末就已运作，风味较温和的阿拉比卡在纽约交易，风味较粗犷的罗布斯塔在伦敦交易。

　　早在第一次世界大战（1914—1918）后，欧美即出现咖啡消费量剧增的现象，但战争规模远不如第二次世界大战，因此拉升咖啡需求的力道较弱。更重要的是，速溶咖啡的制作技术到了第二次世界大战后才成熟，在战场染上咖啡瘾、解甲归田的官兵成了战后速溶咖啡的庞大客群。雀巢、麦斯威尔、希尔兄弟争夺市场大饼，广告战令人莞尔，"创世纪新发现，这不是研磨咖啡粉，而是数百万个咖啡风味小苞，瞬间释放无限香醇，直到最后一滴"，或"速溶咖啡适合每人不同的浓淡偏好，无须再为清洗咖啡冲泡器材伤脑筋，也省了磨豆的麻烦"。美国人喜欢新奇又便捷的事物，只要是节省时间、少麻烦的商品，战后无不热卖，速溶咖啡生逢其时。

　　殊不知喝下肚的全是萃取过度的咖啡，业者想尽办法榨出咖啡豆所有的水溶性成分，从最初每 6 磅[1]咖啡豆制造 1 磅速溶咖啡，"进步"到 4 磅生豆压榨出 1 磅速溶咖啡，就连不溶于水的木质纤维和淀粉，也可利用水解技术将之转化成水溶性碳水化合物，使速溶咖啡更苦涩，得添加糖包、奶精才喝得下。

―――――――――――

[1]　英美制重量单位，1 磅约合 0.45 千克。

● **罗布斯塔劣味当道**

　　更糟的是，业者为了压低成本，大量使用风味低劣的罗布斯塔咖啡豆。速溶咖啡的技术与罗布斯塔结合，虽然压低售价，冲高销售量，却使战后的咖啡品味步入黑暗期。美国是速溶咖啡最大市场，欧洲则以雀巢的故乡瑞士和英国较能接受速溶咖啡，至于德国、意大利、奥地利和法国，这些较挑嘴的咖啡文化大国，则唾弃速溶咖啡，仍以研磨咖啡为主。

　　美国颇能接受走味咖啡，军方调教功不可没。两次大战期间，美国担心拉丁美洲投向德国或共产主义阵营，基于政治考量，大肆采购拉丁美洲所产咖啡，多半是劣质巴西豆。烘焙磨粉后，随便打包送到各单位时，已是数周甚至数月以后的走味咖啡，全灌进阿兵哥肚里。但这些走味咖啡却稳住了拉丁美洲的经济，也提高了美国官兵士气，一举数得，堪称军方一大"德政"。

● **恶，洗脚水咖啡**

　　除了新鲜度有问题外，军方冲泡咖啡的浓淡标准也不符合专业规范。美式滤泡咖啡最适口的浓度，粉与水之比为 1：20 ～ 1：15（详参《精品咖啡学·实务篇》），也就是每 198 ～ 240 克咖啡粉，配 3,780 毫升水。但美国军方标准为每 142 克咖啡粉配 3,780 毫升水，粉与水的比例离谱到 1：27。更糟的是，还规定咖啡渣务必留到下一餐再泡一次，第二泡只需再加 85 克咖啡粉即可。

军方撙节开支本无可厚非，但美国大兵在军中所喝的咖啡，不是过度萃取的速溶咖啡，就是过度稀释的走味淡咖啡，因而大兵们养成喝烂咖啡的恶习，只要有咖啡因就好。美国咖啡品味被欧洲人讥讽为："美国人只会喝洗脚水或洗碗水咖啡！"

谁让咖啡背黑锅

1940—1960 年，是速溶咖啡与罗布斯塔咖啡豆大行其道的年代，堪称咖啡品味黑暗期。讽刺的是，这 20 年却是美国人咖啡饮用量的高峰时期。喝咖啡旨在摄取咖啡因，苦涩难入口没关系，多加几包糖、奶精或奶油等人工甘味，照样牛饮下肚。换言之，此时期没有人喝黑咖啡，除非你是疯子。难怪"喝咖啡有害健康"的医学报告纷纷出笼。咖啡本无罪，全是添加奶精和人工甘味造的孽。

咖啡品味黑暗期

第二次世界大战后美国人咖啡消耗量却逐年下滑，

1946年人均喝掉9千克咖啡的纪录已成历史，到了1955年，已下滑到人均6千克左右。这与速溶咖啡难喝，以及可口可乐抢夺饮料市场有关。但咖啡人很顽固，不肯坦然面对咖啡客群流失的事实，改以每人平均每年喝几杯咖啡来自我麻醉，因为每人平均喝几杯咖啡远比每人平均喝几千克咖啡更易灌水。尤其战后美国人习于喝淡咖啡，1杯200毫升咖啡，7～10克咖啡粉搞定，这比欧洲人的12～15克淡了许多。

然而，唯利是图的咖啡人仍教导徒子徒孙诸多圈钱戏法："咖啡出炉后，可泼水降豆温，增加重量与利润……咖啡称重时要连厚纸袋一起算……浅焙失重率低于深焙，烘至一爆刚响，半生不熟即可出炉，不但省燃气还降低失重率……只要多加罗布斯塔，任何低价配方都难不倒……"

○ **第一波咖啡潮功过难断**

总之，精品咖啡第一波风潮是烂咖啡当道，好咖啡沉沦，咖啡人虽然可恶，却发明了划时代的速溶咖啡，以及罐头咖啡粉的密封技术，让喝咖啡更方便省事。在速食咖啡的强力促销下，咖啡消费量得以拉升，却牺牲了品质与新鲜度。拉升消费量与提高品质究竟孰轻孰重？精品咖啡演进第一波，在咖啡消费史上留下了功过难断的一页。

 第二波：咖啡精品化，重焙拿铁盛行

可喜的是，咖啡黑暗期仍有几盏明灯，带领美国人摒弃低级罗布斯塔和半生不熟的浅焙烂咖啡，并引进"新鲜烘焙，现磨现泡"的理念。在精品咖啡大旗下，速食咖啡"退烧"。

● 欧洲人提升美国人咖啡品味

早在 18—19 世纪，欧洲人就于印度、印度尼西亚、留尼汪岛、加勒比海的安的列斯群岛（古巴、牙买加、多米尼加、波多黎各、马提尼克）和中南美洲殖民地抢种咖啡。20 世纪初，德国、荷兰、法国和英国分别掌控危地马拉、印度尼西亚、留尼汪岛、牙买加和哥斯达黎加的咖啡庄园，顶级阿拉比卡悉数输往欧洲。因此，欧洲人对好咖啡的优雅风味知之甚详。反观美国，并没有在殖民地大量栽植阿拉比卡的经验，向来视咖啡为大宗物资，成为劣质巴西豆与罗布斯塔最大市场。

就在美国人把全球咖啡品味搞得乌烟瘴气之际，欧洲裔的毕特与娥娜·努森（Erna Knutsen），不知是天意还是巧合，于战后定居加州旧金山，挺身而出，扮演救世主，教导美国人品尝香浓醇厚的好咖啡，逐渐洗刷"牛饮烂咖啡"恶习。

精品咖啡"教父"与"教母"

"精品"一词将咖啡包装成时尚、品味与享乐的象征。荷兰裔的艾佛瑞·毕特与挪威裔的娥娜·努森分别被誉为美国精品咖啡运动的"教父"与"教母"，推动了1966—2000年的第二波咖啡进化运动。

● 毕兹咖啡馆点燃重焙时尚

1920年，毕特在荷兰出生，父亲是咖啡烘焙师。毕特从小不爱读书，在老爸眼里，是个资质驽钝的坏小孩，却喜欢与香喷喷的咖啡为伍，陪老爸烘、泡、喝咖啡，并为荷兰一家知名咖啡进口商打工。1938年返家帮老爸烘咖啡，年少时已习得欧式重焙绝技与配豆心法。无奈第二次世界大战爆发，德军将咖啡列为军需品，民间不得贩售，咖啡被悉数运到战场为阿兵哥提神。

　　烘焙厂无豆可烘，家计陷入困境，毕特只好混合菊苣的根、玉米、黄豆等一起烘焙，风味神似咖啡，以贴补家用，但没多久他就被德军强征到部队为官兵烘焙咖啡。战后，毕特返家却和老爸处不来，年仅28岁就离家出走，远赴荷兰的殖民地爪哇岛和苏门答腊岛，与咖啡农为伍，亲身体验印尼咖啡浓厚有劲的异国风味，苏门答腊咖啡也因此成为日后毕特重焙豆的主要配方。

　　1950年，毕特前往新西兰住了一阵，1955年移民美国旧金山，并在一家专供希尔兄弟、福爵等大型烘焙厂生豆的咖啡进口公司工作，惊觉大烘焙厂居然采购很多中南美洲内用规格的劣质豆和罗布斯塔，而非欧洲规格的精选豆。他百思不得其解：为何全球最富有的国家会卖这种烂咖啡，而消费者竟然对此毫不在乎。毕特为此和老板争论不休。1965年，45岁的毕特被炒鱿鱼，有了何不自己开一家烘焙咖啡馆来告诉美国人什么是浓而不苦、香醇润喉的好咖啡的念头。

　　1966年，毕兹咖啡与茶创始店在旧金山伯克利的胡桃街与藤蔓街交叉口开业，毕特采用重度或深度烘焙的欧式快炒来诠释高海拔顶级阿拉比卡的醇厚风味，毕特不屑于罗布斯塔与商用级阿拉比卡，更不喜欢浅焙、中焙或中深焙，对他而言，这全是半生不熟的咖啡，难以呈现顶级咖啡醇厚甘甜的本质。另外，他喜欢用法式滤压壶，以一般美式淡咖啡的两倍粉量来冲泡，每天站在咖啡"圣战"最前线，在店内教美国人品尝欧式重焙的香醇，无须加糖和奶精就喝得到饱满的滋味与天然的甘甜。

● 重焙咖啡唤醒美国人味蕾

店内有一台每炉 25 千克的德制烘焙机，每天新鲜烘焙，重焙豆冲泡的浓香飘上街头，吸引大批尝鲜客进门，毕特免费招待试喝，主攻熟豆生意。对喝惯速溶或罐头咖啡的美国人而言，欧式新鲜重烘焙豆入口爆香甘甜的醇厚口感，使他们犹如经历一场味觉大地震。毕特表示，光看客人"破涕为笑"的表情，再辛苦也值得。

第一次试喝的尝鲜客，先是双眼瞪得老大，几秒后面露惊喜之色："哇，你要毒死我，这比酒还浓呛甘醇！真过瘾，这是咖啡吗？我要买两磅回家泡……"

毕兹独到的重焙豆，带有令人愉悦的呛香而非焦呛味，入口化为香蕉、松脂、香杉和醇酒的甘味，先苦后甘，尝鲜客的表情也跟着起舞，先痛苦后快乐。"入口会开花"的毕兹咖啡，威名不胫而走。当时不爱洗澡的嬉皮士，常聚集到毕兹咖啡馆内，享受重焙豆的"薰香浴"，据说可除去一身臊臭。毕兹咖啡成了人气咖啡馆。

星巴克师承毕兹咖啡

COFFEE BOX

毕特当时收了三名徒弟：杰里·鲍德温（Jerry Baldwin）、戈登·鲍克（Gordon Bowker）和泽威·西格（Zev Sieg）。三人学成后，于1971年在西雅图的派克市场开了星巴克咖啡，成了星巴克创业三元老。说星巴克是毕兹咖啡的"徒弟"，并不为过。早期的星巴克仿照毕兹只卖重焙豆，不卖饮料，并以法式滤压壶冲泡的经营模式，在西雅图一炮而红，毕兹的重焙美学从旧金山辐射扩散至全美。

● 毕特坐上宗师宝座

毕特不屑于罗布斯塔与浅焙咖啡，他擅长以欧式重焙来诠释高海拔阿拉比卡的浓香，在旧金山掀起旋风。但毕特深谙重焙豆保鲜不易的缺点，坚持就地烘焙不开连锁店，因而保住了品质与商誉。当时一心模仿却狗尾续貂的业者不少，多半不得要领，烘出焦呛苦涩难入口的木炭咖啡，更凸显毕特的重焙绝活非一朝一夕可习得。毕兹咖啡的重焙豆独村一帜，生意蒸蒸日上。

毕兹咖啡启发美国人以高海拔阿拉比卡新鲜烘焙，

点燃全美重焙时尚，一直持续到 2000 年前后。2007 年 8 月 29 日，毕特去世，享年 87 岁。美国三大报《纽约时报》《华盛顿邮报》《洛杉矶时报》和 CNN 等主流媒体，发文追悼一代咖啡宗师仙逝，排场之大，毕特堪称咖啡界第一人。业界也尊封毕特为精品咖啡第二波的代表人物。

● "好豆女司令"大器晚成

第二波还有一位重量级咖啡女将努森。她与毕特为同时代咖啡人，不同的是，毕特从小玩咖啡长大，努森却是大器晚成。年仅 5 岁的她随家人从挪威移民美国纽约，年轻时曾在华尔街任职，也做过模特，结过 3 次婚。1968 年，40 岁出头的努森搬到旧金山，在一家规模颇大的咖啡与香料进口公司担任秘书，开始接触咖啡。

她对销售量最大的罗布斯塔的臭味深恶痛绝，所幸公司仍少量进口顶级阿拉比卡，专供旧金山欧洲移民开的咖啡馆使用。她为了向客户介绍顶级豆的风味，在老板的鼓励下学习杯测，惊觉好咖啡会因栽植地域的水土、海拔与气候不同，而呈现出不同的风味。这让她感到相当有趣，一头栽进杯测，和咖啡香谈恋爱。

努森凭着过人的味觉与嗅觉辨识力，加上超强的味谱记忆力，向客户提出的杯测报告极为精准，为自己赢得好口碑，被誉为"好豆女司令"。想买顶级咖啡，找她准没错。努森能在当时男人当权的咖啡世界闯出一片天，难能可贵。

● 创造"精品咖啡"名词

她最为业界津津乐道的是"努森的信"，此信会不定期寄送给客户，评析当季生豆品质，提供产地咖啡大量信息，数十载累积下来，成为珍贵的咖啡档案。努森最大贡献在于坚持划清优质咖啡与大宗咖啡的界限，不容浑水摸鱼，因而创造了"精品咖啡"（specialty coffee）这一新词，以区别于平庸的商业级咖啡。1974 年，努森接受《茶与咖啡月刊》（*Tea & Coffee Trade Journal*）专访，首度将"精品咖啡"一词揭橥于世，旨在强调各产地的咖啡因海拔、水土、气候、处理与栽种用心度的不同，而呈现大异其趣的"地域之味"，这就是精品咖啡的灵魂。努森认为也门摩卡、埃塞俄比亚耶加雪菲和印尼苏拉威西是典型的精品咖啡。"精品咖啡"一词直到美国精品咖啡协会成立后才为全球采用。

第二波练功咖啡书

　　第二波风潮连带让咖啡书也成为市场新宠。肯尼斯·戴维斯（Kenneth Davis）、大卫·绍默（David Schomer）、凯文·诺克斯（Kevin Knox）三人从 1976 年起陆续出书，与咖啡迷分享咖啡冲泡、产地咖啡与烘焙经验。然而，对今日咖啡技术与知识而言，三人的著作及论述似乎显得老旧落伍了，但他们十多年前为精品咖啡迷提供大量入门信息，贡献不容抹灭。

⚊ 美国精品咖啡协会成立

　　毕特推广新鲜烘焙，努森推动产地精品咖啡，咖啡豆在两人的诠释下有了新生命。精品咖啡活泼、甘甜、醇厚、干净的水果味谱，较之苦味杂陈的速溶或罐头咖啡，判若天堂与地狱。同时期受到努森与毕特启发的咖啡闻人泰德·林格（Ted Lingle）、唐纳德·萧赫（Donald Schoenholt）、乔治·豪厄尔（George Howell）等48 人，于 1982 年会师旧金山，共同创立美国精品咖啡协会（SCAA），以便和大型烘焙厂把持的美国国家咖啡协会抗衡。

　　美国精品咖啡协会首届理事长萧赫，1983 年向会员发出邀请函，表示："我在召唤各位，我的英雄，奋起吧！我的咖啡小斗士……"他把推动精品咖啡的重任比喻为穿拖鞋爬圣母峰，"但不要怕难，我们必须团结奋进，否则会被丢到财阀企业面前，等着被活活踏死。"

羽翼未丰的 SCAA，初期并不被人看好，《茶与咖啡月刊》甚至挪揄 1982 年精品咖啡在全美咖啡市场占有率不到 1%。然而，1983 年该月刊却惊讶道："全美精品咖啡市场占有率增加到 3%。"1985 年，更有专家指出，精品咖啡市场占有率已超过 5%，每周均有主攻精品市场的烘焙厂开工。2006 年，SCAA 预估精品咖啡销售额已占全美咖啡销售额 30%。在第二波咖啡前辈的推动下，20 多年来，精品咖啡成为美国咖啡工业成长最快的类别。

● 星巴克点燃拿铁时尚

毕特、努森以及上述咖啡前辈，带领美国人步出速溶与罐头咖啡的泥沼，体验新鲜烘焙与精品咖啡丰富多变的味谱。然而，此时期若没有星巴克大肆展店，将咖啡香输往全球，点燃咖啡馆时尚，精品咖啡第二波进化不可能如此顺遂。

星巴克早期只卖熟豆不卖饮料的模式，在 1987 年起了大变革。曾任星巴克营销经理的霍华德·舒尔茨

（Howard Schultz）结合创投资金，从鲍德温等三元老手中买下星巴克，并引进意大利浓缩咖啡与用绵密奶泡调制的拿铁和卡布奇诺饮料，将星巴克转型为时尚咖啡馆，并将之打造为"家与办公室以外的第三个好去处"。

星巴克对咖啡馆的色调与装潢很讲究，咖啡饮料以重焙豆做底，配上热牛奶和奶泡，馆内香气四溢，并播放轻松爵士乐，让消费者的视觉、味觉、嗅觉和听觉产生按摩般的舒畅效果，成为潮男靓女、白领阶层聚会谈心的场所，引领外带纸杯时尚。

虽然这让用惯陶杯的意大利人很不爽，但星巴克却靠着拿铁与纸杯时尚加速展店，截至2009年，已在全球49个国家和地区开了17,000多家连锁店，年营业额高达98亿美元，成为世界最大的咖啡馆企业，也是第二波拿铁时尚的典范与龙头。可以这么说，亚洲与中南美洲的咖啡馆时尚均深受星巴克影响与启发。

但星巴克树大招风，常被咖啡迷踢馆。平心而论，星巴克20年内在全球开了1万多家店，咖啡品质能保持差强人意的水平，实属不易。以台湾地区而言，星巴克品质明显优于其他咖啡连锁店，笔者外出想喝一杯美式黑咖啡，也只敢走进星巴克。其他连锁店的黑咖啡，不是烘焙失当、过度萃取、焦苦咬喉，就是清淡如水太稀薄，甚至还有劣质罗布斯塔的杂苦味。

经查访得知，星巴克滤泡式黑咖啡的冲泡比例为 0.26 磅（118 克）咖啡粉兑水 2,200 毫升，或 0.56 磅（254 克）咖啡粉兑水 4,400 毫升，咖啡粉与水的冲煮比例在 1∶18.6 至 1∶17.3，此区间对冲泡 2,000 至 4,400 毫升的咖啡而言，浓度适中或稍微偏浓，很容易喝出好咖啡的醇厚度。可见星巴克继承毕兹的浓咖啡基因仍未消失。台湾地区一般连锁咖啡店为省成本恐怕不敢如此用料，冲泡比例常为 1∶25。凭这点就该给星巴克掌声。

星巴克转型 10 多年后，绿色美人鱼标志攻占全球各大都会，以重焙豆做汤头的拿铁与卡布奇诺随着星巴克攻城略地，成为第二波的典型饮品。讽刺的是，被意大利视为国粹的意式浓缩、拿铁、卡布奇诺与浓缩咖啡机，沉寂了数十载，直到 1990 年以后，才由毕兹咖啡的"徒弟"星巴克发扬光大，推广到全球，成为咖啡消费史上最大惊叹号。意大利人愤愤难平是可理解的。

精品咖啡市场占有率与金融危机

2006 年 SCAA 报告指出，过去 20 年来，在北美、欧洲和部分亚洲地区，精品咖啡需求大增。以美国而言，

30% 的咖啡消费量属于精品类别，全美有 15,500 家咖啡馆、3,600 个咖啡摊棚、2,900 个咖啡摊车和 1,900 家烘焙厂主攻精品咖啡，2006 年创造出 120 亿美元的精品咖啡销售额，星巴克占比就超出 50%。此报告将麦当劳、唐恩都乐、全自动咖啡机、速溶咖啡和罐头咖啡的销售额剔除在精品类别之外。

另外，消费市场权威研究报告《封装的事实》（*Packaged Facts*）指出，2009 年全美咖啡市场，包括精品与商业咖啡，已达 475 亿美元规模，预计 2014 将增长到 596 亿美元。换言之，5 年间，全美咖啡市场仍有 25% 增长率，平均每年增长 5% 左右。而精品咖啡市场占有率约 30%，平均年增长率在 5% ～ 6%，是美国咖啡市场成长最快的类别。

该报告还指出，2008 年和 2009 年美国虽遭金融风暴冲击，但精品咖啡市场的成长并未受到抑制，而且精品咖啡消费模式发生了改变。金融风暴前，美国人喜欢到咖啡馆买现泡的拿铁或卡布奇诺，但金融风暴后消费者更精打细算，降低上咖啡馆买拿铁的频率，改而购买熟豆自己在家泡咖啡。换言之，金融风暴后，美国熟豆的销量看涨，但咖啡馆现泡咖啡的营业额会下降，此趋势波及星巴克等咖啡馆。

　　20 年来，星巴克急速展店的泡沫，在 2008 年遇到金融海啸而破灭。昔日拿铁客群转向超市较廉价的熟豆通路，或更低廉的麦当劳和唐恩都乐。星巴克业绩下滑，净收益首度出现衰退，股价剧跌。2008 年年底至 2009 年年初，星巴克股价跌破 10 美元，当时甚至传出巴西与哥伦比亚有意买下星巴克，作为咖啡生产国的通路。

　　原先退居幕后的星巴克舵手舒尔茨，在危急之秋重掌

COFFEE BOX

星巴克送给台湾地区的大礼

　　星巴克门市展售琳琅满目的产地咖啡，对消费国也起了良性刺激。中国台湾地区咖啡烘焙业在星巴克的影响下，开始增加产地咖啡的多元性。10 年前，市面上最常见的咖啡只有 4 种，即商用级哥伦比亚、巴西、曼特宁和摩卡 [1]，也就是所谓的"哥巴曼摩"制式咖啡，在台湾地区想喝一杯也门野香马塔利、埃塞俄比亚橘香耶加雪菲、危地马拉熏香安地瓜、哥伦比亚酸香薇拉等风味独特的咖啡，犹如缘木求鱼。星巴克自从 1998 年进入台湾地区后，带动了产地咖啡的丰富性，三大洲咖啡百花齐放，争香斗醇，好不热闹。

――――――――――

[1] 这里所谓的"摩卡"并非也门摩卡，而是埃塞俄比亚商用级的金玛（Jimma），价格只有也门摩卡的一半不到。

兵符，2008 年以来，一口气关闭 900 家星巴克门市，精简人事，调整体制，并开发 4 种口味的速溶咖啡 VIA，抢攻不景气的低价市场。舒尔茨大刀阔斧的整顿奏效了，2010年上半年，多亏 VIA 和星冰乐冷饮热卖，业绩增长，股价盘坚，直逼 40 美元的历史高价区。

舒尔茨力挽狂澜有成，接着调整绿色美人鱼商标，取下 "Coffee" 字样，为未来进军其他产业开启了一道方便之门。有趣的是，2011 年春季，舒尔茨出版新书《一路向前》（*Onward*）[1]，追述他在金融海啸后，如何拯救星巴克于不倒。舒尔茨出书时机极为精准，不愧为咖啡营销大师。

第二波的龙头大哥星巴克虽然化险为夷，安然度过金融海啸，但仍面临后浪推前浪、新人换旧人的严峻挑战。继起的第三波新锐咖啡馆与咖啡新美学在美国遍地开花，"三大"（知识分子、树墩城与反文化）挟着高人气，初生之犊不畏虎，高唱彼可取而代之的凯歌！

---

[1] 2010 年年底，笔者赶写本套书，忙得不可开交之际，突然接到联经出版社来电，邀请翻译《一路向前》，希望能与我 1998 年的畅销译作《星巴克：咖啡王国传奇》衔接，但我无暇顾及，忍痛婉拒。

附录

你一定要认识的"第二波名人"

第二波咖啡人对全球精品咖啡运动影响深远，除了毕特与努森两位咖啡硕老之外，以下几位第二波前辈，亦是重要推手，直到 2000 年后的第三波，仍感受得到他们的凿痕。

＊**唐纳德·萧赫：**SCAA 首任理事长，是位家学渊源的咖啡达人。家族的吉利咖啡公司（Gillies Coffee Company）1840 年在纽约创立，是全美历史最悠久的烘焙厂，至今仍是美国东海岸老字号咖啡公司。萧赫过去常以"1840"为笔名在网络上发表文章，提供大量咖啡信息。

＊**泰德·林格：**SCAA 第二任理事长，是加州长滩咖啡闻人。他精心归纳绘制的"咖啡品鉴师风味轮"（Coffee Taster's Flavor Wheel）是杯测师必修学科，本套书实务篇，

有专章讨论风味轮。林格目前仍担任 SCAA 资深技术顾问。

＊**乔治·豪厄尔**：堪称精品咖啡的美学家。他早年受毕兹咖啡启发，1974 年赴美国东海岸波士顿开设知名的咖啡馆"咖啡关系"，贩售自家烘焙的咖啡。1994 年不敌更受欢迎的星巴克，咖啡馆被收购后，他远走中南美洲咖啡生产国"充电"，并获巴西聘任，协助巴西咖啡农改善品质，拉近巴西咖啡与精品级的距离。豪厄尔在联合国的资助下，1999 年发起成立"超凡杯"（Cup of Excellence）组织，每年在咖啡生产国举办杯测赛，对 84 分以上的优胜豆开展网络竞标，吸引国际买家，对用心栽种的农友亦是一大回报。首届"超凡杯"1999 年在巴西开锣，精品咖啡从此进入新境界。笔者认为"超凡杯"是第二波进化到第三波的重要催化剂，至今仍为第三波咖啡人提供不可或缺的采购平台。"超凡杯"组织的会员国包括巴西、哥伦比亚、危地马拉、尼加拉瓜、洪都拉斯、哥斯达黎加、萨尔瓦多、玻利维亚、卢旺达。

另外，2003 年豪厄尔返回美国马萨诸塞州，开设乔治·豪厄尔咖啡公司，主打 terroir 品牌精品豆，并开发出生豆真空包装袋，以及检测咖啡浓度与萃出率的软硬件仪器，取名为"ExtractMoJo"。精品咖啡从第二波进化到第三波，离不开豪厄尔的贡献。

Chapter

2

第二章

精品咖啡进化论（下）：
第三波咖啡登场

全球咖啡时尚正迈向"后浓缩咖啡时代"（Post-Espresso Era），也就是欧美时兴的第三波咖啡。手艺精湛的咖啡师除了会拉花、赛风、手冲外，几乎人手一个电子秤、数字温度计和"神奇萃取分析器"（ExtractMoJo），以科学器材辅助咖啡萃取；第三波咖啡人谈论的是产区水土、地域之味、咖啡品种、后制处理、酶作用、梅纳反应、焦糖化、干馏作用、浓度与萃出率等术语，并根据"咖啡品鉴师风味轮"的杯测用语，形容黑咖啡的香气与滋味。

第三波：咖啡美学化——
庄园、品种、浅焙、黑咖啡强出头

2008—2009 年，金融海啸来袭，第二波的旗舰星巴克亦受波及。总舵手舒尔茨临危受命，缩编图存之际，第三波的新锐咖啡馆却乘风破浪，大展宏图。

《纽约时报》《洛杉矶时报》《时代》周刊和 CNN 不约而同报道精品咖啡第三波的专题越来越多，第三波的"三大"——知识分子、树墩城和反文化，也成了欧美咖啡迷耳熟能详的人气咖啡馆。2010 年 3 月，《时代》周刊甚至以耸动性的标题《树墩城是新星巴克或更优？》(*Is Stumptown the New Starbucks or Better?*) 图文并茂地介绍第三波咖啡美学与时尚。

说来讽刺，星巴克是第二波的巨星，却也是第三波的催化剂。此话怎讲？ 1992 年，星巴克在纳斯达克上市，取得庞大资金，迅速展店，扩散至全美乃至世界各角落，大量复制风格与产品相同的星巴克门市，试图将精品咖啡同质化或星巴克化，让街头小咖啡馆恐慌不已，甚至结束营业。

然而，此时期却有三位 20 岁出头，穿着随便，喜欢文身，蓄长发、留骚胡，看似邋遢的咖啡小子，对咖啡烘焙、萃取与员工训练的细节极尽挑剔之能事。他们不怕星巴克，只怕咖啡品质不如人，与其躲避不如正面迎战，因此喜欢将咖啡馆开在星巴克附近。他们认为，要活下去就必须比星巴克更有创新能力，更有竞争力。这看似简单的逻辑贯彻几年后，昔日三毛头，今日功成名就——其中的彼得·朱利亚诺（Peter Giuliano），2010 年升任 SCAA 理事长，同时也是反文化的股东；杰夫·沃茨（Geoff Watts）则成为知识分子的副总裁兼权威咖啡采购专家；杜安·索伦森（Duane Sorenson）则是《时代》周刊笔下"新星巴克"——树墩城的创办人。

● 精品咖啡界的"比尔·盖茨"

曾协助卢旺达成功转型为精品咖啡生产国的美国密歇根州州立大学国际农业研究所的咖啡营销专家安妮·奥特

维（Anne Ottaway）近年也注意到第三波现象，她形容彼得、杰夫和杜安三人如同精品咖啡界的比尔·盖茨（Bill Gates，微软前董事长）、保罗·艾伦（Paul Allen，微软前高级顾问）和史蒂夫·乔布斯（Steve Jobs，苹果前董事长）。

她表示："20年后，吾等回顾这三位咖啡人的创业传奇，会说，'真是与有荣焉，三巨头还是小咖时，我已是他们的死忠粉丝！'"

"三大"发迹背景、风格与主事者的简介如下。

知识分子 Intelligentsia Coffee & Tea

"三大"之中，知识分子应该是玩家较熟悉的新锐咖啡馆。2003年美国咖啡师大赛开办以来，有4个冠军出自知识分子，分别是2006年的麦特·里德尔（Matt Riddle）、2008年的凯尔·格兰维尔（Kyle Glanville），最厉害的是迈克尔·菲利普斯（Michael Phillips），他不但连续获得2009与2010年美国咖啡师大赛冠军，还击败欧洲好手，夺下2010年世界咖啡师大赛冠军。这也是美国咖啡师10年来首次征服全球高手，扬名国际。由于得奖太多，知识分子宣布以后不再参赛，把机会让出来，退居幕后为客户培养咖啡人才，并宣称："冠军不必尽在我家，以免精品咖啡发展失衡！"

● 道格与杰夫相知相惜

说出此番豪语的是知识分子创办人道格·泽尔（Doug Zell），他与杰夫共同打造了新形态咖啡馆与对咖啡农有利的直接交易制度。

1992 年，道格在加州从事茶叶生意失败，改行玩咖啡，并在旧金山的毕兹咖啡担任咖啡师和从事管理工作，存了些钱。1995 年，26 岁的道格返回芝加哥老家，借用老爸的地下室，与妻子筹划开咖啡馆。两人检讨茶叶生意亏钱的原因在于用人不当与庞大的外购开销，于是决定在未来的咖啡馆务必亲自烘咖啡，而且咖啡馆伙伴宁缺毋滥，最后慧眼相中当年才 22 岁的杰夫。当时的杰夫长发及腰，衣衫褴褛，喜欢非洲鼓与冥想，状似嬉皮士，怎么看都不像道格要找的伙伴。在面试时，杰夫不谈咖啡经，却高谈鼓经："不要小看击鼓，鼓的韵律与节奏就好比人生目标，越能掌握击鼓节拍，人生目标就越坚定……"这句话很有哲理，打动了道格，道格决定聘用他。

杰夫高中时学习过德文，年少轻狂，无证驾驶、抽大麻样样来，坏习惯不少，但学业成绩不错。1992 年进入加利福尼亚大学伯克利分校攻读语言学与哲学，同时迷上加纳鼓，还远赴维也纳游学半载，终日与充斥着人文气息的咖啡馆和超浓咖啡为伍。1992 年秋重返伯克利，又成了毕兹咖啡的熟客。1995 年毕业后，杰夫返回芝加哥，无所事事，只好为人遛狗，赚取每小时 12 美元的工资，虽然愉快但不是他想赖以为生的职业。有一天在街上遛狗，看到知识分子咖啡馆招募伙伴的广告，前往应征，他与未来的老板道格一拍即合。

● 创业维艰，校长兼撞钟

创业之初，杰夫负责咖啡吧台，道格管烘焙，但杰夫对烘豆子很感兴趣，道格只好倾囊相授，满足他的好奇心。杰夫挺有慧根，学得很快，没多久烘焙重任就由杰夫一肩挑，一年多来，白天为客人泡咖啡，晚上还要烘豆子，累了就睡在烘焙机旁，道格则负责打扫、收银、叫货、跑腿，校长兼撞钟，两人合作无间，每周工作 80 小时。

生意蒸蒸日上，除了熟客外，连附近的餐厅也来买咖啡豆。最大转折点是全美知名的芝加哥美食餐厅查理·特洛特（Charlie Trotter's）决定采用知识分子的咖啡豆，名气不胫而走。1998 年，杰夫面临人生抉择，是继续待在咖啡馆还是返校做研究？他找道格长谈："如果你们夫妇认为我留下来对咖啡馆有帮助，同意让我入股，我很乐意做知识分子的股东，而非干一辈子的伙计……"道格决定邀他入股，分享成果。当年 25 岁的杰夫，以 2 万美元认了 20% 股份，升任为副总经理，成为知识分子的股东。

● 惊觉生豆影响力

1998 年以前，知识分子向进口商购买生豆，道格与杰夫只需在烘焙与咖啡萃取上把好关，即可做出好口碑，即使开在星巴克附近也不怕。起初，两人以为咖啡是以人为本的事业，人为因素决定咖啡好坏，然而，不断杯测却惊觉生豆品质好坏无常，已非两人所能控制。换言之，知识分子只能管控到较下游的烘焙与萃取，上游的生豆品质就要靠进口商决定，这让两人失去了安全感。

为何进口商要把数万磅的咖啡豆掺混销售？我们买的生豆是当令鲜豆、隔年旧豆、更久的老豆，还是三个年份的掺杂豆？我们想买某庄园某年、某季或某产区的鲜豆，可能吗？这些问题永远无解。两人终于决定跑一趟产区，看看能先为农民做些什么，让事后买到的咖啡品质更有保障。

◐ 产地是万味之母

2000 年，道格与杰夫首度踏上危地马拉产区，杰夫回忆这趟处女行："我们茅塞顿开，过去全然不知庄园藏有多少足以影响咖啡品质的变量。我们试了不同月份、水土、海拔、品种与处理方式的咖啡，风味明显有别，惊觉产区才是万味之母。然而，咖啡农欠缺品质管理与分级观念，将数十个庄园的咖啡堆放在一起，好比将美国玉米送进仓库，论量计酬，而非论质计价。咖啡果子不分青红乱摘一通，或专挑红果子摘，严重影响品质。咖啡农的作为与不作为，直接影响下游的烘焙商，咖啡农岂止是生产者，更是我们休戚与共的伙伴！重视咖啡农，与他们讲情义才能成大事。消费大国理应提供最新农业技术，改良品质，提高收购价格，进而改善农民生活。要知道，吃不饱、住不好的咖啡农，是不可能种出好咖啡的。改善咖啡品质之前，先改善农民生计，整个咖啡产业链才能朝良性发展，下游的消费端才买得到好咖啡。唯有重视上游的原产地，咖啡产业才健康！"

完成了取经之旅回国后，两人做了重大决定，要加强与原产地的联结与加大回馈，唯有如此才能明了买到的咖啡豆是什么产区、水土、节令与品种的，若图方便向批发商采买，就失去了精品咖啡的透明性（transparency）、可追踪性（traceability）、可持续性（sustainability）[1]与节令性（seasonality，详参本章附录1）。此后，杰夫终年奔波于各生产国，深谙各产地品种、水土与节令周期，成为国际权威的生豆采购师（green beans buyer）。

● 分享经验，大公无私

2001 年，美国咖啡烘焙者学会在俄勒冈州举办首届研讨营，100 多位业界精英聚集一堂，交流杯测与烘焙经验。杰夫在此认识了反文化的咖啡专家彼得。大伙儿轮流操作烘焙机，分享不同的烘焙曲线，一起讨论杯测分数高低的

---

[1] 透明性和可追踪性，是指咖啡从生产端到消费端，即从产地咖啡农或庄园至进口商和进口国，皆有详细资料，可找出谁是生产者或进口者，而交易价格或其间衍生的规费均透明化，减少交易弊端。至于可持续性，是鼓励咖啡农采用环保的栽培法和处理法，减少环境破坏。一般是由消费国派园艺学家协助咖啡农正确栽种，或给予奖励。

差别，如何将杯测抽象的感官感受以文字描述，甚至以分数加以量化，诸多宝贵经验的分享与一人躲在房间闭门造车截然不同。这种大公无私的分享精神，对第三波咖啡人的技艺精进与凝聚力提升起了大作用。杰夫说："至今我才了解烘焙者学会年度研讨营的持续性影响力有多大。"

● 直接交易，产销双赢

杰夫与彼得成了相互切磋的好友，一起巡访产区，担任"超凡杯"评审，接受美国国际开发署（USAID）委托，教导咖啡农杯测等。目前，知识分子与15个生产国的3,000座庄园有技术交流与合作关系，每年至少拜访各生产国2次。杰夫每年有9个月的时间花在咖啡之旅上，每年机票与长途电话费支出很大，但老板道格全力支持杰夫万里寻豆与回馈咖啡农的花费，杰夫堪称跑产区跑得最勤快的采购师。为了梳洗方便，他忍痛把长发剪成利落的短发，居无定所，光棍至今。

杰夫与知识分子的同僚研拟出透明化的交易合约，也就是直接交易制，采购价以杯测分数为准，因此用心栽种与后制处理的农友，可在杯测中得到高分，从而获得更好的报酬，进而改善生计。另外，合约也载明，需要支付多少钱在处理、运输和进出口上，中间商完全被排除在外，农友实际赚进口袋的钱，比公平交易制还高出20%～30%。咖啡农乐于与杰夫合作，知识分子因此更易买到独家绝品，知味者纷至沓来，因而培养出大批铁杆粉丝。

● 小而精胜大而俗

但为了搞好品质，知识分子展店速度犹如蜗行龟步。截至2010年8月，15年来，知识分子总共只在芝加哥和洛杉矶开出6家门市，外加2座烘焙厂和1座实验室，经营策略与短短10多年猴急开了1万多家门市的星巴克大异其趣。知识分子为了提供最新鲜的咖啡，在洛杉矶与芝加哥各有一座烘焙厂，就近照顾门市所需，此理念显然深受精品咖啡"教父"毕特的影响。除了门市饮料与零售咖啡豆外，还接受各大餐厅或同业咖啡豆批发订单。知识分子还在纽约设有一座先进的咖啡实验室，供当地业者或客户教育训练与杯测使用。知识分子的店数虽只有星巴克的一万七千分之六，但对咖啡品味与设计美学的影响力，却远胜星巴克，这就是小而精与大而俗的宿命。

　　知识分子的咖啡吧台至少配备 2～4 台高贵的 Synesso 或 La Marzocco 浓缩咖啡机（每台 7,000 美元起跳），另有一套超贵的克洛佛（Clover）滤泡黑咖啡萃取系统（造价 1 万美元），还有手冲与赛风专区，由于流量大，如此重装备有其必要。咖啡师虽不需穿制服，但均梳理得很整洁有型，且都会拉花、手冲或煮赛风。据说咖啡师需经过 3 个月严格训练，考试过关才可站上吧台，还会被定期抽考店内所有精品豆产区、风味相关知识。走进知识分子，很容易察觉咖啡师的涵养与手艺远胜第二波咖啡馆，难怪频频得大奖。

● 星巴克购并克洛佛打击第三波

　　值得一提的是，2007 年克洛佛黑咖啡萃取系统问世后，成为第三波必备利器。此系统结合虹吸与法式滤压壶萃取原理，而且可调控每杯咖啡的冲泡温度与时间，极适合诠释产地咖啡不同的味谱，被誉为划时代萃取机。2008 年，星巴克火速购并克洛佛的制造商，免得第三波如虎添翼。反对星巴克最烈的树墩城随即宣布："过去不曾向星巴克买零件，未来也不会，今后停用克洛佛。"不过，知识分子仍照用不误，不让星巴克独享，或许是知识分子的技师有办法维修此机也未可知。但星巴克与"三大"的明争暗斗，可见一斑。

知识分子打造美学咖啡馆

知识分子的设计理念与风格迥异于星巴克，星巴克每家门市犹如同一模子复制，但知识分子六家店的风格与形态完全不同，有波西米亚浪漫颓废风、无国界风、工厂简约风等。其中，洛杉矶的银湖咖啡馆（Silver Lake Coffeebar）采用大量中美洲元素，而威尼斯咖啡馆（Venice Coffeebar）撷取简约工厂元素，分别赢得美国建筑师协会（The American Institute of Architects）2007 年与 2010 年设计奖，成为咖啡迷到访洛城必看的美学咖啡馆。

另外，2010 年 8 月，知识分子在洛城第三家门市——帕萨迪纳咖啡吧（Pasadena Cafe），首度将精品咖啡与美酒、美食结合，类似欧洲咖啡吧模式，但精品咖啡仍是主角，此一经营模式能否蔚为风潮，值得观察。

● 黑猫咖啡美学

知识分子最有名的是黑猫经典浓缩咖啡豆（Black Cat Classic Espresso），采中焙到中深焙，即二爆前或刚进二爆，属于烘焙度较浅的北意烘焙，有别于毕兹或星巴克烘进二爆密集甚至二爆结束的重焙。黑猫的配方豆随节令和盛产期不同而改变，有时主打单一庄园 Espresso，顶多综合两国的庄园豆，以免太杂。配方虽然每季不同，但明亮、清甜、干净、柔酸、水果调与黏稠感，是黑猫不变的特色，不但是知识分子的镇店名豆，更是第三波经典名豆，如同第二波毕兹咖啡的"迪卡森少校综合咖啡"（Major Dickason's Blend）[1]一样有名。

虽然一般业者视配方为最高机密，但知识分子反其道而行，定期公布每季黑猫的配方豆。重视教育与分享，是第三波与第二波的区别。黑猫虽为浓缩专用豆，但也适合手冲与赛风，堪称全方位配方豆。

---

[1] 毕兹咖啡镇店名豆"迪卡森少校综合咖啡"风靡全美 40 载。毕特最初是以印尼的曼特宁与爪哇为基豆，重焙为之，浓郁香醇，很受旧金山咖啡迷喜爱。有位名叫迪卡森少校的毕兹熟客，尝试在毕兹的印尼熟豆中加入中美洲熟豆，风味更优，于是带去给毕特鉴赏。毕特大喜，于是调整配方，并以迪卡森少校为名，谱出 40 载的浪漫。笔者 20 多年前就是此综合豆的熟客，常托美国友人代购，烘焙度非常深，焦糖化分析数值（艾格壮数值）在 #35 左右，大概是二爆尾的程度，但喝来不焦苦，浓厚甘甜，略带有威士忌的呛香。不过，2000 年后，毕兹取得大批资金，急速展店，品质因而走下坡，此乃违背毕特"不得搞大"的馆规所尝到的苦果。近年，喝到的毕兹咖啡，焦苦味重，昔日浓而不苦、甘甜润喉的风味，已不复存，不禁令人担心毕兹的重焙绝技是不是跟着毕特仙逝而失传。

● 浅焙盛行，重焙失宠

黑猫完美诠释第三波柔酸清甜的浅焙美学，使得第二波的重焙日趋式微。这与环保意识抬头和重焙吃力不讨好有关：烘焙度浅一点，可减少污烟排放量，烘焙机管线也较容易清理，不易发生火灾，燃气也较省；重焙除了制造空气污染，容易发生火灾外，要烘出甘甜而不焦苦的深焙豆，难度非常高，不是一般业者所能为；更糟糕的是，重焙豆的纤维质受创较深且香醇的油脂渗出豆表，容易氧化走味，赏味期短于浅焙豆。诸多因素使得第二波的重焙豆日渐失宠，带有微酸的浅中焙咖啡渐被咖啡族接受。

笔者近 20 年来明显感受到烘焙度由深转浅的趋势，对于重焙不利品管与保鲜感受尤深。十几年前，毕兹咖啡门市不到 6 家，均在旧金山一带，品质很稳定。但 2001 年毕兹咖啡成功上市，引进创投资金，大肆展店，目前在全美开了 200 家门市，但品质每况愈下。笔者近年喝到的毕兹咖啡，焦苦超过甘甜，已非昔日甘醇不苦的味谱，应验了创办人毕特的馆规："重焙咖啡馆不宜搞大，只能在地经营，以免品质不保。"另外，毕兹首席烘焙师约翰·维佛 2007 年离职出走，自组新烘焙厂，也是原因之一。

星巴克与毕兹这两大第二波巨星，频频出现问题，让第三波有更大挥洒空间。近年除了知识分子大红大紫外，后起之秀树墩城亦虎视眈眈，大唱征服星巴克的凯歌。

黑猫豆的绝妙方程式

黑猫的配方哲学，视咖啡为水果，会有产期与非产期问题，杰夫为此终年奔波产地寻找甜美鲜豆，其中不乏"超凡杯"的优胜庄园。但知识分子只买当令鲜豆，不买旧豆或老豆，所以配方不可能一成不变，会随节令调整。当令鲜豆的有机酸含量较高，一般会以果酸较低的巴西或苏门答腊豆为基底，以免中度烘焙的浓缩咖啡太酸口。但黑猫配方豆并不规避肯尼亚、危地马拉等酸度高的咖啡，即使烘焙度不深，黑猫浓缩咖啡也很柔顺清甜，并无呛麻的尖酸味，这要归功于知识分子掌炉者精湛的烘焙技术，把尖酸驯化为柔酸与清甜。

 ## 树墩城 Stumptown Coffee Roaster

树墩城是俄勒冈州波特兰市的绰号；19世纪，波特兰为了因应人口急速增长，砍伐森林取地，城内随处可见未清除的树墩，因而得名。1999年，杜安才20岁，在波特兰创办了树墩城咖啡烘焙坊，虽比知识分子晚了4年（知识分子于1995年成立），但迅速蹿红，被《时代》周刊

1 砖红色外墙与拱门是知识分子银湖咖啡馆的商标，游人如织，馆内有田园与中庭设计，一踏入顿觉凉爽，暑气全消。 摄影／黄纬纶

2 知识分子位于洛杉矶西区威尼斯海滩（Venice Beach）的名店威尼斯咖啡馆，主打工厂简约风格，镂空天花板、陈列架与管线清晰可见。4 个点单吧台围成方矩状，方便咖啡师与客人互动。客人点完咖啡可坐在四周较高的位置，居高临下，吧台动静一览无余。本馆另一特色是入口处有一条绿意盎然的迎宾长廊，曾赢得 2010 年美国建筑师协会设计大奖。 摄影／黄纬纶

3 知识分子的咖啡黑板，每日更新，让咖啡迷了解今天又有什么鲜豆出炉或特价商品贩售。 摄影／黄纬纶

4 树墩城向来以设计见长，被誉为"新星巴克"。图4是树墩城的贴心设计，咖啡袋的背面有个小口袋，里面装一张卡片，载明这支精品豆的产区、品种、海拔与风味等相关信息。 摄影／黄纬纶

5 美国第三波三大龙头之一的反文化，虽不开咖啡馆，却在咖啡教学领域闯出一片天地，手冲大师左右开弓的绝活令人莞尔。反文化除了咖啡学堂外，专攻精品熟豆批发零售，在全美享有绝佳口碑。反文化的大股东彼得·朱利亚诺担任SCAA理事长一年多，推动咖啡科学化，建树颇多，于2011年卸任。 摄影／黄纬纶

封为"新星巴克",被《纽约时报》誉为"第三波执牛耳者",而树墩城员工则尊称杜安为"咖啡救世主"(coffee
messiah)!

● 咖啡救世主——杜安

　　身材魁梧,浓胡长发,双臂龙虎刺青,热爱摇滚,出口成"脏",却笃信五旬节派教会的杜安,怎么看都不像救世主,倒像咖啡硬汉。杜安出生于华盛顿州的塔科玛(西雅图南部),从小陪着父亲腌制香肠,味觉、嗅觉敏锐,但厌恶潮湿阴冷的工作环境,高中在西雅图郊区的咖啡馆打工、学烘焙,与咖啡香结下良缘。杜安喜欢滑板,常到3小时车程外知名的波特兰滑板运动场练习,他爱上了这座干净又环保的城市,决定在此创业,开一家质感远胜星巴克的咖啡馆。没几年,他做到了。

　　截至2011年3月,12年来,树墩城在波特兰开了5家门市,西雅图2家,纽约2家,荷兰1家。2010年3月,杜安在荷兰的阿姆斯特丹开了海外第一家店。因为他前往非洲寻觅精品豆时,以荷兰为中转站,却发觉在荷兰竟然喝不到好咖啡,品质远逊北欧和英国。于是,他在阿姆斯特丹开了一家树墩城,宣传他的咖啡"福音",广受荷兰人好评。

杜安在美国经常接受媒体邀访，他带着两名徒弟，拎着百宝箱，小心翼翼取出玻璃制的美式手冲滤壶 Chemex、赛风和磨豆机，以宗教家的热情向咖啡迷示范黑咖啡的萃取技巧。"咖啡救世主"名号不胫而走。

◕ 美东最酷咖啡馆

2009 年 9 月，树墩城在纽约曼哈顿的王牌旅馆（Ace Hotel）大厅开设纽约第一家门市，被誉为"美东最酷的咖啡馆"。身怀绝技的咖啡师，戴上 20 世纪 50 至 60 年代的绅士帽和领带，典雅的打扮不像咖啡师。旅馆大厅内只有立桌无座位，慕名而来的纽约客，大排长龙，只为喝一口传说中的"卷发器"（Hair Bender）招牌浓缩、拿铁或手冲庄园咖啡。杜安为了纽约门市，特地在布鲁克林的红钩（Red Hook）区设了一座烘焙厂，供应给饕客最新鲜的咖啡。

◕ 专卖滤泡咖啡

纽约一店生意超出预期，纽约二店"泡煮吧"（Brew Bar）已在 2010 年 9 月开幕，就设在红钩区的烘焙厂内，与咖啡仓库和烘焙机为邻。但泡煮吧与树墩城的前 9 家门市不同，只卖滤泡式黑咖啡，不卖浓缩咖啡与拿铁。杜安认为美国人在家多半使用滤泡式，浓缩咖啡机占比很低，因此开一家滤泡咖啡专卖店，向消费者示范正确萃取法，是件很有意义的事。

一喝上瘾：卷发器招牌综合豆

名称超怪的卷发器是树墩城最畅销的浓缩咖啡专用豆，这有个典故。树墩城的波特兰创始店店址，原先是一家名为"卷发器"的美发沙龙，杜安觉得此名超炫，以之为招牌咖啡名称，果然一炮而红。卷发器的味谱近似黑猫，干净、清甜与柔酸，但烘焙度略浅于黑猫，两者完美诠释第三波的浅中焙美学。卷发器配方豆比黑猫庞杂，采用拉丁美洲、肯尼亚、埃塞俄比亚水洗豆和印尼亚齐的半水洗豆（湿刨法）。一般人用这几款浅中焙豆，易有碍口呛喉的尖酸味，但树墩城的烘焙技术高超，把有机酸磨得很清甜且富水果韵。笔者以浓缩或手冲泡煮试喝，犹如"口中放烟火，千香万味齐发"！

泡煮吧主攻 6 款滤泡器具，包括法式滤压壶、美式玻璃滤泡壶 Chemex、德国手冲滤杯 Melitta、日式锥状手冲滤杯 Hario V60、爱乐压（AeroPress）和中国台式聪明滤杯。咖啡迷可选择店内随产季不同的 35 种咖啡，比较 6 款不同滤法的咖啡风味有何差异，"这将是纽约最浪漫的咖啡故事！"杜安说。纽约二店泡煮吧的创意，恰与英

国浓缩咖啡桂冠霍夫曼，于 2010 年 5 月至 7 月在伦敦开设"一分钱咖啡馆"宣扬手冲与赛风黑咖啡，不谋而合。此二例更彰显手冲与滤泡式咖啡近年在欧美吃香，是东风西渐的写照。

◓ 重视产地，强调在地烘焙

树墩城经营理念和知识分子相近，重视与咖啡农和产地的互动关系，开店牛步化、不躁进，强调在地烘焙，在波特兰、西雅图与纽约均设有烘焙厂。但咖啡豆不随便卖给同业咖啡馆，除非事先申请并通过严格考核，过关后还须接受教育训练，才可在店内使用树墩城的咖啡豆。神奇的是，这些经过树墩城咖啡"福音"洗礼的同业咖啡馆，皆拥进大批铁杆咖啡迷，生意兴隆。虽然树墩城起步较晚，年营业额约为知识分子的 60%，但名气与影响力有过之无不及。

树墩城的产地咖啡品项达 30 多种，比知识分子还要多。杜安热衷于设计，为了彰显单品豆的地域之味，咖啡纸袋的背面多加了个小口袋，里面有一张纸卡，介绍这支咖啡的品种、海拔、庄园、气候、处理法与杯测风味，很有美学质感。但杜安亦鼓励咖啡迷采用树墩城独家设计的褐色玻璃咖啡瓶保鲜，减少塑料的使用，为地球加分。

　　杜安每月至少有一周待在产区寻豆，也采用对农民最有利的直接交易方式，规避中间商剥削。杜安的硬汉性格在生豆采购和竞价上表露无遗，只要是他想买的豆子，价

艺伎豆身价有多高

　　顺便一提，艺伎的身价，2010 年再创新高，在"巴拿马最佳咖啡"（Best of Panama，简称 BOP）5 月的国际拍卖会上，以每磅 170.2 美元的价格被日本的且座咖啡（Saza Coffee）标走，在日本一杯卖到 1,200 日元。艺伎目前身价仅次于波旁岛（今名留尼汪岛）复育成功的半低因尖身波旁（Bourbon Pointu），这支变种波旁有多贵？每磅熟豆在日本卖到 375 美元，令人咋舌。

　　艺伎与杜安似乎缘定三生，就在精品界一窝蜂跑到埃塞俄比亚寻找艺伎咖啡树却败兴而归的同时，杜安意外在哥斯达黎加发现艺伎芳踪。2007 年，他走访哥斯达加咖啡园，一时尿急下车在森林野地小解，抬头一看有株瘦高咖啡树，有点像又不太像铁比卡（详参第 9 章），好奇摘下一颗红果子尝尝，居然有黄箭口香糖的水果风味，于是请同行的咖啡农一起试，味道确实不同于一般咖啡果。走进林区，果然有一批与巴拿马艺伎相同品种的咖啡树。杜安立即请人联系这片森林的地主，包下所有产能。

　　杜安在哥斯达黎加率先找到艺伎，亦符合史料所载，艺伎早在 1953 年从非洲移植哥斯达黎加，再转种到巴拿马。哥斯达黎加是艺伎移植中美洲的首站，但后来大家以为哥斯达黎加的艺伎早已不知去向或绝迹了，杜安却因一时尿急而发现艺伎，传为美谈，引发哥斯达黎加抢种艺伎热潮。

再高他也不手软。2005 年，巴拿马翡翠庄园（Hacienda La Esmeralda）的艺伎品种（Geisha varietal）飙到每磅 50 美元，2007 年更创下 130 美元天价，这全是杜安出手抢标的杰作，连知识分子的杰夫也不是他的对手。杜安与杰夫为了抢好豆，瑜亮情结已不是秘密。

● 送脚踏货车到卢旺达

咖啡硬汉杜安对同业竞价抢豆从不手软，但他对咖啡农的赞助绝不嫌多。2006 年，他发觉卢旺达咖啡品质好坏无常，决定走访一趟找症结。农民告诉他，问题出在果子采收后来不及运到水洗厂处理，如果有脚踏货车即可大幅改善品质。杜安看到老农背着数十千克的咖啡果，跋涉数公里才能送抵处理厂，非常辛苦且无效率，于是发起"送脚踏货车到卢旺达"（Bikes to Rwanda）计划，赠送农民数百辆特殊设计的咖啡脚踏车，并在产区设立维修站，博得好评。

● 替咖啡师按摩

杜安早在高中时期就在咖啡馆打工，不但会拉花，还会烘豆子，对咖啡师的辛劳深有体会。树墩城为咖啡师提供免费按摩服务，舒解疲惫身心，才有可能顾好品质，泡出美味咖啡。杜安也会按摩，并加入按摩治疗团队，为员工服务，但他说："多年来最大遗憾是，不曾有咖啡师点召我！"

硬汉柔情的杜安，声誉如日中天，但树墩城的店数屈指可数，在波特兰、西雅图、纽约和荷兰加起来不过十家。咖啡迷敦促他加快展店脚步，但杜安却说："我可不愿因搞得太大、冲得太快，而折损品质，麦当劳式的无所不在，就留给别人去做吧！"

言犹在耳，本书截稿前，笔者接到树墩城友人可靠消息，华尔街金主已入股。杜安有了银弹资助，在知识分子的大本营芝加哥寻觅设厂与展店地点，卷发器将与黑猫近身肉搏，就争夺第三波盟主而言，星巴克已非对手。杜安曾指出，每开一家门市要花费40万～60万美元，每设一座烘焙厂要投资100万～300万美元，如今资金已到位，将放大格局，进军欧洲市场，谁说美国咖啡馆不如欧洲！

 反文化 Counter Culture Coffee

1995 年，发迹于北卡罗来纳州达勒姆县（Durham）

的反文化，经营形态与树墩城、知识分子截然不同。反文化总部与烘焙厂设于达勒姆，另在东海岸的纽约、费城、亚特兰大、阿什维尔、夏洛特和华盛顿设有咖啡实验室或教育训练中心。

● 卖咖啡不如教咖啡

反文化并非卖饮料的咖啡馆，其主要业务为熟豆零售、批发以及咖啡教学，让咖啡新手或从业人员有个再学习的学堂：咖啡萃取理论、打奶泡化学、咖啡贸易史、品种、处理法、杯测……无所不教，如同咖啡学院。反文化的熟豆品项多达 30 种，仅综合豆就有十几款，最有名的是 46 号综合咖啡（Number 46）。反文化每季都会公布 46 号的配方，十多年来它一直是最热卖的招牌咖啡，滤泡浓缩两相宜。

● 咖啡美学标杆人物

反文化深得人心，从昔日的小烘焙厂蜕变为今日第三波先驱之一。环保活跃人士弗雷德·霍克（Fred Houk）1995 年创办反文化，当时只是一家咖啡熟豆批发商。霍克的 46 号欧式综合豆在北卡罗来纳小有名气，但仍不是全美知名的熟豆供应商。

46 号经典配方

配方为 33% 法式重焙豆、33% 中深焙印尼亚齐豆、33% 浅焙中南美洲或非洲庄园豆，但配比并非一成不变，会随着产地节令有所调整。这是很有趣的综合配方，以不同烘焙度引出咖啡多变层次，其中不变的是印尼亚齐，为醇厚度打基底。

另外，重焙豆基本上以高海拔的玻利维亚、洪都拉斯和危地马拉为主，至于浅焙豆则以非洲和中南美洲庄园为主。

转折点在 2000 年，30 岁的彼得获聘为反文化的生豆采购师兼烘焙师，业绩开始暴冲，从当时的 100 万美元，剧增到 2007 年的 700 万美元，若以每年增长 100 万美元保守估计，反文化 2010 年营收已突破 1,000 万美元。彼得视咖啡为一门美学，很重视相关学术研究，带领反文化成功转型为咖啡学堂兼精品豆供应商，造就今日的国际知名度。创办人霍克于 2007 年罹癌病逝，彼得成为执行长兼股东。彼得的才华还不止于此，2010 年 4 月，彼得不过 40 岁，就从 SCAA 副理事长升任为 SCAA 理事长，成为全球咖啡美学界的标杆人物。

意大利裔的彼得，高中开始接触咖啡，在加州圣地亚哥的咖啡馆担任咖啡师。他为了加强人文素养，饱览欧美咖啡书籍，对浪漫咖啡史和产地奇闻如数家珍。他回忆道："客人喝咖啡时，最喜欢听些咖啡趣闻和产地消息，以增添乐趣。我为了取悦咖啡迷，不忘自我充电，并与大家分享信息，客人都喜欢找我买咖啡。我从 18 岁玩咖啡时，就体悟到只会泡咖啡是不够的，充其量只是咖啡匠，必须充实人文素养与理论根基才能提升美学境界，对推广咖啡教育才有帮助。"

● 玩咖啡玩到毕不了业

彼得在圣地亚哥大学主修音乐学，但咖啡玩过火，大学未毕业。年轻时他曾在多家咖啡馆担任咖啡师与烘焙师，喜欢研究咖啡，但老板希望他管好门市，不必浪费时间研究咖啡。有一次，彼得趁着晚上收班，溜回办公室，为 9 支咖啡做杯测，以了解彼此的不同处，被老板发现，险遭开除。虽然如此，仍无法阻止彼得钻研咖啡的执念。

他与 SCAA 渊源甚深，20 多岁就在 SCAA 的加州总部担任义务小老师，是小有名气的咖啡义工。2000 年，他已 30 岁了，女友到北卡罗来纳州就学，他决定陪她过去。于是打电话询问 SCAA 友人，北卡罗来纳州是否有好的咖啡工作。友人告诉他反文化正在招聘，可前往一试。大老板霍克面试彼得，觉得他的咖啡素养与手艺惊为天人："彼得，你相信命运吗？你注定来帮我！"于是破格聘他为反文化的生豆采购师与烘焙师，有意将公司交给他管理整顿。

○ 产地取经，班门弄斧

彼得接任反文化要职后，迫不及待前往朝思暮想的咖啡产地取经。彼得年轻时曾在花园栽种咖啡树，也采收过，惊觉咖啡果叶的味道与黑咖啡完全不同，但研究咖啡多年却不曾踏上产地一步，无异于隔靴搔痒，愧为咖啡人。尼加拉瓜是他的处女行目的地，却因自信过头，班门弄斧而与当地农民发生口角。

他从书中读到中美洲生产国全采水洗法，但到了尼加拉瓜却发现没人采用水洗发酵法。咖啡果去皮后就倒入干桶内，不需泡水即可进行干体发酵去除果胶层（pectin），这与书中所述的红果子浸入水槽发酵完全不同。他怀疑农民做错了，很多嘴地纠正咖啡农，却被呛白："我们几世代都这么做，如何处理咖啡还需要你教吗？"

经典教科书也有错

COFFEE
BOX

　　干体发酵在水资源不丰富的中美地区很盛行，显然，彼得被肯尼斯·戴维斯、大卫·绍默和凯文·诺克斯的咖啡工具书误导了，因为资料太老旧过时。处女行虽然惹了一身腥，却让彼得更坚信原产地才是咖啡宝库，尽信书不如无书。

● 烘焙者学会与"超凡杯"催生第三波

　　彼得返美后，参加了 2001 年 SCAA 成立的咖啡烘焙者学会在俄勒冈州举行的首届研讨营，与会者全是志同道合的咖啡精英。彼得在此认识了知识分子的杰夫以及树墩城的杜安，大伙儿惺惺相惜，成为既合作又竞争的好友。该学会定期主办咖啡研讨营，请专家为咖啡业者讲解咖啡界最新科研成果，为主观的咖啡业注入客观的科学理论，并破除人云亦云的咖啡谬论。因此第三波咖啡人，除了提升经验值外，更吸取科学论述，规避咖啡知识盲点。科学数据虽折损咖啡些许的浪漫，但对产业的健康发展是有必要的。

　　彼得除了反文化的业务外，还积极投入烘焙者学会每年一度研讨营的企划工作，成为重要干部，也荣任几届会长。约莫在烘焙者学会成立的同时，第二波名人乔治·豪厄尔在巴西成立的"超凡杯"也顺利运作一年多，不但为中美洲咖啡农提供了一个行销精品豆的渠道，而且让烘焙者学会的第三波精英与咖啡农有个建立关系的平台。如果没有烘焙者学会与"超凡杯"两大组织强力运作，精品咖啡的第三波进化，恐怕无法顺遂。

● 临危受命，带领 SCAA

2004 年，执全球精品咖啡牛耳的 SCAA 爆发贪污丑闻案，营运长斯科特·韦尔克（Scott Welker）盗用公款 100 万美元被捕，SCAA 出现财务危机。危急之秋，公正不阿的彼得被选为 SCAA 的 13 名理事之一，当时他年仅 34 岁，是 SCAA 有史以来最年轻的理事，彼得焦头烂额一年多，才协助 SCAA 走出困境。他从此进入权力核心，2008 年成为副理事长，2010 年升任为 SCAA 理事长。

虽然彼得身兼 SCAA 和烘焙者学会要职，但他仍然是反文化的生豆采购师。他和杜安、杰夫一样，经常巡访三大洲产地，一方面寻找好豆；另一方面充当美国国际开发署的"义工"，替农民解决技术问题或教导农民杯测与烘焙。三人已成为第三波代表人物，行事风格或有不同，但带动公司成长的策略是相同的。他们带动美国，同时也带动上游生产国加深对咖啡美学的认知，促使整个产业链更健全，自己的公司与消费者也因此受惠，利人利己，值得称许。

彼得在 SCAA 的重大成就

自 2009 年起，SCAA 每年结合产官学界，举办十几场咖啡讨论会，以"探讨问题，交流意见，谋求解决方案"为宗旨，请专家学者与咖啡人分享研究成果。讨论主题包括"基因改造咖啡的优缺点""绿色烘焙减少排碳量""为何东非咖啡如此美味""埃塞俄比亚新交易制度介绍""手工滤泡咖啡复兴：浓度与萃出率探秘""诡异的苏门答腊咖啡"……诸多发烧议题。彼得重视咖啡研究的性格，在他进入理事会后表露无遗。直到今天，杰夫与杜安遇到彼得，都会鞠躬点头以表敬意。2011 年年底，彼得卸任 SCAA 理事长职务。

 产值 11 亿美元的第三波咖啡

第三波咖啡目前仍属最顶端挑嘴客的小众市场，美国餐饮文化名作家韦斯曼，2008 年估计第三波只占全美精品咖啡市场的 8%。笔者换算一下，以 2009 年美国咖啡市场产值 475 亿美元计，精品咖啡约占 30%，产值约 142.5 亿美元，而第三波又只占精品咖啡市场的 8%，因此 2009 年

1 位于加州橘郡新近崛起的第三波美学咖啡馆波脱拉咖啡实验室（Portola Coffee Lab），老板有化工背景，将咖啡馆提升到实验室规模。咖啡师必须穿上实验室白袍，手冲咖啡的下壶要放在黑色电子秤上面，以重量精准掌控每杯咖啡的萃取量。在这里泡咖啡不是瞎子摸鱼，全以科学数据为准，一丝不苟的专业态度十分亮眼。 摄影／黄纬纶

2 结合爱乐压和克洛佛萃取原理，又有温控与调压功能的新型咖啡机萃啡塔（Trifecta），造价 3,500 多美元，是波脱拉咖啡实验室重装备咖啡吧台的新明星。截至 2011 年秋季，台湾地区尚未引进此新款咖啡机。 摄影／黄纬纶

3 中国台湾地区移民在加州圣莫尼卡开设了名店 Funnel Mill Rare Coffee and Tea。
从吧台阵仗不难看出赛风是镇馆之宝，正好迎合时兴的第三波黑咖啡美学。踏
进咖啡馆，中国字画高高挂，让华人倍感亲切。该店亦贩售印尼麝香猫咖啡。
摄影／黄纬纶

4 第三波新潮流，咖啡师左右开弓手冲耍宝。　摄影／黄纬纶

第三波产值约 11.4 亿美元。

第三波产值以知识分子最高，2007 年已达 1,200 万美元，估计 2010 年达 4,000 万美元。其次是树墩城，2007年营业额达 700 万美元，杜安透露 2010 年已破 2,000 万美元，至于反文化则略低于树墩城。

当然，第三波不止这三大龙头，加州橘郡的波脱拉咖啡实验室同时崛起，是颇具特色的咖啡馆，已在南加州开了 6 家店。老板有化学背景，咖啡师均穿上超酷的实验室白袍，泡咖啡如同做实验一般，粉量和萃取量均要称重，以求精准无误，并宣称拥有全美最先进的咖啡吧台设备，包括当时每台造价约 2 万美元的调压式浓缩咖啡机(Slayer espresso machine)，新颖的控温与调压功能滤泡咖啡机萃啡塔[1]，以及时兴的赛风吧与手冲吧，各式萃取法应有尽有。

其他较有名望的第三波咖啡馆，还包括蓝瓶子 (Blue Bottle)、磨坊 (La Mill)、仪式咖啡屋 (Ritual Coffee House)，以及位于温哥华的纬度 49 (49th Parallel) ⋯⋯不胜枚举，建构一支小而精的蚂蚁雄兵，擅长浅中焙，突

---

[1] 这是国际知名的邦恩 (Bunn) 咖啡机制造商新产品，
结合克洛佛、爱乐压与法式滤压的三大优点，故以
Trifecta 命名，有三机一体的寓意。

显酸甜的水果调，取代第二波深焙技法的巧克力甘苦韵。
因此，**第三波崇尚明亮的水果调，有别于第二波强调酒气
与甘苦韵，是两种截然不同的咖啡味谱，重塑你我喝咖啡
的品味。**

虽然第三波咖啡的总产值，比起星巴克 2009 年 98 亿
美元的全球总营业额相形见绌，但第三波的后续影响力，
远超出表面上的产值。

第三波市场动能正逐年增温，越来越多的第二波咖啡
馆开始采纳第三波元素（详参本章附录 3）。以星巴克为
例，近年星巴克官方网页增加了与产地联系的录像，宣扬
星巴克的农艺学家如何奔波于各产区，协助农民可持续生
产，试图扭转市侩形象，打造第三波氛围。另外，星巴克
也效法第三波的浅焙调，预定 2012 年 1 月 10 日在全美推
出一支浅焙新配方豆"金黄色综合"（Blonde Blend），以开
拓浅焙的客群。

有趣的是星巴克也不忘大力促销第一波产物——速溶
咖啡 VIA。换言之，坐稳第二波，上攀第三波，下捞第一
波，三波通吃似乎是星巴克化解泡沫危机的活路策略。全
球咖啡气氛因第三波崛起变得非常吊诡，耐人寻味。

2011 年 9 月 16 日，美国《财富》杂志以专题《来自
天堂的咖啡因》（*Caffeine from Olympus*）图文并茂介绍

第三波的后起之秀——蓝瓶子咖啡馆执行长詹姆斯·弗里曼（James Freeman）。2001 年发迹于旧金山的蓝瓶子，目前在加州有 6 家店，在纽约有 7 个据点，营业额每年增长 70%，去年已达 2,000 万美元，成长惊人。大排长龙已成为蓝瓶子的店景之一，大伙儿井然有序等着买手冲、赛风、冰滴、拿铁等饮料，似乎嗅不出不景气的味道。

这要归功于音乐家出身的弗里曼对咖啡极尽挑剔的个性：只卖全豆咖啡，不卖磨粉咖啡；咖啡研磨后超出 45 秒未使用，就是走味了；咖啡出炉后的最长保鲜期为 48 小时，店用熟豆不得超过 2 天；浓缩咖啡不得外带，必须在店内享用……

蓝瓶子是继"三大"之后的明日之星，但其表示："我根本不想成为下一个星巴克。星巴克早已是星巴克，但咖啡业还存有许多既有趣且更扎实的成长空间。"

星巴克与第三波的殊死战，方兴未艾，好戏才开演！

附录 I
关于咖啡的节令性

　　咖啡一年四季都喝得到，何来节令问题？这就是第三波与前两波不同之处。对第三波信徒而言，咖啡和水果一样，有其节令产期问题。然而，全球至少有 60 国产咖啡，南北半球的产季时节不尽相同，增加此问题的复杂性。咖啡迷多用点心，即可掌握各产地的节令，更易买到盛产期的鲜豆。

　　咖啡产区的雨季始于何时，攸关收获时间，雨季促使咖啡树开花结果，经历 6～9 个月，咖啡果成熟转红，即可采果去皮，水洗发酵、半水洗或日晒处理（带壳豆含水率达 12%），接着可入仓进行 1～3 个月的熟成，最后磨掉种壳，即可出口。

　　换言之，采果收成后，至少要再花 2～3 个月，完成烦琐的后制加工后，才可输出咖啡豆。一般而言，北半球中美洲产区或印尼的亚齐，每年 2～3 月是最繁忙的收成与后制期，因此当令豆在每年 5～10 月可运抵消费国；南半球的巴西每年 6～7 月是最忙的收获与后制期，当令豆则在 9 月至隔年 4 月可运抵。因此，北半球消费国在冬季至初春一般不易在中美洲买到当令豆，因为正在收成和后制，但同期却可在巴西或非洲买到当令鲜豆。另外，如果生产国跨越赤道，产区分布在南北半球，如哥伦比亚、肯尼亚和印尼等，因南北半球雨季不同，会有两个收成期，即四季均有鲜豆出口。

第三波烘焙业者很重视咖啡的节令，比如每年 5～10 月，主打当令的哥斯达黎加、危地马拉、萨尔瓦多、巴拿马和洪都拉斯等中美洲咖啡或印尼苏门答腊和亚齐咖啡。但到了 9 月至隔年 4 月，则主打巴西当令豆。

附录2

咖啡生豆保鲜期有多长

咖啡豆收成处理后，保鲜期有多久？这与生豆的密度、脱水是否均匀以及保存环境有关。

生豆依其新鲜度可分以下几种：

· 新产季豆（new crop）或当令鲜豆（current crop）：收获后储存 1 年以内。

· 逾产季豆（past crop）或旧豆：收成后储存 1 年以上。

· 老豆（old crop）：储存时间超过 2 年。旧豆和老豆因芳香物流失或氧化，容易有股不讨好的朽木味或土腥味。

· 陈年豆（aged beans）：非关鲜度，为刻意制作，入仓储存时间达 3 年以上。

陈年豆与老豆不同，陈年豆保留种壳入仓，多了保护，且严格控制仓库湿度，与磨掉种壳储存的旧豆和老豆大相径庭。陈年豆旨在磨酸增醇添甘，[1] 制作精良无瑕疵的陈年豆喝来醇厚，甘甜无酸，略带令人愉悦的沉木香气，一般以苏门答腊或爪哇陈年豆最有名。

一般而言，收成1年以内，均属新产季豆，只要烘焙与萃取得宜，很容易喝到活泼的花果酸甜味、油脂感和厚实感（body）。但随着储存时间拉长，精致花香水果味最先流失，接着是清甜味不见了，最后只剩下闷闷的木质杂味。

当令豆的芳香物流失最少，因此滋味最美，最具振幅与动感，但不表示1年以上的旧豆就不能喝，只是花果香、甜味和丰富度明显走衰了。

值得注意的是，品质越高的当令豆，风味流失越快。比方说5月购进的豆子，杯测高达90分；12月再杯测，

---

[1] 带壳豆在人为管控的环境下，经过二年以上封存的处理，有机酸会转化为糖分，果酸味剧降，且甘甜度与黏稠口感增强，略带土木的香气。但处理失败的陈年豆苦味与霉腥味很重。换言之，陈年豆不是大好就是大坏。

可能只有 82 分或更低。反观另外一批同期购进、品质稍逊、杯测 82 分的当令豆，12 月再杯测，可能还有 78 分以上。

因为越是精致的酯类花香水果味，越易老化变质走味，至于一般平庸豆，本就空空如也，能够随着时间流失的成分已不多了。这就是杯测得奖豆的新鲜度更要斤斤计较的原因。

得奖豆迷人的花果甜香味，可能在后制处理后的 9 个月内，就变质走衰消失了。基本上，低温环境比高温更有助生豆保鲜，可抑制油脂和芳香物氧化。

附录3
何谓"第三波元素"

台湾地区咖啡爱好者多半经历过精品咖啡第二波洗礼，星巴克、毕兹、努森、乔治·豪厄尔、肯尼斯·戴维斯、大卫·绍默、凯文·诺克斯、艺术咖啡（Caffe D'arte）、甜蜜玛丽亚（Sweet maria's）、绿山咖啡（Green Mountain Coffee）是他们共同的回忆。但2000年后，第二波已老，精品咖啡第三波继起，自成一格。昔日第二波业者，为求升级，纷纷导入第三波元素。我观察到的六大进化元素如下：

1. 重视地域之味： 第二波咖啡人习惯以生产国来描述咖啡风味，然而，同一生产国却有数十个咖啡品种以及不同气候与水土环境，买对生产国不见得买对品种与水土，仅以生产国来论述咖啡风味显得笼统粗糙与不专业。第三波改以更明确的产区、庄园、纬度、海拔、处理法、微型气候和品种，来论述不同的地域之味。重视咖啡品种与水土的相关知识是第三波第一大进化。

2. 避重焙就浅焙：为了呈现各庄园不同水土与品种的地域之味，第三波业者的烘焙度也从重焙修正为浅焙、中焙或中深焙，很少烘到二爆密集阶段，顶多点到二爆就出炉，甚至更早，以免炭化过度，掩盖地域之味。因此降低烘焙程度，改以浅中焙，诠释精品豆明亮活泼的酸香水果调，是第三波第二大进化。

3. 重视低污染处理法：为了减少河川污染，不再墨守水洗豆较优的教条，进而改良为不需耗水的处理法，日晒、半水洗、蜜处理和湿刨法大为流行，不但扩大咖啡味谱的多样性，更可保护环境，有利于可持续经营，这是第三波第三大进化。

4. 滤泡黑咖啡成主流：以浓缩咖啡为底，添加鲜奶与奶泡的拿铁、卡布奇诺等意式咖啡是第二波主力饮料。但第三波大力推广不加糖添奶的原味黑咖啡，采用日式、欧式、美式手冲和赛风或中国台式聪明滤杯，这些曾被视为粗俗的滤泡式冲具，却是最自然无外力干扰的萃取工具，让咖啡自己说话。

5. 产地直送烘焙厂：第二波大力推广的公平交易制度

弊端丛生，咖啡农仍遭中间商剥削。第三波的烘焙师改以直接交易，远赴各产区寻觅好豆，协助农民了解精品市场对品质的要求，进而提高品质，以更好的售价直接卖给烘焙商，亦可避免中间商剥削，增加农民收益，从而培养双方情谊，使产地与消费国之间形成良性互动，烘焙师与咖啡农的关系更加紧密。

6. 科学诠释咖啡美学： 第二波咖啡人习惯以主观的经验法则来描述咖啡的萃取、烘焙、栽培与处理，但第三波则辅以更精确的科学研究数据来诠释咖啡产业。举凡咖啡品种的蔗糖、有机酸、芳香成分的含量均有科学数据做比较，烘焙与萃取的化学变化，亦以科学理论来解释，就连抽象的咖啡浓度也以具体的数值呈现。将咖啡上中下游视为一门美学来研究，重视选种、栽培、处理、杯测、烘焙、萃取、浓度与萃出率的科学研究，是第三波第六大进化。

Chapter

3

台湾地区精品咖啡大跃进

第三波崛起，欧美咖啡时尚晋升美学境界。可喜的是，台湾地区并未裹足不前，咖啡农破天荒地发起自觉运动，困知勉行，提升品质。2009 年，李高明的阿里山咖啡，出人意料地打进 SCAA 杯测赛金榜，争得国际"能见度"。2010 李松源牧师邀请巴拿马蜜处理专家来台授课，指导咖啡农使用正确的后制技法，蔚为风潮。"双李"点燃咖啡农逆势奋进的热情，台湾地区咖啡栽植业跃入新纪元！

台湾咖啡的前世今生

台湾地区水果百余款，荔枝、香蕉、杧果、葡萄、草莓、莲雾、橙子……多得数不清。赴外旅游，饱尝各地水果，还是觉得台湾地区的最甜美，台湾地区"水果王国"的美誉，绝非浪得虚名。

那么台湾咖啡在本地居民眼中如何？居民十之八九会以不屑口吻回答："台湾有栽种吗？能喝吗？不是掺假、很烂吗？"半世纪来，台湾咖啡难与台湾水果齐名，频遭轻蔑，台湾地区在咖啡产地地图上，亦无一席之地，向来被视为咖啡栽培的化外之地。这不难理解，从产量看，确实少得可怜，年产量约 100 吨，甚至有专家估计不到 60 吨。这比起印尼的 60 万吨，印度的 30 万吨，显得非常渺小。过去，我也对台湾咖啡羞于启齿，但今日我以之为荣。

○ 本产咖啡"扮猪吃老虎"

转折点就在 2009 年。台湾地区阿里山咖啡"扮猪吃老虎",居然赢得 2009 年美国精品咖啡协会"年度最佳咖啡"(Coffee of The Year)第十一名,是近年亚洲第一个打进金榜的咖啡产地,这是何等荣耀!

要知道印尼和印度咖啡至今仍无缘进榜。不管你喜不喜欢,不管你过去如何瞧不起台湾咖啡,今后恐怕要抛开偏见,以更理性的态度去看待台湾咖啡,多给一点鼓励掌声,为打造新味谱的台湾地区咖啡农加油助阵。

台湾地区咖啡栽植业肇始何时,欠缺详尽史料。根据李松源牧师提供的零星资料,早在 1880—1890 年,德记洋行从旧金山进口一批咖啡种子,栽种在台北县三峡,至今三峡和南港山区仍有咖啡芳踪。另外,也有资料指出,19 世纪末,传教士从菲律宾引进咖啡,但究竟是赖比瑞卡种还是阿拉比卡种,令人费疑猜。可以确定的是,一百多年前,台湾地区已有试种咖啡的记录,但并未蔚为风潮。直到日据时期(1895—1945),咖啡栽培业才有起色。

目前台湾地区苏澳、蕙荪、古坑、梅山、德文、瑞穗、初鹿等地的咖啡"老丛"，应该是当时日本人从东南亚引进阿拉比卡种的古老铁比卡品种。其特征是树体瘦高，叶片尖长，顶端嫩叶为古铜色，这亦符合铁比卡在亚洲扩散的历史轨迹。[1] 日本人在台湾地区推广咖啡栽植业，有其必然性。因为从中南美洲或印尼运送咖啡到日本，路途遥远，如果台湾地区栽植咖啡成功，将成为距离日本最近的咖啡产区，享有物美价廉的竞争力。因此日据时期，好山好水的台湾地区，成为日本发展咖啡栽培的基地。

然而，台湾地区咖啡栽植业随着日本战败撤退而走衰。20 世纪 60 年代，全球咖啡行情大好，台湾地区当局曾礼聘夏威夷大学的咖啡专家前来指导农民，但咖啡栽种风气难以恢复到日据时期的盛况。喝咖啡一度被视为奢侈消费，内销不易，外销受挫，台湾地区咖啡栽植业凋零，成了乏人问津的浪漫回忆。

---

[1] 阿拉比卡种的两大主干品种为铁比卡与波旁，前者的顶端嫩叶为古铜色，也就是俗称的"红芯"；后者的顶端嫩叶为绿色，俗称"绿芯"。铁比卡的历史扩散路径为亚洲与中美洲，而波旁的传播路径则为中南美与东非，亚洲很少见（可详阅第 9、10 章）。

● 土骚味吓死人

笔者 1999 年在西雅图极品咖啡兼任产品副总时，曾参访蕙荪林场，这是生平首次接触台湾地区咖啡栽植场，感觉相当新奇。迫不及待喝一杯蕙荪咖啡，一入口，土腥与朽木味扑鼻（应属处理不当的瑕疵味），感受不到明亮酸质、甜感与醇厚。喝惯各产地精品咖啡的我，确实被"台湾味"吓到，没料到"水果王国"宝岛所产咖啡这么难喝。但我还是买了些蕙荪熟豆回家用浓缩咖啡机试冲，咖啡油沫（crema）如同粗糙的肥皂泡沫，毫无绵密质感可言，这让我对台湾咖啡失望透顶。

毋庸讳言，笔者与大多数咖啡玩家一样，向来不屑于台湾地区栽种的咖啡，这归因于多年不愉快的品尝经验，台湾咖啡常带有股泥巴味或木头气息，缺香乏醇、酸质不雅、味谱单调、振幅狭窄，加上掺杂进口豆，重创形象。更糟的是非常贵，每磅熟豆至少 255 元人民币，甚至更高，相较于物美价廉的进口豆，台湾咖啡已丧失竞争力。台湾地区似乎应验了海岛咖啡清淡、乏味又超贵的诅咒。可喜的是，这些根深蒂固的偏见，2009 年后恐怕要大幅修正了。

台湾咖啡农觉醒，一鸣惊人

台湾地区并无第三波现象，亦无以第三波自居的专业烘焙师善意协助咖啡农，更无美国国际开发署的咖啡专家前来指导农民如何选品种、栽植与后制处理，就连"农政单位"对咖啡农也冷眼旁观，抱持"不辅导、不鼓励、不禁止"三不政策，全靠农民自己摸索。在众人看衰本土咖啡的同时，台湾地区咖啡农觉醒奋起、困知勉行，誓言打造令人惊艳的新味谱，这并非大言不惭，亦非未来式，而是现在进行式。

● "双李"打造台湾咖啡新味谱

这得归功于两位苦心孤诣的奇人——李高明董事长与李松源牧师。"双李"不畏旁人冷嘲热讽，逆势而为，献身咖啡栽植业多年，终于向世人证明：台湾咖啡绝非"扶不起的阿斗"。2009年4月，李高明栽种的阿里山咖啡，在SCAA麾下烘焙者学会主办的国际杯测赛中胜出，被评选为全球十二大"年度最佳咖啡"的第十一名，震惊台湾地区咖啡界。

无独有偶，李松源牧师埋首钻研3年的蜜处理法

(miel/honey processed) 有了突破。2010 年元旦, 开风气之先, 力邀巴拿马知名蜜处理专家格拉西亚诺·克鲁兹 (Graciano Cruz) 来台讲习与推广。李牧师打造的台湾咖啡新味谱给他留下深刻印象。李牧师再接再厉, 集合农友于同年 4 月 3 日在屏东咖啡园, 举办了一场别开生面的"台湾咖啡蜜处理成果发表会", 并宣告台湾地区高品质咖啡时代降临。

另外, 古坑乡嵩岳咖啡庄园郭章盛的蜜处理豆, 2010 年 4 月也以 82.827 的杯测佳绩, 打进美国精品咖啡协会"年度最佳咖啡"第二轮决赛; 2011 年更是以 83.61 的高分进入决赛。最后虽未能打进优胜金榜, 却表现不俗, 连获 2010 年与 2011 年台湾地区参赛豆的最高分, 品质登上国际精品级殿堂, 为咖啡农争了口气。台湾咖啡连年打进决赛或荣入金榜, 谁说台湾地区种不出精品级咖啡!

台湾地区适合种咖啡吗?

台湾地区气候、水土很适合种咖啡, 但成本很高, 利润不高。

南北回归线间的热带及亚热带地区, 年均温 15℃～25℃, 年降水量 1,500～2,000 毫米。冬季无霜害地区, 皆适合栽种阿拉比卡咖啡, 而台湾地区中南部恰好位于咖啡地带内, 山区很适合种咖啡。

接二连三的美事，绝非偶发，而是咖啡农蓄积多年的能量迸出浓香与善果。笔者大胆界定，2009 年是台湾地区咖啡栽培业大跃进元年，但盼在阿里山、屏东与古坑引领下，台湾咖啡能有更多元新味谱诞生，扬名飘香国际。

这五年来，我很关注 SCAA 年度杯测赛的金榜名单。记得 2009 年 4 月下旬，从美国杯测界友人那儿得知，台湾地区阿里山咖啡以 83.5 高分当选第十一名，吓了我一大跳！赶紧打开美国咖啡专业人士的博客，看到榜单第十一名是来自台湾地区阿里山的 A 批生豆（Taiwan, Alishan Lot A），参赛者是亘上实业有限公司（Genn Shand Ind. Co.,Ltd.）。但该公司是有 30 多年历史的运动护具出口公司，在越南和中国大陆设厂，1997 年还通过 ISO 9000 国际品质认证，是世界前几大护具公司，怎么看都不像咖啡公司。

 **临老赴赛：李高明传奇**

于是打电话给任职于媒体的编辑好友，请代为查明真相。有趣的是，友人去电询问时，对方还误以为我们是

诈骗集团，不肯回答参赛之事。但一天后，亘上实业接到SCAA 捎来的得奖喜讯，才回电致歉，并详告得奖心情，也同意记者的约访。原来这几年台湾地区"偷偷"参赛的公司或农民络绎于途，但没人敢在荣登"金榜"前大肆张扬，以免落榜丢大脸。此乃人之常情。

笔者写了五本咖啡书籍，这是头一回论述台湾咖啡，因为时机成熟了。不过，阿里山咖啡入选"金榜"的消息传开后，台湾地区业界反应冷漠，甚至冷嘲热讽，十足的酸葡萄心态，没想到浪漫咖啡香也暗藏复杂的派系与山头政治学。[注] 但试喝过阿里山得奖豆后，良知督促我站在鼓励一方，因为这是我第一次喝到厚实滑顺、柔酸清甜、芳香剔透的台湾咖啡新味谱，干净度不输其他产地的精品豆，令人感动。

[注] 笔者在云林环球科技大学授课时，询问农友对亘上庄园赢得 SCAA "年度最佳咖啡"第十一名有何感想，大多数农友感到骄傲。但有趣的是，进口国外生豆的公司或烘焙业者，多半嗤之以鼻，唯恐台湾咖啡闯出名，会影响到他们的生意。甚至有业界人士中伤亘上庄园老板债台高筑，正在"跑路"。我为此传闻向李董求证，他解释说："庄园遭到莫拉克台风重创，股东确有小纠纷，但已解决了，庄园仍由我和其他股东正常经营，无须理会外界飞短流长。"

赢得 2009 年 SCAA "年度最佳咖啡"第十一名的主人翁，亘上实业股份有限公司董事长李高明先生，与我素昧平生，我俩因上述的"诈骗"电话而结缘。令我讶异的是，李老先生不是咖啡农，而是位低调的企业家，目前担任台南中区扶轮社副社长，将于 2012 年出任社长。他还担任台湾地区体育用品公会理事、台南县进出口公会常务理事、更生保护协会台南分会常务理事。

李董已至古稀之年，也届"从心所欲不逾矩"之龄，护具事业逐年交棒儿女，早该退休，养老弄孙。但老先生闲不下来，喜欢莳花弄草，几年前引进香草种子试栽，赔了不少钱，却悟出有机肥妙方。与其临老闭居更易老，不如动起来兼做有机肥生意，造福果农与大地。因此李董这些年忙里偷闲，驾着奔驰厢型车，奔波于山间农地，很多人以为他只是位老迈的有机肥推销员。

但李董乐此不疲，2005 年还从蕙荪农场和云南引进咖啡苗，与友人合伙在阿里山鞍顶 1,200 米处，租下 2.5 公顷山坡地，取名为亘上庄园，并请经验丰富的农艺老手徐恒德负责庄园管理。李董以自家研发的有机肥"滋补"咖啡树，2007 年第一次收获 900 千克，2008 年提升到

2,000千克。李董的合伙人拿该庄园的生豆，以象山咖啡之名参加古坑咖啡赛，赢得头等奖、二等奖与入选奖，已小有名气。中南部咖啡界习惯亲切地称呼李高明为"李仔哥"（闽南语）。

● 自我挑战转攻国际

李董为了跳脱闭门造车之讥，2009年决定舍弃地区赛事，自我挑战转攻国际，由领有执照的国际杯测师为阿里山咖啡品香论味，更具意义。李董挑选出两支阿里山亘上庄园咖啡参加SCAA杯测赛，并由留学美国的女儿接洽事宜。主办单位将这两支参赛生豆定名为Alishan Lot A与Alishan Lot B水洗豆，再编入密码，与全球参赛的一百多支精品咖啡进行瑕疵豆检视及一连串杯测。没多久，李董接获喜讯，两支豆皆闯过第一轮淘汰赛，打进前六十名的准决赛。

接着又传来捷报，Lot A挺进前十二名金榜的决赛圈，但Lot B因瑕疵豆稍多被淘汰。直至4月24日笔者请友人向亘上实业道贺赢得第十一名为台湾咖啡争光时，李董还半信半疑，不肯漏口风。隔天李董接到SCAA报佳音，Alishan Lot A以83.5高分，排名世界第十一，他才承认参赛之事。

　　李老先生第一次参加 SCAA 杯测赛，即金榜题名，为台湾咖啡争光。很多国家和地区的知名庄园年年参赛，迄今仍无缘打进 SCAA 金榜。李高明的亘上庄园初吐芬芳，扬名国际，为台湾咖啡写下一页难能可贵的传奇。

● 与艺伎豆争艳

　　从名单可知，Lot A 是唯一入榜的亚洲豆，连产量超出中国台湾地区万倍的印尼和印度都败在阿里山裙下。有意思的是，亘上庄园与赫赫有名的巴拿马翡翠庄园、危地马拉接枝庄园（El Injerto）和肯尼亚客西安威尼庄园（Gethumbwini Estate），同入金榜争艳，台湾地区咖啡玩家不该再视而不见，小看本土咖啡农的实力，而理当以更客观的态度接受台湾咖啡进步的事实。

● 体验台湾咖啡新味谱

　　过去我一直不屑于台湾咖啡，但试喝这支"金榜"豆之后，过往偏见一扫而空。2009 年 5 月，《时报周刊》在台北民生东路的 Gabee 咖啡馆安排了一场杯测会，由我和在 SCAA 受过杯测训练的胡元正鉴赏李董带来的第十一名得奖豆，采一爆中段出炉的浅焙。干香与湿香可明显闻到低分子量酶作用的酸香气味，以及中分子量焦糖化与梅纳反应的坚果与焦糖气味，先前担心的杂味并未出现。

啜吸入口，劲酸持续 5～6 秒，羽化成清甜与滑顺，另有气化的太妃糖香直冲鼻腔，酸质与振幅不错，属于有

阿里山咖啡的佳绩

这是台湾咖啡史截至 2011 年的最高殊荣，SCAA 评选出的 2009 年十二大"年度最佳咖啡"排名依序为：

1. 哥伦比亚（Huila, Carlos Imbachi-Finca Buenavista，波旁、卡杜拉，88.6 分）；

2. 巴拿马（翡翠庄园，艺伎，87.69 分）；

3. 埃塞俄比亚（Aricha Micro Lot 14，耶加雪菲日晒豆，87.03 分）；

4. 哥伦比亚（Huila, Juan Manuel Villegas，85.78 分）；

5. 肯尼亚（Gethumb Wini Estate，85.72 分）；

6. 危地马拉（El Injerto，接枝庄园，85.59 分）；

7. 夏威夷（Ka'u Farm，大岛南部的咖雾地区，85.08 分）；

8. 哥伦比亚（Cauca 产区，85 分）；

9. 萨尔瓦多（Finca Shangrila，84.89 分）；

10. 危地马拉（San Diego BuenaVista，84.86 分）；

11. 台湾地区（阿里山 Lot A，亘上实业，83.5 分）；

12. 澳大利亚（MTC Group，81.22 分）。

动感的活泼香酸。这跟过去所喝单调、呆板与土骚的台湾咖啡味大相径庭。如果不事先告知，我会以为这是中美洲或巴布亚新几内亚的精品，完全颠覆我对本土咖啡的刻板印象。善哉！台湾咖啡进化出新味谱了。

李董送了我一些生豆，我带回进一步试烘测味。我发觉这支得奖豆仍有海岛豆的特性，硬度中等，适合浅焙至中焙，呈现的动感、甜味、酸质与厚实感最佳；但进入二爆后的深焙，喝来空乏，几乎是干馏作用的炭苦味。所幸杯测比赛是以二爆前的浅中焙为标准，正中此豆最精彩的味域，天佑阿里山。

● 歪打正着选对品种

得奖的 Alishan Lot A 从外貌上看，豆身稍狭长，很像铁比卡。但李董对品种不熟，只知道庄园的咖啡树主要有两种形态，Lot A 的品种树体较高且嫩叶为"红芯"，是从南投蕙荪农场引入，而 Lot B 为矮株且嫩叶为"绿芯"，是远从云南引进，于是请我到亘上庄园鉴定品种。行前我猜得奖的 Lot A 应该是铁比卡，而未能挤进决赛的 Lot B 有可能是卡杜拉（Caturra）或卡帝汶，希望不是后者。因为卡帝汶的魔鬼尾韵，很难用烘焙与冲泡技巧抹干净。换言之，选错品种，就很难挤进金榜或精品殿堂。

李董开车载我到阿里山鞍顶海拔 1,200 米的亘上庄园，两块坡地皆为坐西北朝东南，方位极佳，可避开午后曝晒。坡地的咖啡树虽无遮阴树，但位于山谷，常有云雾挡阳光，构成天然降温的微型气候，年均温只有 18℃，极适合阿拉比卡增香提味。见到 Lot A 咖啡树真面目，我松了口气，果然是古老的铁比卡。树体瘦高，枝叶松散稀疏，顶端嫩叶是古铜色，叶片狭窄且薄，蜡质不明显，节间相距较长，果实较稀疏，这与铁比卡的形态颇吻合，加上她的好风味，应该错不了。

接着检视 Lot B 的咖啡树，树体矮小精干，枝叶密实，叶片深绿且宽厚，蜡质明显，叶缘呈波浪状，顶端嫩叶为绿色，节间较短，结果成串如葡萄，这与波旁的变种卡杜拉颇为吻合。当初李董说此坡地的咖啡苗来自云南，我还真担心是卡帝汶，此一高产量的抗病品种在云南很普遍，李董运气好，买到较美味的卡杜拉品种。

● 有机肥成提香利器

这两块坡地的管理在台湾地区咖啡园中算是优等

生了，栽植间距、灌溉、定期除草剪枝、每年两次有机肥，皆有规范。咖啡果与咖啡豆重量比，也从 2007 年的 1：5.3，进步到 2009 年的 1：4.7，也就是从 5.3 颗咖啡豆等于 1 颗咖啡果重量，进步到 4.7 颗咖啡豆等于 1 颗咖啡果重量，表示生豆密度越来越高。我调侃李董："能入金榜最大秘诀不在技术与品种，而在于你为咖啡树进补的独家有机肥秘方吧！"他露出神秘微笑说："咖啡树的有机肥与一般果树不同，尽量少用未完全发酵的禽畜肥，最好使用无臭味的中性有机肥。"

生豆的标准体重

正常生豆重量每粒为 0.15～0.2 克，每 10 克生豆，有 50～66 颗咖啡豆。

而亘上庄园的生豆，每 10 克有 51～53 颗，符合标准，足见密度、重量与国外精品豆不分轩轾。

◯ 临老不退为咖啡

李董了解"择优而栽"的道理，赢得殊荣后，他除了获得陈嘉峻先生赠送的巴西黄波旁（Bourbon Amarelo），还得到了胡元正先生从巴拿马带回的艺伎种子，两者目前在李董的庄园进行育苗，培养生力军，预计 4 年后开花结果。李董认为台湾水果远近驰名，如何为默默无名的台湾咖啡打响国际知名度，是他退而不休的最大动力。亘上庄园针对国际市场推出的品牌——热带舞曲庄园（Tropica Galliard），已于 2011 年完成商标注册，所生产的咖啡豆，也通过了台湾检验科技股份有限公司（SGS）的 305 项无残留农药的检测。

李董表示，不会因得奖见好就收，还要持续参加国际杯测赛，希望能用更好成绩来证明台湾咖啡的潜力。虽然 2009—2010 年产季惨遭莫拉克台风肆虐，品质受重创，但李董坚持赴赛。亘上庄园 2010 年 3 月再寄出样品豆参加 2010 年 SCAA "年度最佳咖啡" 杯测赛。如事先所料，因天灾影响咖啡品质，初赛未能超过 83 分，无法进入第二轮决赛，但仍以 81.95 分光荣出局，这比 2009 年的 83.5 分退步了 1.55 分。根据美国精品咖啡协会的标准，杯测分数 80 分以下为商用等级，80 分以上才是精品等级。因此，2010 年李董的阿里山咖啡虽未打进 SCAA "年度最佳咖啡" 金榜，但得分仍维持在精品等级，值得欣慰。

李董说："2010 年未能再下一城打进金榜，并不难过，因为我 2009 年赢得 SCAA 大奖，已点燃台湾地区咖啡农走向国际与一流庄园比高下的火种。今后每年我还要继续

1 作者（左1）在徐恒德（左2）与李高明董事长（左3）陪同下巡视阿里山亘上庄园。 摄影／黄纬纶

2 作者与李高明董事长在阿里山亘上庄园合影留念。摄影／黄纬纶

3 依序排列，可看到咖啡果子由绿转红，像是彩虹般的渐层。 摄影／黄纬纶

4 阿里山咖啡果子初红。 摄影／黄纬纶

参赛，得奖事小，带动风潮才是目的。"临老斗志旺的李高明，值得年轻人学习。而李高明董事长本人，也在2010年入选《远见》杂志所评选的百大台湾之光！

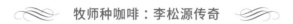

牧师种咖啡：李松源传奇

作为丰富台湾咖啡味谱的功臣，李董并非唯一。我发觉屏东也有些选对品种，后制过程用心的咖啡，喝来干净醇厚、无泥味，不输国外精品豆。屏东咖啡园的李松源牧师，也是创新台湾咖啡味谱的奇人。

● 重视咖啡后制

李牧师开风气之先，邀请国外咖啡后制处理专家来台讲习授课，指导农友正确的生产与处理技法，带领农民走出闭门造车的窘境。如果说李高明董事长秉持企管精神经营咖啡园，那么李松源牧师就是以宗教激情改造台湾咖啡味谱。之前我并不认识李牧师，只偶尔看看他的博客。直到2010年2月，碧利烘焙厂老板黄重庆请我过去试喝屏东送来的蜜处理咖啡，才敲开我俩结缘之门。

李董的阿里山咖啡入金榜后，一年来我试喝过不下10支台湾豆，李牧师蜜处理咖啡是令我欣喜的第二支好咖啡。杯测试烘前，我习惯先称每10克生豆有几颗（象豆或帕卡玛拉等巨豆除外）。李牧师这批不知年份的蜜处理生豆较小且轻，每10克约70颗，低于标准值，但喝来淡雅清香，厚实度稍薄却无本地的土腥味，以本土咖啡而言，算是平均水平之上了，于是约访李牧师。

我满心欢喜踏上逐香之旅。想想2009年有幸认识李董，喝到他栽种的全球第十一名咖啡，而2010年，台湾又有蜜处理的新味谱诞生，似乎印证了2009年是台湾咖啡进化元年的设想，相信未来台湾地区栽种的咖啡都会有与时俱进的惊喜品质出现，怎能不令玩家期待？

● 咖啡女神暗中保佑

3月4日早上7点，搭"台铁"自强号直奔屏东。9点左右，车上广播高雄县甲仙大地震，列车从员林开始减速，行经台南县看到远处熊熊黑烟直蹿天际（宏远兴业大火灾），想必与百年大震有关，庆幸未搭高铁，躲过一场惊魂记。窃喜之余，想起国外咖啡迷膜拜咖啡女神——咖啡茵娜（Caffeina）[1]——乞求恩赐能量、巧思与好运。据说每个咖啡杯都有咖啡女神守护着信徒，以后我会以更虔诚的态度喝每杯咖啡，祈求国泰民安。

抵达李牧师的咖啡农庄，里外皆美，赏心悦目，堪称屏东一大奇景。鹅黄外墙，平房矮厝，周遭遍植咖啡树，前院偌大水泥地应该是晒豆场，门外屋檐下有一台不知名品牌的抛光机。脱鞋走进屋内，虽看不到十字架或咖啡茵娜女神雕像，但内部陈设、空间与宁静感，却有几许庙堂的庄严。瓷砖地板一尘不染，窗明几净，客厅左侧是开放式吧台区，右侧客厅只摆几张精美工作台，是李牧师赏豆、挑豆、沉思的圣地，右厅开一扇巧门，可就近观赏园内随风摇曳的咖啡树。矮厝井然有序地将种植、后制作、烘焙、品啜、教学、发想、祈祷与住宅巧妙整合，美极了。

这块地原先是养猪用的，李牧师接手后才改建成咖啡农庄。但看起来不像一般村屋大厝，倒像咖啡神庙与庄园、民宿、教堂、学堂和庭园咖啡馆的综合体，说它是屏

---

[1] 咖啡茵娜并非希腊神话里的女神，而是近年欧美咖啡族自创的神明，旨在增加咖啡乐趣与话题性。

东奇景绝不为过。

● 种咖啡好似传福音

奇景背后必有奇人，李松源说是牧师也不尽然，早年毕业自屏东农专（已改制为屏东科大）畜牧系，1986 年进入台南神学院攻读硕士，自费自愿前往泰北山区协同当地传教士，为以华人为主的永泰村建立 80 公顷农场，并指导村民养猪，栽植果蔬、茶树与咖啡，李牧师就是在这里首次接触咖啡的。

当时他仍是咖啡门外汉，为了教导村民正确常识与种咖啡技术，开始阅读咖啡书籍与资料，并将泰国清迈大学以及夏威夷大学的咖啡栽植资料翻译成中文，供村民研习。前后 15 年，李牧师朝夕与咖啡为伍，不能自拔。然而与其协助他国种咖啡，不如回台湾地区贡献所学与实务经验。

为了一偿种咖啡大愿，他辞去牧师职务，摇身变成咖啡农，但他不改宗教热情。2006 年 5 月，他在雅虎奇摩开了《屏东咖啡园：想不种咖啡却挡不住》博客，向咖啡农发布咖啡"福音"，分享他对栽种、施肥、抗病虫害、水洗、日晒后制处理的心得，并出版《台湾咖啡种植》一书，造福农友，因而博得"咖啡牧师"雅号。

● 不信学院派，钟情蜜处理

从访谈与发表的文章中，不难发觉李牧师对学院派的保留态度。他认为这些所谓的农艺学者，其实并无种咖啡、抗虫害与后制处理的实务经验，只把农民视为白老鼠，他们所教导的水洗法，不是错误就是落伍的。再说，水洗法不利于环保，中南美洲生产国已引进埃塞俄比亚高架网日晒法，同时也推广巴西改良式的半水洗处理法，也就是时兴的蜜处理法，以减少对水洗法的依赖，进而降低河川污染。

然而，象牙塔里的学者未察，仍抱残守缺，自限于不正确的水洗法，难怪台湾咖啡品质低下如故，而土腥味也挥之不去。唯有正确的后制作技法，加上选对品种，台湾咖啡才有出路。

● 登高一呼请洋将

近年咖啡生产国兴起复古日晒风，李牧师三年前就掌握此潮流，开始钻研不沾水的蜜处理法，卷起衣袖试做。

咖啡果子去皮后，先让黏答答的带壳豆干体发酵，再拿到户外的网床曝晒，10～14天即可完成。

2008—2009年产季，首批蜜处理豆技术未成熟，但已具开发潜力；2009—2010年产季，蜜处理技术更熟练顺畅。杯测结果醇厚甜蜜，李牧师很满意，坚信这是台湾咖啡必走之路，不耗水又环保，更重要的是一举革除水洗清淡如水又带泥味的缺点，堪称台湾咖啡后制处理的一大创新。

但李牧师并未将研究心得据为己有或进行商业操作，反而重金聘请国际知名的蜜处理专家，巴拿马Los Lajones庄园的克鲁兹，于2010年元旦来台巡回授课。数十万台币的旅费与指导费，全由报名的100多名农友分担，台湾地区咖啡农数十年来不曾如此亢奋过。之前，20世纪60年代，夏威夷大学咖啡专家戈托博士（Dr. Baron Goto）曾来台指导咖啡农。未料50年后，却是由李牧师登高一呼，集结农友力量，自费邀请专家指导最先进的后制处理法。

○ 新豆旧豆差别很大

搭了6小时车，我终于喝到李牧师最得意的2009—2010年产季蜜处理咖啡。我先观赏园里的咖啡树，主力品种为铁比卡，另有几株品质较差的卡帝汶。李牧师说巴拿马专家克鲁兹巡视园内咖啡，发觉有一株可能是本地变种，神似瘦质娉婷的艺伎。据说克鲁兹授课期间，有一名农友向他开出一粒艺伎种子330美元的高价想买来试种，可惜克鲁兹没带种过来。

接着欣赏李牧师处理好的生豆，这比先前在碧利烘焙厂所见更大颗，想必是来自山区，才有此豆貌，请李牧师称一下，每10克生豆49颗，确实比我先前在碧利试烘的每10克生豆70颗的蜜处理豆更为密实。李牧师笑我拿到的是上一季2008—2009年的蜜处理豆，是取自户外的平地咖啡，所以豆子偏小而且制作技巧不成熟，有些瑕疵豆。2009—2010年最新产季的蜜处理豆则取自海拔1,100米，豆子较大且硬，而且制作技术熟练，但并未流出庄园。李牧师言下之意无疑是，在碧利喝到的是二流旧豆，逐香而来，新产季的一流新豆肯定让我大开"味"界，不虚此行。

● 三合一新味谱诞生

李牧师让我看了一下熟豆，是以插电的 Hottop 咖啡烘焙机采一爆结束的浅烘焙，接着以手冲来测味，恰好是我最爱的方式。因为萃取好的温度为70℃～80℃，不像虹吸壶90℃太烫嘴，影响味觉灵敏度。李牧师咖啡粉下得很重，显然是重口味拥护者。

一入口就感受到香气与滋味不停翻腾起舞，振幅很大，先是低分子量的有机酸绕舌两侧，但并不霸道，是柔酸；几秒后，醛酯类水果香气气化入鼻腔，煞是迷人；接着是中分子量的焦糖香、坚果味浮现，丝毫没有高分子量的焦苦涩，油脂感佳，犹如丝绸按摩口舌，触感鲜明，整体风味有点类似埃塞俄比亚耶加雪菲或西达莫（Sidamo）的精品日晒豆，水果韵丰富，厚实感甚至超出印尼黄金曼（有可能是下粉较多，采较高泡煮比例所致），水果酸香明显，怎么喝都不像海岛豆，更不像清淡的台湾味。

我俩开始讨论如何界定此一新味谱，李牧师说这支蜜处理豆一网打尽世界味，我灵机一动，那不就是三合一味谱，也就是非洲日晒的水果韵味、亚洲印尼的厚实感以及中南美洲的柔酸，尽在这支蜜处理的味谱内。

◯ 蜜处理法，智珠在握

李牧师又带我去看带壳的蜜处理豆，摸来粘手，色泽淡黄。"这不是黄蜜吗？有没有红蜜？"我问。

　　李牧师露出"猴死囝仔"[1]的神秘微笑，又搬出一袋献宝，带壳豆呈暗黄略带红褐色。"这就是你说的红蜜吧！"

　　"哇，你都有，好样儿。"我回答。又问："哪一种较好喝？"

　　"嘿嘿，红蜜啦。"李牧师答。而且不论红蜜、黄蜜，李牧师都已完全掌握后制处理技术。

　　李牧师苦心孤诣摸索三年，终于扩充台湾咖啡新味域，一改本土咖啡久遭诟病的清淡与土腥，蜜处理法提升台湾咖啡的酸质、甜感与厚实度，颇具开发潜能。我建议李牧师不要自限台湾地区的窄圈与派系，多多参加各地杯测赛，海阔天空，如同李董一样。如果哪天听到李牧师的

黄蜜红蜜，哪里不同？　

　　蜜处理技术分为黄蜜与红蜜两种发酵法。
　　黄蜜指的是碳水化合物的果胶层至少刮掉 1/2，胶质层较薄，日晒发酵后色泽偏淡，喝来果酸较明亮、酸味较强、杂味较低，厚实度也稍低。
　　红蜜是指果胶层顶多刮掉 1/5，也就是尽量多地保留胶质层来发酵，因此色泽较深暗，喝来较甘甜厚实、酸味较低，但干净度不如黄蜜。制作者一般根据自身偏好与市场定位来调整果胶层厚度。

---

[1] 闽南方言，指顽皮的小孩。——编者注

蜜处理咖啡扬名国际，我不会感到意外，毕竟天公疼憨人。

我满心感动与欢喜，傍晚搭"台铁"列车返台北，途中接到老婆的调侃电话，大家以为我早上"中奖"，搭到突遇百年大震的高铁班车，被迫走铁轨。"嘿嘿，老人家运气好，咖啡茵娜女神保佑我，早上我搭'台铁'没搭高铁！"

○ 咖啡农群英会师

一个月后，李牧师在屏东咖啡园举办一场别开生面的"台湾咖啡蜜处理发表会"。年初参加巴拿马专家克鲁兹蜜处理讲习会的咖啡农，带着在家试做的蜜处理生豆过来，由专人烘焙，再由冯静安老师、谢博戎老师和我杯测与讲评。

共有 10 支蜜处理豆参加发表会，由于场地有限，李牧师只开放 25 人参观与试喝。杯测结束，我们三人都认为编号 1、4、8 号的受测豆，最能代表蜜处理咖啡独特的水果调、厚实感与香甜味，但我觉得不妨多增一名额，对农友会有更大鼓舞，于是经三人同意，增加 10 号豆入列。

杯测与讲评结束后，与来自四面八方的咖啡农交流互动，感受到农友的纯朴、好学、谦虚与热诚。印象最深刻的是腰间绑有护腰带，自嘲种咖啡种到"残废"的嵩岳咖啡园郭章盛先生。他的咖啡园位于古坑乡石壁，海拔

1 李牧师咖啡园中硕大而晶莹剔透的红果子。 摄影／屏东咖啡园李松源

2 以宗教热情投入咖啡世界的李牧师，授课亦充满传道时的热情。 摄影／屏东
咖啡园李松源

3 古坑的红果子。清洗后鲜红欲滴。 摄影／黄纬纶

1,200 米,是古坑海拔最高的咖啡田,有一年还碰到下雪,损失不轻。他的蜜处理豆也入选发表会杯测结果的四强,他同时也是 2009 年台湾地区国际咖啡节咖啡烘焙赛的冠军得主,可谓烘豆、种豆俱佳。

李牧师举办这次发表会算是成功了,半数的受测豆都有明显的水果香气与甜味,但亦有处理失败的豆子,瑕疵味明显。不过,初学蜜处理就能有此成绩,相当难得,更展现台湾咖啡农的高素质与手艺。

我请爱喝咖啡的编辑好友随行,他也对台湾蜜处理豆的甜感赞不绝口。这次发表会让我不禁联想到美国咖啡烘焙者学会每年一度的研讨营,台湾地区咖啡人或许应该多举办这类活动,以消弭不必要的派系门户之见。

● **李牧师打进 SCAA 决赛**

受 2009 年李高明的阿里山咖啡赢得 SCAA "年度最佳咖啡"荣衔的激励,2010 年,台湾地区报名参赛的咖啡农暴增,据我所知有 9 位赴赛。就在蜜处理发表会开展的同时,他们的参赛豆也已寄达 SCAA,李牧师的蜜处理豆也赶上了这场被誉为"奥林匹克咖啡运动会"的杯测赛,全球共有 140 个庄园角逐"年度最佳咖啡"。赛事分为初赛与决赛两阶段，初赛必须达83分才有资格进入第二轮的决赛，预计4月中旬公布优胜金榜。竞赛期间，我与李董、李牧师每天联络，掌握每阶段赛况。

4月13日，李董以81.95高分落败，但李牧师传来好消息，他的蜜处理豆在初赛超出83分，已进入决赛，我俩好不兴奋。我喝过李牧师的豆子，若能入金榜我不会意外，甚至还看好他能继李董之后，为台湾地区再下一城。可惜赛况急转直下，14日李牧师转寄一封SCAA落榜通知书给我看，他未能入围"年度最佳咖啡"金榜。

但好消息是，台湾地区今年除了李牧师外，另外还有两人的咖啡豆也打进第二轮决赛，他们是嵩岳咖啡园的郭章盛和阿里山的方政伦。虽然三人均在决赛时落败，但也创下历来台湾豆打入决赛圈人数最多的新纪录。虽败犹荣，毕竟这一年参赛水平之高，超乎以往。

● 郭章盛高分落榜

"最佳产地"是SCAA特地为2010年胜出产地所加封的尊衔，表彰本届超水平成绩的咖啡产地，可惜2010年台湾地区打进决赛的李牧师、方政伦和郭章盛，得分均未达85.5分，台湾地区无法获得"最佳产地"殊荣，否则又有一堆人要妒火中烧了。

　　三人的决赛分数以郭章盛的 82.827 分最高（但比李高明 2009 年的 83.5 分略低），堪称本届台湾地区参赛豆的总冠军，他就是以李牧师和巴拿马专家克鲁兹指导试做的蜜处理豆赴赛，结果虽青出于蓝，但李牧师大公无私的分

2010 SCAA "年度最佳咖啡"

　　SCAA "年度最佳咖啡"是目前国际规模最大、最无地域限制的权威杯测赛。2010 年竞赛豆的水平更超出 2009 年一大截，入选 "年度最佳咖啡" 的 9 支优胜豆，最低杯测分数达 85.558 分，最高分为 90.5 分，金榜题名的 9 支绝品，加总起来的平均分数高达 88.609 分，前六名得分全挤在 89—90.5 的狭幅区间，竞争之激烈，可谓空前。令人眼亮的是哥伦比亚知名的美景庄园（Finca Buenavista）2010 年成功卫冕，以 90.5 分荣登榜首，连火红的翡翠庄园艺伎也不敌。

· 总冠军，哥伦比亚，得分 90.5，薇拉省的圣奥古斯汀产区，美景庄园
· 最佳产地，危地马拉，得分 89.625，安地瓜产区，Puerta Verde 庄园
· 最佳产地，洪都拉斯，得分 89.313，拉帕兹产区，La Isabela 庄园
· 最佳产地，肯尼亚，得分 89.222，尼耶利产区，Gichathaini 庄园
· 最佳产地，秘鲁，得分 89.2，普诺产区，Tunk 庄园
· 最佳产地，巴拿马，得分 89.125，博克特产区，翡翠庄园
· 最佳产地，夏威夷，得分 87.563，咖雾产区，The Rising Sun 庄园
· 最佳产地，萨尔瓦多，得分 87.375，阿帕内卡产区，El Recuerdo 庄园
· 最佳产地，尼加拉瓜，得分 85.558，新塞哥维亚产区，Un Regalo de Dios 庄园

享，令人敬佩。郭章盛的嵩岳咖啡庄园以铁比卡为主力品种，近年亦试栽其他品种，包括卡杜拉，以提高产量。

会场烘焙出状况

李牧师决赛只得到 74 分，我有点错愕，竟然比初赛成绩低了将近 10 分，肯定出现了重大瑕疵，否则不可能有这么大落差。有意思的是，美国知名自家烘焙网络生豆供应商 Sweet Maria's 的老板汤姆，在 4 月中旬成绩揭晓后刊出一篇文章，指出本届赛事，他代表肯尼亚知名处理厂 Gakuyu-ini 寄了一支最畅销的肯尼亚小圆豆参赛，这支豆子很稳定，杯测至少有 88 分，未料只得到 75 分，情何以堪。他指出本届 SCAA 杯测赛会场传出烘焙出现问题，有不少受测豆烘太深，又重新来过。汤姆质疑他的肯尼亚小圆豆可能被现场的烘焙师烘焦了，否则不可能如此低分。这不免令人担心杯测赛的烘焙标准该如何制定，才能完美诠释参赛豆的最佳风味。

建议 SCAA 制定多重烘焙曲线

李牧师经过自我检讨后，决定建议 SCAA 早日为日晒、水洗、半水洗、蜜处理以及豆子软硬度，定出符合参赛豆特性的烘焙曲线。比方说日晒豆或低海拔豆子的烘焙时间就要短一点，如果一味以水洗豆或极硬豆标准来烘焙所有的参赛豆，很容易出差错。

我蛮认同李牧师的建议，因为我烘过李高明以有机肥滋补的阿里山水洗豆，质地较硬，费时稍长；但试烘李牧师 2008—2009 年产期的蜜处理豆以及嵩岳咖啡园的蜜处理豆，明显感到硬度较低，一爆来得较快，且爆裂后豆芯鼓起的幅度很大，几乎呈开花状，火力过猛很容易烘焦，但控制得宜，亦可烘出甜美滋味与醇厚度。因此硬度高低不是问题，重点是如何完美诠释软豆、硬豆，日晒、水洗或半水洗豆的最佳味谱，协助所有参赛豆的风味得到最佳发挥，这值得主办单位正视。

● 讲习与杯测，花开并蒂

2010 年年初，李牧师邀请巴拿马专家来台讲习蜜处理技巧，带动台湾地区业者邀请其他地区咖啡专家赴台讲习与实作的风气。另外，夏威夷小有名气的烘焙师兼处理专家米格尔·梅扎（Miguel Meza），也于 2010 年年底抵台，指导农友实作。外来专家的指导，对台湾地区咖啡农很有助益，值得推动。

　　2011 年 2 月 27 日，李牧师又在屏东咖啡园举办台湾

烘焙曲线攸关杯测公平

　　烘焙确实是杯测赛一大变量，因为不是由最了解样品豆特性的参赛者烘焙，而是全部委托主办单位统一烘焙。虽然备有精密的"艾格壮咖啡烘焙度分析仪"（Agtron Coffee Roast Analyzer）[1]，并以艾格壮数值作为烘焙度的统一标准，但玩家都知道，同一支生豆以 3 种曲线烘焙，即使烘焙度相同（艾格壮数值 #55，也就是接近二爆），但因火力与时间模式不同，风味未必相同，这是艾格壮数值的盲点。

　　SCAA 杯测赛虽有规定每支豆子的艾格壮数值差异不可超过 ±1，看似严谨，实则不足，因为 12 分钟烘焙到艾格壮数值 #55，与 10 分钟烘到相同读数所表现的风味差异很大。但如果严格规定所有参赛豆必须在 12 分钟烘到艾格壮数值 #55，且差异不得超过 ±1，这也未尽情理。因为含水量较高，或高海拔的极硬豆，所需的烘焙时间较长；含水量较低，或低海拔、质地较软的豆子，需要烘焙时间较短，可能不到 12 分钟就二爆了。

　　杯测赛的烘焙标准如何捏拿，颇为复杂，因为参赛豆的处理法包括日晒、水洗、半水洗和时兴的蜜处理，也有高、中、低不同海拔的豆子，彼此的含水量与软硬度有别，所需的火候与烘焙曲线也不同，这无疑增加杯测赛烘焙曲线制定的复杂度，并影响公平性。

---

[1] 艾格壮咖啡烘焙度分析仪是由美国知名的食品检测仪器公司 Agtron Inc. 生产制造，以近红外线照射熟豆表面或咖啡粉，烘焙度越深则反光效果越差，读数就越低；烘焙度越浅则反光效果越佳，读数越高。因此艾格壮数值与烘焙度成反比，烘焙程度越深，数值越低，反之越高。

咖啡 2010—2011 产季杯测会。台湾地区共有 26 支各式处理法样品豆参加，规模比去年更大，但杯测结果不尽如人意，品质并不比上一年优，甚至有点小退步。但整体而言，已比前几年好太多了。显著提升台湾咖啡品质，绝非一蹴而就的简单事，有待长期努力与改善。辛苦的农友们，加油啊！

 台湾咖啡，明天会更好

● **将军咖啡品流高**

2009 年我在云林环球科技大学授课，认识不少古坑咖啡农，印象最深刻的是 50 多岁陆军退役后，投身咖啡栽植的徐和明上校。他以自家山坡地在日据时期栽种的铁比卡老丛，混合嘉义梅山乡大和村海拔 900 米的咖啡，于 2009 年首次参加古坑乡公所主办的国际咖啡节，从 100 多个参赛者中胜出，赢得头等奖。他的咖啡喝来干净清甜，没有土腥味，这味谱在古坑咖啡中，堪称上品，因此有人誉之为将军咖啡。

同年 12 月底，在环球科技大学白如玲老师的安排下，由徐和明开车载我们一起考察古坑咖啡园并造访云林县农会，与总干事谢女士一叙，畅谈古坑咖啡栽植与观光结合的经验，以及水果产能过剩，酿酒谋出路的有趣话题，吾等受益匪浅。另外，古坑乡华山休闲产业促进会理事廖有利，热情招待我们晚餐，我们还试喝了他栽种的袖珍玲珑平地豆，喝来淡雅无酸，略带花生味，令人印象深刻。

参访过程中发觉古坑有不少咖啡田乏人照料，任其荒芜，想必与种咖啡入不敷出有关，台湾咖啡农日子并不好过，看了令人伤感。我相信李董、李牧师和郭章盛等台湾地区一流咖啡农的背后，暗藏许多不足为外人道的辛酸。

🫘 成本高得吓死人

台湾地区咖啡生产成本高，售价贵而不惠，每磅生豆至少250元人民币才够本。"农委会农粮署"曾估计，台湾地区咖啡生产成本比其他产地高出40倍，因此不鼓励农民栽种，并建议现有咖啡农，要结合观光才有利润。"农政单位"就事论事，无可厚非。

但近年台湾地区咖啡农自力救济，勇闯国际杯测赛，"扮猪吃老虎"，立下汗马功劳，有关部门是否该顺势调整政策，多多奖励有志种咖啡的辛勤农友？如果能够二度打入国际杯测赛金榜，意义非凡。因为 2009 年李董的阿里山铁比卡荣入金榜，或许有人会眼红说："那是运气好！"但咖啡农如果再下一城，第二次就不是运气能解释的了。毕竟李董、李牧师与郭章盛刷新了台湾咖啡新味谱的杯测分数，距离金榜题名仅咫尺之遥，加把劲，很可能再缔佳绩。这对营销中国台湾的咖啡到国际市场是一大助力。

台湾咖啡，够硬吗？

COFFEE BOX

一般来说，台湾咖啡质地较软，不耐火候，这也是大问题。究竟是水土、气候、营养，还是基因弱化使然？值得细究。

但我发现李高明阿里山的咖啡就没有此问题，烘焙进入一爆甚至二爆后，豆芯也不会鼓得像爆米花那么丑陋。有机肥是李董的秘方，我高度怀疑营养是原因之一，但李牧师则认为水土与气候才是主因。

◔ 精品咖啡实力不容小觑

既然台湾咖啡生产成本难降，农友当务之急是提高品质，洗刷台湾咖啡缺香乏醇的污名。台湾咖啡农若能打造出醇厚、香甜、干净水果调的新味谱，感动广大咖啡消费者，一旦喝出本土咖啡迷人的新味谱，每磅肯花 250 元以上，台湾地区的咖啡就不再是贵而不惠，而是贵得有理，如同夏威夷柯娜（Kona）、咖雾（Ka'u）和巴拿马艺伎一样。

这有可能吗？至少李高明、李牧师、郭章盛和方政伦的台湾咖啡，在领有执照的国际杯测师的品香论味下，拿到80分以上的精品级高分，老实讲这已超越沽名钓誉的牙买加蓝山了。台湾咖啡既然能打进SCAA"年度最佳咖啡"决赛，甚至挤进前十一强，足以证明宝岛有实力种出精品咖啡。今后要做的不是比谁的更香醇好喝，而是找出九成以上的台湾咖啡缺香乏醇的原因，谋得改善之道。

● 暗夜明灯能否为继

最令我忧心的是，台湾咖啡农里能赚到钱的人不多，大部分仍在苦撑中，满腔热血终究要面临现实考验，试想生计都有问题，如何种出好咖啡？发展台湾地区本土咖啡，路途仍布满荆棘，不容太乐观。但令人欣慰的是，已有前述几位先锋，敢跨出台湾岛与世界名豆比香醇。但是，如果连他们所种的好咖啡，在台湾地区都找不到营销通路，那么本土咖啡的未来堪忧。暗夜明灯的有限燃油烧尽后，四周还是一片漆黑，此问题值得农政主管部门重视。

台湾咖啡现况

台湾咖啡的开花期在每年雨季的 3—4 月，红果子收成期在每年 10 月底至隔年 3 月。但近年气温偏高，雨季较晚，结果期稍有迟延，红果子收成也延至 12 月至隔年 5 月。李牧师将台湾地区阿拉比卡的栽种海拔归纳为平原区、中低海拔区（200～600 米）及高海拔区（600～1,200 米）。台湾地区就种咖啡而言，算是高纬度地区，山地海拔 1,000 米以上，冬季可能结霜甚至飘雪，反而不利咖啡树生长，因此海拔要求不需与低纬地区比高。

● **年产量不到 60 吨**

产量有多少？这是个大问题，不要说产量，就连咖啡农地有多少，相关部门亦无资料可考。笔者与李高明、郭章盛和徐恒德讨论此问题，最大共识是台湾地区咖啡年产量不超过 60 吨，一般小农年产咖啡少则数百千克，多则 1～2 吨，但人工成本高，不少咖啡田任其荒芜。以李高明和郭章盛而言，年产量也不过 1～2 吨，遇到天灾时甚至低于 1 吨。

◯ 一人一年喝一千克

台湾地区一年喝掉多少咖啡？这比较容易计算，据财税主管部门年度咖啡进口资料，进口咖啡分为未焙制生豆、已焙制熟豆、咖啡萃取物调制品三大类，2010 年度台湾地区进口咖啡生豆（15,926,893 千克，含低因豆），进口咖啡熟豆（1,959,811 千克，含低因豆）以及咖啡萃取物调制品（7,198,036 千克），加总起来共 25,084,740 千克，最后再加上台湾地区产量 60,000 千克，也就是 25,144,740 千克，再除以人口 23,000,000，即每人年均消费咖啡 1.09 千克。终于突破 1 千克关卡，与世界的平均量每人喝 1.3 千克咖啡相差不远，近年内应可达阵。但比起近邻日本每人年均咖啡消费量 3.3 千克，以及韩国的 1.8 千克，中国台湾人确实喝太少。

从生豆与熟豆进口量来看，台湾地区已从 2000 年的 6,288,108 千克，增加到 2010 年的 17,886,704 千克，进口量是 2000 年的 2.8 倍。在进口咖啡的类别中，以生豆增长最多，2005 年生豆进口量首度破 1 万吨，2006 年又回跌到 9,000 多吨，但 2007 年至今，生豆进口量均在 1 万吨以上，可见台湾人对新鲜烘焙的偏好度越来越高，这对推动精品咖啡发展是一大鼓舞。

另外，2010 年以来，国际咖啡需求量激增，但全球变暖，气候乱了套，病虫害猖獗，高品质生豆供不应求，国际豆价节节攀升。2011 年 2 月每磅生豆价格飙破 3 美元大关，创下十多年来新高，这对台湾咖啡农是一大利好，难怪这两年投入咖啡栽种业的农友有增加趋势。这究竟是李董、李牧师或郭章盛，逐鹿国际赛事，表现亮眼的良性刺激，还是国际豆价狂飙不止的缘故？耐人寻味！

Chapter

4

第四章

亚齐搏命，
关于曼特宁的前世今生

　　我对中国台湾地区最大的咖啡进口国——印尼，魂牵梦萦多年，直到 2010 年 5 月，终得以圆梦。冒险横越印尼叛军、猛虎、大象、野猪出没的亚齐山区，安抵亚齐中部的塔瓦湖（Lake Tawar）咖啡专区及重要山城塔肯贡（Takengon）与农友探讨亚齐庞杂的咖啡品种，以及湿体刨除种壳处理法，获益良多。离开亚齐险境后，继续南下苏北省，参访棉兰以南依山傍水的曼特宁传统产区多巴湖（Lake Toba），并访问有机咖啡农，一偿夙愿……

曼特宁发源之谜

　　过去，我们最爱的曼特宁主产于北苏门答腊省（Sumatera Utara，简称"苏北省"）多巴湖周边山区，但2005年亚齐和平后，塔瓦湖畔的咖啡田复耕，所产曼特宁或称亚齐咖啡后来居上，占印尼曼特宁总产量的60%，已超越传统产区多巴湖的40%占比。亚齐跃为印尼精品咖啡重镇，2009年SCAA举办研讨会，探索诡异的"两湖双曼"咖啡及亚齐的崛起。此行我深刻体验到两湖产区的差异。

　　这趟印尼行的意外收获，是厘清了曼特宁发源地之谜。过去，印尼咖啡农或欧美专家皆以为苏北省的多巴湖区是曼特宁发轫地。但经过印尼与澳大利亚专家详考，发觉曼特宁的前身是爪哇咖啡。当年荷兰人为了方便出口，将爪哇咖啡移往苏门答腊西侧濒临印度洋的丘陵地，也就是目前的苏北省与苏西省交界的曼代宁高地（Mandailing Highland），可缩短运往欧洲的路程。170 年前咖啡农称之为爪哇曼代宁咖啡（Kopi Java Mandailing）。但此区气候较热，更适合罗布斯塔，因此爪哇曼代宁再度北移到较凉爽的苏北省多巴湖山区，以及更北边的亚齐塔瓦湖，成就今日曼特宁的威名，一解我多年疑惑。

这要感谢碧利咖啡实业董事长黄重庆，他以丰厚人脉鼎力协助，我才能收获满满，安全返台，并拍下 1,000 多张珍贵照片与写满一笔记本重要资料。追忆这趟险象环生的咖啡取经之旅，余悸与窝心交织，比 10 年前的哥伦比亚旅程更难忘怀。

黄重庆董事长处世低调谨慎，甚少在媒体上曝光，但在台湾地区经营咖啡超过 30 年的业者，无人不认识这位咖啡老将。印尼曼特宁最初就是由黄董引进台湾地区，成为今日家喻户晓的咖啡商品。黄董与印尼渊源深厚。他的父亲黄四川，早年从金门移居印尼，垦地种咖啡，事业有成，亲朋好友纷纷投入印尼咖啡业。30 多年前，黄董返台，创办碧利咖啡实业有限公司，是台湾地区稳健的老字号咖啡进出口公司，近年兼营咖啡烘焙代工、烘焙机进出口与精品咖啡教学。在黄董与印尼棉兰知名咖啡出口商西蒂卡兰（Sidikalang）的黄顺成总裁的精心规划与安排下，笔者与黄董的长公子黄纬纶（Steven）终于踏上征程，走访这个神秘又美丽的咖啡古国。

亚齐的香醇与悲歌

行前，Steven 的印尼朋友不断来信劝阻我们，千万别

COFFEE BOX

台湾地区最哈印尼豆

印尼咖啡的醇厚低酸与苦香特质，向来是台湾地区咖啡族最爱。台湾地区每年进口的产地咖啡，亦以印尼居冠。据相关部门资料，2010 年度台湾地区从各国进口未焙制生豆、已焙制熟豆、咖啡萃取浓缩物及其调制品，总计达 25,084,740 千克。其中，从印尼进口 6,258,728 千克，占台湾地区咖啡进口量的 24.95%，排名第一，其次是巴西与越南。换言之，印尼、越南和巴西是中国台湾地区三大咖啡进口国。[1]

印尼与中国台湾地区咖啡均有低酸、闷香特性，但在醇厚与黏稠感上，中国台湾地区远逊于印尼，至于产量更是小巫见大巫。据业内估计，台湾地区咖啡年产量不超过 60 吨，这是世界第三大咖啡生产国印尼[2] 的年产量——40 万～ 60 万吨的万分之一到万分之一点五。

---

[1] 若只算生豆进口量，2010 年度台湾地区从印尼进口生豆量为 5,677,188 千克，名列第一；巴西为 3,248,450 千克，排名第二；危地马拉 1,905,015 千克，居第三。

[2] 2008 年与 2009 年印尼咖啡产量超过哥伦比亚，成为世界第三大咖啡生产国，印尼仍以罗布斯塔为大宗，是世界第二大罗布斯塔生产国，仅次于越南。

进亚齐。近30年来亚齐闹独立，叛军不但与政府军交火，还绑架老外勒索巨款，甚至撕票，尸首无存，印尼华人至今仍不敢踏入亚齐特区半步。"棉兰以南的多巴湖产区较安全，建议你们去。千万别到棉兰西北的亚齐特区，那里很危险，抢劫、杀人、绑票层出不穷……"此警语不断徘徊脑海，说不怕是骗人的。

● 郑和馈赠大铜钟

亚齐土肥雨沛，物产丰富，盛产香料、棕榈油、石油、天然气、金银矿、橡胶、林木和咖啡，是印尼群岛资源最富饶的宝地，自古为欧美强权觊觎对象，但民风强悍、宗教歧异，数百年来冲突不断。

亚齐是伊斯兰教在东南亚最早建立的基地，被誉为"麦加的前廊"，穆斯林人口占比高达98.11%，是印尼主要的伊斯兰教区。8世纪以来，亚齐建立了好几个苏丹的领地，包括勃拉克王国（Perlak）、苏木都剌国（Samudera Pasai）等。1292年，马可·波罗从中国返欧途中，行经北苏门答腊，写道："勃拉克王国笃信伊斯兰教……"而15世纪，明朝郑和下西洋，也在亚齐留下足迹。郑和送给亚齐王子的一座大青铜钟，目前仍珍藏在亚齐的万达拉惹博物馆，见证华人与亚齐的友谊。

◯ 力抗葡荷殖民帝国

长久以来，亚齐人为了建立伊斯兰王国，力抗外来殖民统治者葡萄牙人和荷兰人。早在 16 世纪，笃信天主教的葡萄牙人染指亚齐与马六甲，并鼓励官兵与当地妇女通婚，增加葡萄牙裔人口，方便统治。因此，目前在亚齐仍看得到皮肤白皙、蓝眼又高挑的葡裔欧亚混血，有别于黑黝的亚齐人。当年葡萄牙入侵亚齐，惹恼了土耳其帝国，1562 年，土耳其派战舰援助亚齐的伊斯兰教弟兄，抵抗异教徒。葡萄牙不堪长年征战，弃守亚齐与马六甲，而荷兰势力却乘虚而入。

1873 年，亚齐代表在新加坡会见美国和英国外交人员，试图联合英美抵抗荷兰。荷兰为了掌控马六甲海峡与黑胡椒产量高占世界之半的亚齐，发动了著名的亚齐战争（Aceh War）。但亚齐人骁勇善战，居然击毙荷兰元帅，荷军被迫增兵，鏖战数十载，互有输赢。直到 1905 年，荷兰牺牲了一万多名官兵，仍无法完全掌控亚齐，但印尼其他地区已在荷兰有效控制下。

认识亚齐

我曾在《联合报》国际新闻中心任职 18 年，对亚齐的动荡局势，略知一二。亚齐位于苏门答腊岛的西北角，面积 57,365 平方公里，是台湾岛的 1.5 倍大。亚齐地理位置优越，东临马六甲海峡进出口，西濒印度洋，恰好是阿拉伯、中国、欧洲和印度文化的交会点。从亚齐的英文名字 Aceh 中，不难悟出堂奥：A 代表 Arabia，C 代表 Chinese，E 代表 European，H 代表 Hindu，彰显四大文化的交融。印尼的 Aceh 读音近似普通话的"阿杰"或中英混音"阿 J"，但此间华人惯称为亚齐。亚齐特区首府为班达亚齐（Banda Aceh），即俗称的大亚齐。

弃民浴血争独立

第二次世界大战结束，日本战败，印尼的苏加诺宣布独立建国。1949 年荷兰放弃对印尼的统治权，印尼正式独立，亚齐回归印尼怀抱，但亚齐人建议印尼成为一个以伊斯兰教义为依归的伊斯兰教国家，却遭到首任总统苏加诺否决。苏加诺不但鼓励印尼人口占比最多的爪哇人移民亚齐，还将亚齐划入巴塔克族（Batak）较多的苏北省，巴塔克族多半信奉基督教。亚齐人不愿被并入异教徒的省份，群情激愤，揭竿而起，亚齐暴动长达数年。1959 年，印尼当局让步，同意亚齐成为印尼的特别行政区，简称亚齐特区，在教育和宗教上，享有优于其他各省的自治权，动乱稍歇。

1970 年后，美国与印尼合作开采亚齐丰富的石油与天然气，但印尼只回馈 5％的获利给亚齐，财政收入分配不均，亚齐人犹如印尼的弃民，于是更痛恨爪哇人和外国人对当地资源的掠夺，动乱再起。1976 年，亚齐商人哈桑·迪罗（Hasan di Tiro）成立分离组织"自由亚齐运动"（Free Aceh Movement），以武力争取独立，试图建立一个有别于印尼的正统伊斯兰教国家，从此与政府军进行 20 多年血战。亚齐激进分子甚至杀害境内的爪哇人和华人，试图施行种族净化政策。于是印尼当局在亚齐实施戒严，不准外人进入叛军盘踞的危险区。

⚫ 大海啸促成亚齐和平

亚齐虽为印尼天然资源最富饶的地区，但在政府军的封锁下，商业活动受阻，沦为印尼最穷困地区，世人也忘掉了亚齐的存在。2004 年 12 月 26 日，苏门答腊以西的印度洋海底发生里氏 9 级的超级地震，引发大海啸，造成 20 多万人丧命。灾情以亚齐滨海地区最严重，死亡人数高达 13 万，尸骸遍地，顿时成为举世焦点。

印尼政府军与"自由亚齐"叛军为了救灾，宣布停火。在前芬兰总统斡旋下，双方于 2005 年 8 月达成和平协议，"自由亚齐"同意缴械，换取印尼政府特赦、撤军，以及不在亚齐驻扎非亚齐裔的军警。印尼也同意将在亚齐开采石油与天然气的获利的 70% 拨给亚齐特区，以平众怒。世人万万没想到，亚齐一夕间因祸得福，无情的大海啸促成亚齐和平，终结 29 年内战，双方得以休养生息。此一演变，耐人寻味。

亚齐原人口数为 4,271,000，大海啸后的 2005 年只剩 4,031,589，仅占印尼总人口的 2%。换言之，亚齐一年间少了 24 万人，部分死于海啸，部分则逃离这个水深火热的是非地。然而，世人并未遗弃亚齐，国际援助物资源源而来。台湾地区的慈济亦抢先抵达，为灾民兴建大爱屋，还跨越宗教樊篱，为笃信伊斯兰教的亚齐民众修缮或增建清真寺，安定民心，赢得亚齐人尊敬。

● 亚齐绝品全球瞩目

2005 年后，亚齐重新对世界开放，商业活动逐渐恢复，但外界对其治安疑虑仍深，银行不愿贷款，外来投资只听楼梯响，主因在于一小撮"自由亚齐"激进分子不肯缴械，遁入山区继续恐怖活动。不过，整体而言，今日亚齐已比 2005 年前的戒严时期安全多了。

据估计，1998—2005 年，叛军与政府军火并最烈期间，亚齐 84,000 公顷的咖啡农地，有半数因战乱无法生产而荒芜。可喜的是，亚齐和平后，咖啡农重返田园，而且从良的叛军也有一部分转进咖啡产业，生机再现。好山好水的亚齐，所种的曼特宁品质佳，醇厚香浓，与苏北省多巴湖的老牌曼特宁分庭抗礼，跃为欧美市场新宠。亚齐咖啡栽植面积逐年扩增，印尼曼特宁如虎添翼。

2005 年前，印尼咖啡年产量徘徊在 40 多万吨，2005 年后，印尼咖啡产量剧增，2009 年更缔造近 60 万吨新高，亚齐和平功不可没。在印尼咖啡的种类中，罗布斯塔高占 80%～85%，以南苏门答腊和爪哇最多；阿拉比卡约占 15%，以北苏门答腊地区的亚齐塔瓦湖和苏北省多巴湖最多，其次是爪哇、巴厘、弗洛勒斯和苏拉威西各岛；至于兽味十足的赖比瑞卡仅占 1%～2%。

北苏门答腊的阿拉比卡醇厚度高居印尼各岛之冠，因此外销价也比爪哇、苏拉威西、巴厘、弗洛勒斯出产的高出 30%。美国国际开发总署估计，亚齐已跃升为东南亚最大阿拉比卡产区，品质极佳，影响力与日俱增。

另外，Steven 赴美国精品咖啡协会考取精品咖啡鉴定师执照时，他的美国恩师论及全球精品咖啡，大力推崇亚齐咖啡的醇厚与发展潜能，称其为精品咖啡的明日之星。但碍于治安问题，SCAA 的咖啡专家至今只有前理事长彼得一人低调走访位于亚齐中部塔瓦湖畔的咖啡园，并平安归来。SCAA 于 2009 年举办一场苏门答腊咖啡研讨会，亚齐顿时成为精品咖啡雷达幕上的亮点。

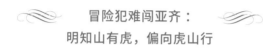

冒险犯难闯亚齐：
明知山有虎，偏向虎山行

印尼为中国台湾地区最大咖啡进口国，而亚齐跃升为最大曼特宁产区，因此我将亚齐列为印尼行的首站，再恐怖也要闯他一闯，这才对得起我对咖啡的热情。这也是为何我和 Steven 明知山有虎，偏向亚齐行。

出发前我做了不少功课，虽然亚齐和平后，绑架外国人的事件稍减，但从美国有线电视新闻网获得的消息，令我难安。2010 年 3 月间，美国总统奥巴马原拟访问印尼，却因亚齐恐怖分子扬言暗杀，被迫取消访问。而且外电也报道亚齐深山里的恐怖分子叫嚣要杀害外国人和印尼总统，扩大事端。仅这半年来就有一名德国人和两名美国教师在亚齐遭枪击，零星仇外暴力事件不曾间断。而 Steven 的印尼好友特地打电话来劝告我俩取消亚齐行，连国骂

"×的，叫你不要去，还听不懂！"都说出来，确实让我心里有点毛毛的。

但我俩坚信黄董与黄顺成总裁的安排，应可趋吉避凶，躲开亚齐叛军或恐怖分子，决定如期出征。亚齐虽已对外开放，但基于安全考量，外国人必须先向印尼当局申

亚齐崛起，数字会说话

北苏门答腊地区由亚齐和苏北省组成，对印尼阿拉比卡有多重要，数字会说话。

据印尼精品咖啡协会（Specialty Coffee Association of Indonesia）最新资料，2009年印尼生产960万袋咖啡豆，[1] 即57.6万吨。其中，阿拉比卡有9万吨，也就是说阿拉比卡占比为15.6%。有意思的是，9万吨的印尼阿拉比卡，有7.65万吨产自北苏门答腊地区，其余的1.35万吨分散于爪哇、巴厘、弗洛勒斯和苏拉威西。而北苏门答腊地区的阿拉比卡，也就是俗称的曼特宁，其中有4.59万吨产自亚齐，另外的3.06万吨产自苏北省的多巴湖山区。从以上数据可归纳出，印尼85%的阿拉比卡产自北苏门答腊地区，而亚齐就高占北苏门答腊所产曼特宁的60%，至于曼特宁故乡苏北省近年只占40%。亚齐已取代苏北省成为印尼最大的阿拉比卡或曼特宁产区。

---

[1] 根据国际咖啡组织的资料，印尼2009年生产1,138万袋生豆，即68.28万吨，高于印尼精品咖啡协会的统计。但2010年印尼气候不佳，产量锐减到51万吨。

请，批准后才能进入亚齐山区，这些手续在出发前已由黄顺成总裁通过"关系"办妥。

● 前进咖啡异世界

我和 Steven 在 5 月 16 日傍晚出发，飞抵新加坡樟宜机场已是晚上十点半，转往棉兰的班机要隔天早上七点才飞，干脆在机场过夜，顺便逛逛华丽的机场与营业至凌晨两点半的免税商店。樟宜服务周到，可以免费上网，有沙发区供夜宿机场的旅客休息，还有直播棒球赛可看，真贴心。我俩逛到凌晨三时，回到沙发区半醒半睡看着球赛。

清晨五时起身稍做梳洗。此时小吃区开卖，我特地点了一杯裹着砂糖、豆表黏答答、看似不太卫生的"东南亚黑咖啡"给 Steven 尝鲜。他在加拿大读高中、大学，肯定没喝过这一味。

他先犹豫了一下："这是什么怪咖啡，能喝吗？"喝下一口，他惊叫道，"Wow, creamy and tasty！（哇，丝滑又美味！）"

这种咖啡在印尼、新加坡和中南半岛很普遍。记得有几位《咖啡学》的读者远从印尼飞来碧利学烘焙，却喝不惯虹吸或手冲的艺伎，直说："这像是在喝咖啡尿，不够浓稠，没味道！"这不能怪他们暴殄天物，因为常年喝裹糖的重烘焙咖啡，一时间很难适应未调味的纯咖啡。低纬度国家的人口味确实特殊，我俩马上要进入一个截然不同的世界。

● 谈亚齐收笑颜

早上七点，我们登上头一班开往棉兰的飞机，邻座是位六十出头的棉兰华人，从事可可生意，也会讲普通话，我们聊了起来。

他问："你们从台湾来，要去哪儿？"

我答："去看咖啡园……"

他说："哦，棉兰附近有不少咖啡园。"

"不不，是要去亚齐的塔瓦湖，那里遍地种咖啡。"我说。

老先生听到亚齐两字，突然收起笑脸，严肃地说："不要去，很危险，那里有的人很坏的。"

我问："亚齐叛军已缴械，不是恢复和平了吗？"

他以浓浓的闽南腔说："新闻是这么写，但这里的人都知道，他们还有枪，会绑架杀人的。我在棉兰这么久，跑遍印尼各岛，这辈子就是不敢进亚齐半步。你们要小心，如果一定要去，要带懂亚齐话的人一起去才安全，说印尼话没有用。不要去啦，在棉兰附近走走就好……"

Steven 和我听完老先生的话，先前的好心情消失了，不禁为自身安全担心起来。

早上九点，我们飞抵棉兰，一下飞机就觉得气氛不对劲，这里的人讲话急促，音量也大，像吵架。"印尼通"黄董担心我们过海关时会有麻烦，华人常被索取 kopi lui（喝咖啡钱），动辄要 100 美元才可过关。因此，来接机的黄顺成总裁已事先打点过，我俩排队没多久，就有人接我们出关。我又增长见闻了，居然有国家可以这么打通关。

见到黄总裁，寒暄几句，我接着问："亚齐安全没问题吧？要不直接去多巴湖？那儿也有咖啡园。"

黄总裁答："没问题，人、车都安排好了，亚齐塔瓦湖的塔肯贡一带有大型庄园，值得一看。"接着带我俩去吃棉兰有名的鸭肉面。一路上寸步难行四处堵塞，喇叭叫器震耳欲聋，我开始怀念台北乱中有序的交通。出发前黄董交代，千万别吃生东西，所以我把汤面里半生不熟的青菜挑掉，免得上路时闹肚子。鸭肉面味道不错，在酷热天我俩吃得满身汗。

"你们担心驶进山区，那么就包小飞机，一小时可抵塔肯贡，省时又方便。"黄总裁又带我们去包小飞机，但喊价到 4,000 美元，而且第二天才有飞机，于是我们放弃搭飞机。

"开车上去，闯他一闯，沿路看美景也不错。"Steven 说。黄总裁向我们介绍他的专属司机，是位多次进出亚齐山区的爪哇人，经验丰富。另外还有保镖阿龙陪我们一起去。接着驱车到有名的面包店买点心和矿泉水。

"现在十一点半了，要快点上路，最好在晚上七点天黑前进到塔肯贡，就安全了。我最近生意较忙，要不然真想陪你们一起去。"黄总裁说。

保镖阿龙是印尼华人，会说简单的普通话，沟通无碍。我俩聊了起来："你的中文说得不错，哪里学的？"

"从小看台湾国语连续剧学的，这里排华严重，华语教学行不通，就看电视学，只会听跟讲，汉字看不懂也不会写。"

"看连续剧学中文，真厉害！你们会讲亚齐话吗？"

"都不会，进亚齐讲印尼话也通，你俩不要怕，我们很有经验的。要打架也不会输。"我和 Steven 苦笑以对。

　　从棉兰到亚齐的塔肯贡，直线距离约235公里，但一路蜿蜒曲折，实际距离数倍于此，一般开车要12小时。不过，黄总裁的爪哇司机擅长山区飙车，他预计以时速70～120公里往西北行进，大概8小时就可到。

　　驶进棉兰郊区，交通较顺畅，但马路狭窄，还是要小心不与大卡车擦撞。2个小时后，阿龙提高嗓门说："我们开始进入亚齐了。这里的人跟印尼其他地区的人不一样，种族复杂。但亚齐出美女，尤其是300多年前葡萄牙人留下的种，高高白白的，蓝眼褐发，你俩看上眼可带回家，哈哈！"

　　我回一句："你是说'金丝猫'吗？"

　　阿龙愣了一下："不是猫，我是说亚齐的白种美女啦。"

　　这回我笑了："台湾人称金发碧眼的美女为'金丝猫'，懂吗？"

　　"哈哈，好美的名字，我又学到一句台湾话了。"阿龙说。

● 超鲜美大麻料理

　　司机越开越快，时速飙破100公里了，有没有搞错？

这可不是高速公路，而是对开的单线狭窄公路！我不自觉握紧扶把。进入亚齐，景观大不同，林木增多了，棕榈树遍地种，还有许多不知名的硬木。乡野一片绿，花草茂密，牛马低头吃草，但一驶进小镇，灰烟抹掉绿意，破屋矮舍前有黑压压未上盖的臭沟渠流过，随处可见烧垃圾或焚干草，污烟弥漫，像极了影片《黑鹰坠落》里索马里的残破街景。亚齐人确实过得不好。

没多久，挡在路中央的警察把我们拦下，说要临检。阿龙说："你们看，这位是道地亚齐人，体格壮硕，皮肤黑黢黢。打开后车厢给他看。"接着双方一阵言语后，我们又上路了。

阿龙气呼呼地说："警察借临检来索 lui，我又没违规，一毛也不给，看他敢怎样。"印尼人称警察为 polisi，但华人却以闽南语谐音"包你死"来调侃警员死要 lui 现象。

没多久，车身震动了一下，发出擦撞声，还好只是个塑料桶，没撞进路旁的房子。阿龙破口大骂司机，但印尼话我听不懂。阿龙解释说："司机打瞌睡有点失神，刚才我骂他，想睡就要讲，大家的命都在他手上，我来开都没问题。现在两点半，我们快到一个很安全的吃饭地方了。这里与棉兰不同，不是随便停下来找家店就可吃饭，安全最重要，不过我们很有经验，不用怕。"

坐了三小时的车，总算可下来舒筋骨。先上个小号，阿龙带我俩到厕所旁，走进去一瞧，乖乖，这是厕所吗？墙边有个水槽和水勺，而墙角有个洞，连便斗也没有。我又出来问阿龙小号怎么上，"很简单，就尿在地面上，再用水往洞口冲就好。"哇，连如厕也是手动式，这里没有抽水马桶。

我点了牛肉汤配白饭，Steven 叫了咖喱鸡。司机吃饱很重要，特地点了一份清炖牛腿骨，阿龙还为大家点了一份亚齐炸鸡。这是第一次吃亚齐料理，沾酱香辣带甜。我的牛肉汤非常鲜美，肉质软嫩，一路上看到的亚齐牛瘦巴巴的，但吃起来却比老妈的无敌牛肉汤美味。我问他们有何秘方。

阿龙窃笑："亚齐盛产香料，你慢慢吃，待会儿告诉你。"没多久，整桌亚齐美食一扫而光，司机连骨髓也挑出来吃，真懂行。

"韩先生，你刚问的亚齐牛肉汤是有独门秘方的，这里的牛肉汤都加了 Ganja，是大麻的一种，炖肉很香。喝一碗没问题，但不能多喝。当年亚齐叛军为了筹军费，在山区种了很多罂粟和大麻，在路边看到，千万不要带上车，会坐牢的。"

Steven 听了嘲笑我："难怪你吃得那么高兴，回家告诉你老婆，你到亚齐吃大麻。"

Steven 发觉餐厅里的亚齐人很有型，拿起照相机要拍。阿龙说，这里安全，可以拍照。亚齐人黑黑的，个子不高，胡子很好看，小孩也天真。我们竖起大拇指直夸好吃，老板和厨师很亲切地和我们合照。我心想：亚齐人并不如大家说的那么坏。

● 宗教警察捉裤装妹

吃完赶紧上路，亚齐的清真寺明显多于棉兰，每公里都会经过一两座，是印尼清真寺密度最高的地区，座座宏伟壮观。女子的衣装很特殊，长袖及地的袍纱和头巾，全身上下包得密不透风，但不戴面纱。偶尔看到高挑的葡裔"金丝猫"，穿起袍纱摇曳生姿，煞是好看，但我们怕惹麻烦，不敢下车拍照。

亚齐是印尼唯一实行伊斯兰教规的地区，男女同住旅馆要有结婚证书才行，女子婚外情会被乱石砸死。连穿裤装或牛仔裤都不行，街上不时可见穿黑袍的宗教警察巡逻，亚齐女子若不照规矩穿衣被逮，会遭鞭刑的。

● 只卖三合一咖啡

我们急速驶过一座桥，阿龙说："华人不会忘掉这座桥，当年排华运动，不少华人被杀丢弃桥下，染红河水。亚齐仇华不输印尼其他地区，把华人赶走后，亚齐人并未更好过，其他各族又残杀互斗，杀到后来发现怎么连日常生活所需的柴米油盐都缺货了，才惊觉华人出走的后遗症是大家都不好过，于是又把华人请回来继续经商。华人目前的处境比以往好多了，但我们还是要小心，有些仇外情绪较高的小镇快速驶过就好。"

阿龙怕司机又想睡，于是停在一家他认为很安全的饮料店前。"可以下来了，我们喝咖啡！"进了亚齐后我俩变得很乖，没有阿龙的"恩准"，不敢下车走动。这里没有现泡咖啡，全是重口味的三合一速溶包，加热水又浓又甜，蛮好喝的。

路人渐渐围过来看我们喝咖啡，有些人眼神很凶，但大部分人面露微笑，指指点点，还算和气。Steven 拿起相机要拍几名戴头巾的女子，她们害羞地猛躲镜头，但男子却很大方，对着镜头摆姿势。我们喝完咖啡后立即上路，阿龙要司机先到加油站加满油、上完厕所，准备上山入林。

◐ 夜闯恐怖森林

经过镇守在山脚下的一座军营前，车速突然放慢，时速不到 40 公里。阿龙解释："如果不减速，部队会以为你是恐怖分子，马上追过来盘查，老百姓驶近军营都会很识相地减速，以示尊敬与臣服。接着我们要进入今天行程最危险路段，虽然叛军 4 年前已缴械，但仍有人不降，逃入这几座山里，继续恐怖活动。上山后司机会飙快车，不到塔肯贡就不能停。如果开太慢或中途下车方便、嬉戏，对藏在山区的恐怖分子是大不敬，会倒大霉的。"乖乖，驶近军营要减速，驶入山区要加速，这是哪门子逻辑？

阿龙的顾忌不无道理，我们入山已是下午五点半，天色渐暗，黄总裁希望我们赶在七点天黑前驶抵塔肯贡。一般人白天才敢进入山区，晚上除了运咖啡下山的大卡车外，少有车辆敢进山，以免遇到持枪拦路虎。

"几年前，我有位华人朋友，经常开车往返棉兰与塔肯贡接洽咖啡生意，就是在此山区遭绑架，尸骨无存。他老婆天天到警局哭诉，索讨尸体安葬，真可怜。华人在这里很苦的，拼老命赚一点糊口钱。还是你们那儿好！"阿龙说，"这批恐怖分子好厉害，在各大城市暗布眼线，记下有钱人车号，一旦驶进山区，他们就有情报，拿着望远镜和枪，躲在山区等你羊入虎口，再绑架要赎金，如果是外国人，一律十万美元起跳。一旦锁定目标，即使未能在山区逮到你，村里的餐馆和旅馆也有很多眼线，将你的行踪报告给叛军，再到你住的旅馆绑架。黄总裁知道你们要来，特地买了这部新休旅车，牌照是新的，坏蛋就不可能知道。而且我们上山的事，只有司机、我和总裁知道，如果大嘴巴出去乱讲，就糟糕了。不过你们不用怕，我们有经验的，不久前台湾金车公司也来亚齐塔瓦湖拍广告片，还花了好多钱请保镖和警察持枪护驾，这件事在印尼华人圈很轰动。"

"难道山里没部队和警察巡逻保护吗？"我问。

"印尼警察也怕恐怖分子，他们有机枪和火箭筒，警察装备太差，哪敢上山巡逻？政府军只镇守在山下，防止持枪暴徒下山。"听阿龙这么一讲，我和 Steven 开始紧张起来。天色还没全暗，窗外的丛林纵谷，美景依然可见，我们却无欣赏的雅兴，只闻引擎加速转动与轮胎的磨地声。

Steven 打破沉默："你看天边的云朵，好像鹿角，真是奇景！"我心里想：那更像一只魔掌，等着我们送上门。海拔越来越高，增添几许凉意，望着迎面驶过的满载咖啡下山的大卡车，真巴望自己也坐在里面，远离这个是非地。晚上七点左右，最后一丝光线消逝，除了车灯探照前路外，周遭一片雾气与死黑。突然，阿龙的手机响起，是黄总裁来电，关切地询问我们的位置。

　　"还在山区，预计晚上八点半才会到塔肯贡，我们会小心，别担心。"阿龙说。看来我们无法赶在天黑前抵达安全地。

● 大象出没，小心擦撞

　　司机越飙越快，不时催油门超车。天黑了敢在山区赶路的多半是大卡车，我们这种休旅车万一与之擦撞，非常危险。阿龙和司机绷紧神经，注视前方路况与来车，气氛紧张。阿龙又说："别怕，司机超车技术一流，我也会注意四周情况。现在最怕的不是叛军和卡车，而是傍晚出来吃草的大象，不小心撞上就糟糕了，那跟撞上铁墙一样，车毁人亡，这路段常发生这种事。你们摇下车窗就会闻到大象的大便味儿，比牛粪还臭。还要小心野猪和野鹿，撞到也不得了。亚齐有不少老虎，还好此路段比较少见，但塔肯贡的后山常能听到虎啸，这里的老虎很凶，村民听到虎叫，都会吓得不敢出来。"

　　夜闯亚齐山区要小心的事情真是不胜枚举，我和Steven的心情与窗外雾气一样凝重，数十年来不曾闹胃痛的我，此时顿觉胃部不适，有点胃虚；加上山气微寒，直打寒战，冷汗直流。我用手捂着胃，Steven见状问我是不是胃痛，我说没事。他突然冒了一句："What is going to happen will happen！（该发生的总会发生！）"不知是认命还是自我安慰。

这是我五十多年来，第一次体验到生命受威胁的生理反应，至今余悸犹存。半小时后，黄总裁又来电询问状况，阿龙行礼如仪报平安。晚上八时许，阿龙打破死寂，高喊："我们安全了，再过二十分钟就到塔肯贡了！往右边看就是塔瓦湖，好美的。"

爱说笑！天这么黑，如何看湖景？不过我的心情不再紧绷，胃也舒服多了。事后我才得知，黄总裁与昔日某叛军首领有交情，万一我们在山区出事了，他仍有营救渠道。难怪我们摸黑疾驶深山的两小时，他打了两通关切的电话。

● 第二个不眠夜

车子驶抵塔肯贡一家华人开的餐厅，黄总裁派驻塔肯贡的业务主管威廉在门口迎接我们。晚上八点半，亚齐大部分店家已关门，还好事先有预订，才不至于饿肚子。威廉不会说普通话，只会讲很简单的福州话，需通过阿龙翻译。我问他这里安全吗，他说以前不敢讲，但2005年叛军与政府和谈后，塔肯贡忙着增产咖啡赚钱，治安比以前好多了。明天清晨六点半就要出发参访咖啡园，行程都安排好了。

吃完饭，我们下榻塔肯贡一家大旅馆，但就清洁度与舒适度来讲，还不如台湾地区一般住家。走进房间，Steven 猛摇头，没空调，墙角有蜘蛛网……我先看厕所，谢天谢地有抽水马桶！实在受不了在墙角或地上挖坑的自助冲水厕所。

盥洗后马上就寝，昨夜在新加坡樟宜机场转机，逛得太兴奋整晚没睡。今早从棉兰杀过来，又在车上折腾了九小时，应该很好睡才对。但躺上床却不觉得累，想到阿龙说亚齐恐怖分子会到旅馆绑人，虽然他和司机就住在隔壁间，但还是忐忑不安。我们的房间离柜台很近，人员走动、开关房门与讲话声很大，扰人入眠。Steven 很快就发出打呼声，真羡慕他睡得着。我辗转难眠，满脑想着些怪事。阿龙曾说亚齐老虎很凶，塔肯贡后山常听得见虎啸，我一时兴起，闭目倾听良久，但除了柜台聊天声外，未闻半声虎啸。

我很清醒地躺在床上，脑子里想着关于老虎的报道，这种体验非常奇特有趣，只缘身在此山中。接着又想，一大早要去参访的咖啡园究竟有哪些品种，是铁比卡、卡帝汶、卡杜拉、S795，还是其他没见过的混血品种？亚齐知名的伏虎师萨比来过塔肯贡吗？我们会不会撞见猛虎？

苏门答腊虎与伏虎师 COFFEE BOX

　　《雅加达环球报》（*Jakarta Globe*）2010 年 2 月曾报道，印尼野生苏门答腊虎仅剩四百头，其中一百多头就在亚齐境内，人虎接触频传，2009 年亚齐有七名农民遭猛虎咬死。但因不得捕杀，亚齐自然资源保育署只好请印尼硕果仅存的伏虎师萨比（Sarwani Sabi），到虎患严重的乡村降虎。

　　年高七十的萨比，手持石英法器，口念驱虎咒，与猛虎近距离沟通。好老虎会离开农村，执意不走的坏老虎，萨比会设陷阱诱捕。萨比的咒语很灵验，老虎多半会自动远离山村，民心得到安抚，保育署因此聘雇他为专职伏虎师。萨比五十年来已经和七十多头猛虎近距离互动，至今毫发无伤，令人称奇。

　　保育署认为，过去亚齐叛军与政府军交火，农民逃离田园，任其荒芜，却被老虎据为栖息地。2005 年亚齐和平后，农人重返橡胶园、咖啡园和其他农作物栽植场，人虎相争不可避免。加上森林滥伐，饿虎被迫进村扰民，成为无解难题。

　　我就在胡思乱想中难以入睡，约莫清晨四点半，户外扩音器大响，男高音咏唱伊斯兰教早祷文，为信徒开启神圣的一天。而我就这么四十八小时没入眠。

 盖优高地，咖啡新势力

　　清晨六点半，我和 Steven 在旅馆柜台与威廉、阿龙和司机会合。威廉先带我们去一家客家人开的面店吃早餐，残破街景又入眼帘，锈蚀大耳朵压在老屋上，很不协调，又让我想起《黑鹰坠落》。塔肯贡的华人以客家居多，苍老脸庞与肤质，道尽一生沧桑。我真不敢想象他们是如何度过叛军肆虐的年代。

○ 叛军改行种咖啡

吃完干面，我们尾随威廉的货车，驶离灰暗小镇，又见绿意、鲜花与蓝天，心境放晴，远眺山下塔瓦湖披着朦胧晨雾，犹如仙境。没多久，我们驶进一个宽阔的咖啡农场，两位老板——阿里和胡辛，已在厂房前等我们。

来时路上阿龙告诉我，阿里与胡辛是塔瓦湖山区的盖优族（Gayo）原住民，早年也曾加入叛军，在枪林弹雨中讨生活，后来大彻大悟，改邪归正种咖啡，又在枪火威胁下，把咖啡送下山。盖优族觉得种咖啡赚钱，远比杀人快活，与叛军处得并不好。亚齐和平后，两人扩大咖啡栽种面积，是黄总裁的重要合作伙伴。

我与两人握手道早，阿龙当翻译，Steven 则拿着照相机一溜烟去找"猎物"了。我问阿里："伏虎师萨比可曾来过？"阿里笑说："这里人气旺，老虎不敢来，但要小心横冲直撞的野猪。"

阿里和胡辛向我介绍其他主管，这里的人黑黝矮壮，身高 165 厘米算是高个子了，却孔武有力，握手劲道很大，连握几人，我就觉得手痛。善哉，他们都已从良了。我和阿里聊了起来，并问他苏门答腊岛的曼特宁有两大系统，一为传统多巴湖区的林东曼特宁（Lintong Mandheling）和黄金曼特宁（Golden Mandheling）；二为塔瓦湖区后来居上的亚齐咖啡（Aceh Coffee）、盖优曼特宁（Gayo Mandheling）、塔肯贡曼特宁（Takengon Mandheling），不知他对此有何看法？

阿里说，市场上确实有两个曼特宁系统，苏北省的多巴湖高地于 1888 年开始种阿拉比卡；而亚齐塔瓦湖周边的盖优高地更为偏远，交通不便，1913 年塔肯贡通往碧瑞恩（Bireun）的道路打通，1924 年才开始种咖啡。若以栽种先后来论辈分，多巴湖的是"老曼"，而塔瓦湖的是"小曼"。若以产量来论，2009 年亚齐的"小曼"出口量达 4.5 万吨，堪称老大；反观苏北省的"老曼"只有 3 万多吨，只能委曲做小弟了。近年，亚齐的曼特宁产量已凌驾传统的多巴湖。

我笑说："哇，光是栽种曼特宁的种族就够复杂了，居然还有小曼与老曼之别，这下咖啡迷要累了。"

阿里继续说，"两湖双曼"的确有点复杂，不明就里的人索性统称苏门答腊的阿拉比卡为曼特宁。不过，近年欧美精品界似乎不再浑水摸鱼，改称亚齐咖啡、盖优山咖啡（Gayo Mountain Coffee）、盖优曼特宁、塔肯贡曼特宁或塔瓦湖咖啡（Lake Tawar Coffee），以区别于苏北省多巴湖曼特宁。笔者乐见此一新发展，毕竟来源的透明度与可追踪性是精品咖啡的重要元素，虽然都是曼特宁，但有必要了解是出自塔瓦湖还是多巴湖。

 **品种大杂烩：魔鬼变天使**

全球其他产地咖啡没有像苏门答腊咖啡如此复杂混沌的，"两湖双曼"只是小意思，更头疼的是品种问题。中南美洲生产国习惯将不同品种分开栽种，比较容易观察各品种的优劣，但印尼农友却习于送作堆，混种一起，因而衍生出许多连学术界也搞不清的杂交品种。

更糟的是，印尼对品种的称呼又与欧美不同，这里听不到耳熟的铁比卡、波旁、帝汶（Timor）和卡帝汶，而是一堆奇名怪字，诸如 Sidikalang、Bergandal、Tim Tim、Ateng Jaluk、Ateng Super、Ateng Pucuk Merah、Ateng Jantung……

好在我出发前已做好功课，听得懂阿里的品种大论。

● 独厚亚齐的 Tim Tim

塔瓦湖四周的盖优高地属于肥沃的火山土质，雨水丰沛，咖啡一年两获，9 月到次年 4 月是最繁忙的采摘季。我们抵达时已是 5 月的淡季了，成熟红果子并不多。阿里先带我们参观厂房周边的咖啡树，他说："这里是后制处理区，海拔 1,200 米，只种了 1,000 株，多半是 Tim Tim，年产 700 千克。待会再带你们去看年产 5,000 吨的大农园，盖优高地的咖啡均为有机栽种，不施化学肥与农药。"

他所说的"Tim Tim"系印尼文东帝汶 Timor Timur 的简写，也就是在东帝汶发现的阿拉比卡与罗布斯塔自然混血品种，但欧美称为 Hibrido de Timor，简称 HdT。

我质疑道："这种咖啡喝来带有魔鬼的尾韵，不受精品市场欢迎吧？"

但阿里解释说："不不，亚齐水土最适合此品种，风味不错，其他地区的 Tim Tim 就很难讲了，这和水土有关。"我在台湾地区也喝过，但不称 Tim Tim，而叫作 Timor，喝来柴味十足且单调，充当压低成本的配方豆。可是在亚齐喝的 Tim Tim 就醇厚多了，带有香杉味且酸味低沉。

苏门答腊与曼特宁

苏门答腊岛由北而南的行政区为亚齐特区、北苏门答腊省、廖内省（Riau）、西苏门答腊省（Sumatera Barat，苏西省）、占碑省（Jambi）、明古鲁省（Bengkulu）、南苏门答腊省（Sumatera Selatan，苏南省）、楠榜省（Lampung）。

其中的亚齐特区和苏北省海拔较高，是本岛阿拉比卡主力产区，其余各省海拔较低，主产罗布斯塔。精品界所谓的苏门答腊咖啡，是指亚齐特区的亚齐咖啡与苏北省的曼特宁，两地所产的阿拉比卡高占印尼全国阿拉比卡总产量的85%。

而两湖曼特宁，一个在苏北省的多巴湖（北纬2.5度），另一个在亚齐的塔瓦湖（北纬4.5度），两湖相距300多公里，栽培史前后至少差了36年。"两湖双曼"的共通点是都很厚实香醇，不同点在于多巴湖的曼特宁较闷香、低沉，甚至带有仙草味；塔瓦湖曼特宁则果酸味较为明亮，时而有股香杉或木质味。

传统曼特宁产自多巴湖山区，主要由曼代宁族与巴塔克族栽种；而较晚近的塔瓦湖曼特宁，由盖优族栽种。

至于曼特宁的名字，最早出现于第二次世界大战后，日本人误把最早栽种的曼代宁族，发音为曼特宁，沿用至今。

咖啡玩家小抄

精品咖啡玩家记住以下方程式，就不会搞混苏门答腊咖啡的相关元素：

苏门答腊咖啡＝亚齐特区（塔瓦湖、盖优山、盖优族、亚齐咖啡、盖优曼特宁、塔肯贡曼特宁）＋北苏门答腊省（多巴湖、林东、曼代宁族、巴塔克族、曼特宁咖啡、黄金曼特宁）

阿里还补充，亚齐目前栽种的十多个品种，大半是由荷兰人引进的。1980—1992 年，荷兰人送给盖优咖啡研究中心十几个品种，而印尼咖啡与可可研究所（Indonesian Coffee and Cocoa Research Institute，简称 ICCRI）也引进不少品种，去芜存菁后，亚齐咖啡品种可归纳为四大类别：

1. 铁比卡系列——Bergendal、Sidikalang、Rambung、Belawan Pusumah

铁比卡是 17 世纪末荷兰人从印度引进印尼的、公认为风味佳的老丛品种。但在印尼却不叫铁比卡，而惯用以上的怪名。

2. 帝汶混血（HdT）系列——Tim Tim、Bor Bor

血缘为铁比卡与罗布斯塔混血。Bor Bor 在印尼语中指"结果累累"，是 Tim Tim 的嫡系。Tim Tim 与 Bor Bor 则是欧美所称的 Timor。

3. 卡帝汶系列——Ateng Jaluk、Ateng Super、Ateng Jantung、Ateng Pucuk Merah

血缘为 Caturra 与 Tim Tim 混血，仍有罗布斯塔基因，树身短小精悍。西方国家习以 Catimor 称之，但印尼却称为 Ateng 系列，其来有自。原来此品种 30 年前最先出现在中亚齐（Aceh Tengah），因此组合成 Ateng，一来纪念此品种出自亚齐中部，二来 Ateng 在印尼文中恰好是矮小的意思，亦符合卡帝汶矮株特性。难怪印尼人认为 Ateng 的名字远比欧美所称的 Catimor 更有美感。专家相信，此品种是荷兰人 1980 年后引入帝汶种子，其中有一颗是卡帝汶的种子，由于抗病力与产能均优于铁比卡，一发而不可收，成为印尼咖啡农的最爱。苏北省多巴湖的 Ateng 系列也是从亚齐传过去的，足见亚齐的影响力。

4. linie S 系列——S288、S795

血缘为阿拉比卡与赖比瑞卡混血，取自印度。

● 湿刨法有助亚齐提香

亚齐栽种的四大类别咖啡，经 ICCRI 与欧美咖啡专家杯测和产量效益评估，结果跌破专家眼镜。最适合亚齐栽种与风味发展的品种，竟然是恶名昭彰的帝汶混血 Tim Tim 与 Bor Bor，以及卡帝汶的 Ateng 系列。

优等生铁比卡在评比中居然输给坏学生。因此，Tim Tim、Bor Bor 与 Ateng 系列在亚齐大行其道，并于 1990 年后扩散到苏北省的多巴湖山区，由于风味不错，产能高、抗病力强，逐渐取代苏门答腊早年的铁比卡。而今，

精品咖啡三级论

COFFEE BOX

SCAA 理事长彼得曾以"三级论"来说明欧美精品咖啡界对品种的喜好度：

第一级优等生：

（1）埃塞俄比亚和也门的古优品种（Heirloom varieties）；

（2）18 世纪移植到亚洲和中南美洲的老丛铁比卡和波旁；

（3）20 世纪肯尼亚选拔的 SL28、SL34；

（4）21 世纪扬名杯测界的阿拉比卡混血帕卡玛拉（Pacamara）与艺伎。这些优等生的特色是产果量低、味谱脱俗、风味优雅。

第二级好学生：

卡杜拉、卡杜阿伊（Catuai）。前者为波旁的变种，后者为卡杜拉与铁比卡的混血，基本上两者还是 100% 的阿拉比卡基因。特色是不需遮阴可直接晒太阳栽植，即所谓的曝晒咖啡（Sun Coffee）；产果量多于老丛铁比卡与波旁，但厚实度稍薄。如果养分与照料得宜，风味不输铁比卡或波旁。

第三级坏学生：

东帝汶混血、卡帝汶系列，皆为阿卡比卡与罗布斯塔的杂交或回交混血，产量与抗病力虽比前两级更强，但风味粗俗，喝来有朽木杂味，笔者惯称为"魔鬼的尾巴"。

从"三级论"中不难领悟，咖啡的质与量自古难兼顾，求质就没量，求量就没质。然而，这看似颠扑不破的品种三级论，却在苏门答腊遭到严峻挑战——第三级坏学生的整体表现竟然优于第一级与第二级。

Ateng 与 Tim Tim 已高占苏门答腊咖啡总产量的 70%。老丛铁比卡仅占亚齐咖啡总产量的 5%。换言之，近年风靡世界的亚齐咖啡，有七成的风味来自欧美瞧不起的魔鬼杂种，而公认优雅的铁比卡，贡献度反而微不足道。

另外，S288、S795 虽然抗病力与产能均佳，但种在亚齐的风味远不如种在苏拉威西岛，因此此二品种已遭亚齐弃种，但 S795 却成为苏拉威西精品托拉贾（Toraja）的主力品种。

我好奇地问阿里，欧美人眼中的魔鬼杂种，到了亚齐变天使，难道是这里的水土与有机栽种驯化了魔鬼？阿里认为，水土、气候是要因，更重要的是苏门答腊传统的湿体刨壳处理法（Giling Basah）[1] 对 Tim Tim、Bor Bor 和 Ateng 具增香提醇的加分效果，但对铁比卡却产生负效。铁比卡应以水洗或日晒处理，风味较佳，但最大致命伤是铁比卡抗病力差，在潮湿的苏门答腊最易染叶锈病，因此不受欢迎。

● 缩短干燥时间

湿刨法与一般水洗和日晒法不同。水洗、蜜处理或日晒豆的种壳，一直保留到最后豆体脱水变硬，含水率降到

---

[1] 印尼所谓的 Giling 意指磨平或磨掉，Basah 指潮湿，Giling Basah 英译为 Wet-Hulling，中文可译为湿体刨壳，或简译为湿刨法。

12%，或封存入库经 1～3 个月熟成后，才磨掉种壳；但湿刨法却在豆体仍然潮湿松软，含水率高达 30%～50% 时，先刨掉种壳，再继续晒干，这样可大幅缩短干燥时间。

中南美洲和非洲的日晒和水洗法，咖啡豆需花 2 周时间才可完成脱水；但苏门答腊气候潮湿，先民因地制宜，发展出独门湿刨法，提早刨除种壳，加速豆子干燥，咖啡豆含水率只需 2～4 天即可降低到 12%～13%。干燥时间缩短了，咖啡豆的发酵期缩短，酸味也因此大为降低，但浓厚度却因此增加，而且焦糖与果香明显，略带木质味与药草味，这就是苏门答腊咖啡经典的地域之味。

湿刨法步骤

1. 咖啡果去皮，将带壳豆置入装水的大桶或水槽，捞除漂浮于液面的瑕疵带壳豆。

2. 将沉入水底的密实带壳豆稍做清洗，取出后放进桶内或塑料袋内，稍做干体发酵，也就是让种壳表面的果胶糖分发酵增味。基本上发酵时间越长，酸味越重。发酵时间长短因人而异，一般仅短短几小时。但亦有庄园省略干体发酵阶段，直接曝晒带壳豆，可抑制酸味并提高黏稠口感。

3. 带壳豆曝晒 1～2 天，豆体含水率达 30%～50%，豆体仍半硬半软，以刨壳机磨掉种壳再晒，加速干燥进程，大约 2 天后含水率达 12%～13%，大功告成，前后耗时约 4 天。

阿里带我们看过印尼独有的湿刨法，我不禁想起2009年 SCAA 有一场苏门答腊咖啡研讨会，席间两位澳大利亚知名咖啡学者托尼·马什（Tony Marsh）与杰夫·尼尔森（Jeff Neilson），针对印尼湿刨法做出精辟分析。两人认为苏门答腊咖啡是世界最低酸、高厚实度的咖啡。在诸多要因——水土、品种与湿刨法中，以湿刨法对印尼独有地域之味贡献最大。然而，采用湿刨法犹如打开潘多拉的盒子，须谨慎行事，一旦失控，将释出万劫不复的恶味。

因为咖啡豆有四层护体——果皮、果胶、种壳、银皮。在水洗法中只去掉了前两层，保留种壳与银皮，进行日晒干燥。湿刨法却在中途刨掉第三、第四层护体，也就是裸体接受日光浴，这就是苏门答腊生豆色泽为蓝绿色的原因。湿刨法虽缩短干燥时间，但遭霉菌、酵母菌污染的概率也大增。

● **霉菌带来好风味**

有趣的是，污染亦非坏事，而是要以菌种而定。巴西食品科技研究院的玛莎·唐尼瓦基博士（Martha Taniwaki）

曾尝试以不同菌种感染咖啡豆，竟然产出不同味道，包括腐败味、油耗味、霉臭味、木质味、碘味、焦糖味、巧克力味和花香味。学界认为，苏门答腊咖啡的木质味、仙草味、泥土味、香蕉味和香料味，应该是霉菌打造出来的。

烘焙厂的主管亦常向学界反映，有些感染霉菌的咖啡豆，清除干净后风味更佳，但有些则难以入口，显然与菌种有关。或许可以抑制坏霉菌，并植入好霉菌，就如同葡萄酒学所谓的"控制野蛮酵母菌"和"培养优雅酵母菌"一样。但哪些霉菌有助咖啡提味，哪些是坏菌，尚待进一步研究。

● 羊蹄豆概率高

在 SCAA 研讨会上，马什与尼尔森博士还提出湿刨法可能触动生豆发芽机制，进而影响风味。因为刨除四层护体的咖啡豆呈裸体状态，比只刨掉两层护体的水洗豆更易触动发芽，也就是活化糖分、蛋白质和脂肪的新陈代谢，而这些成分都是咖啡前驱芳香物。

另外，咖啡豆在刨壳过程产生的摩擦力，使豆体升温至 30℃～60℃，亦有利萌芽和霉菌生长。而且半硬半软的潮湿生豆在刨除种壳时，容易被机械力压伤，豆子容易受创裂开如羊蹄状，这就是苏门答腊出现羊蹄豆概率较高的原因。但羊蹄豆是好是坏，至今仍无定论。

湿刨法虽仅磨掉一层薄薄种壳，但对学术界而言，如同打开潘多拉的盒子，福祸难料。我俏皮地问阿里："你们打开潘多拉盒子，跑出来的是希望还是瘟疫？"

他笑说："管控得宜，释出的尽是浓郁果香与甜美。管控重点在于保持器具与豆体干净。一旦刨壳，干燥就要快，如此才能制作出醇厚、低酸又甜美的苏门答腊味；如果管控失当，可能酿出乏味的苏门答腊咖啡，甚至有霉土味。如果喜欢酸味强一点，亚齐也可以进行水洗处理，视客户需求而定。"

● 检阅咖啡大军

看完阿里的处理厂后，阿里和他的主管们分乘三辆车，带我们到海拔 1,400 米的主力产区。由于人多势众，我和 Steven 暂时忘却叛军劫人与野猪、老虎出没等安全问题。离开厂区往上爬，所经山坡栽满咖啡树，每户前院都在晒咖啡豆，不想看到咖啡也难，盖优高地真是名副其实的咖啡宝库。车队停在一片丛林入口处，目之所及尽是高矮排列有序的、无穷无尽的咖啡树和遮阴树，矮株是咖啡、高株是相思，像是一支接受"检阅"的咖啡劲旅，美极了。

栽植场的品种庞杂，以 Ateng Super、Ateng Pucuk Merah、Ateng Jantung、铁比卡和东帝汶阿拉比卡（Tim Tim Arabica）为主力。阿里说，这里的水土与微型气候优于厂区，适合混种，连铁比卡也适合。比较特别的是东帝汶阿拉比卡，这是 100% 阿拉比卡，与厂区的东帝汶混血不同，风味更优雅，已打进美国精品市场。我怀疑东帝汶阿拉比卡应属于铁比卡嫡系，只是形态不同。

阿里指出，这大片栽植场占地 1,000 公顷，每公顷平均年产 5 吨咖啡豆，即一年有 5,000 吨产量。我告诉他，全台湾地区年产量还不到 60 吨，他笑说："台湾要加油！"

◯ 麝香猫的秘密

咖啡大军检阅完毕，阿里又带我们参观麝香猫咖啡。车队驶抵塔瓦湖畔一栋三层楼建筑物，走进去没瞧见麝香猫。

"我们没养麝香猫，是派人清晨四点入林，捡拾野生麝香猫刚排泄出的新鲜粪便，带回来处理，才不致发酵过度产生坏味道。麝香猫是夜行动物，黎明前会排便，如果等到中午再去采粪就不新鲜了。人工养的麝香猫在压力

麝香猫咖啡怎么泡

麝香猫咖啡入口醇厚浓郁，黏稠感胜过亚齐或黄金曼，低沉果酸入口即化，转成榛果甜香、坚果香、香草味，从热到冷，味谱不同，是善变的咖啡，不同人冲泡，风味各殊。

若以虹吸而言，萃取时间太短，不到 40 秒，容易有土腥与杂味，最好泡煮 50 秒以上，让低、中、高分子量的芳香物均衡萃出，就可化解杂味并泡出迷人的麝香猫咖啡。

下，饮食不正常，影响肠胃道的菌种，做出来的便便豆风味较差。野生麝香猫在自然环境下，进食各种水果、咖啡果与昆虫，营养均衡，肠胃功能佳，排出条状的便便，几乎闻不到臭味。"阿里说。

◯ 野生、人养与人造便便豆

阿里吩咐员工拿出一竹篮正在日晒的麝香猫便便豆，要我们触摸一下。看起来黑黑的，有点像花生裹了巧克力，Steven 和我有点犹豫，鼻子靠近闻，果然无臭味，只有一点尘土味而已。这下放心了，Steven 拿起一根"巧克力棒"作状咬下，要我替他拍一张照片作纪念。阿里的便便豆采用滴水不沾的日晒法，但有些业者则先洗过再晒，并无统一标准。

到印尼后才发觉，这里称麝香猫为 Musang，而非外界惯用 Luwak，到印尼你讲 Luwak，表示你不是本地人。可别以为照片中的麝香猫小小只，像猫咪一样可抱着玩，小心被咬伤。成年麝香猫体长 60～80 厘米，重 6～10 千克，牙齿锐利具攻击性。

有趣的是，印尼麝香猫至少有 4 个品种，但并非所有品种都能拉出美味的便便豆，这涉及专业领域，要有慧眼，才能捡到好货。而且它们吃进去的咖啡的品种也会影响咖啡风味，阿拉比卡当然优于罗布斯塔，售价也高很多。

过去我一直不敢喝这种体内发酵咖啡，直到两年前，棉兰华侨陈良仲带来自己养的麝香猫的便便豆，到碧利烘焙厂请黄董试烘，我才放胆一试。陈良仲早年毕业于"国防医学院"，返回棉兰后从事活性炭生意。退休后在棉兰饲养麝香猫，并以曼特宁咖啡果喂养，每天还要放音乐，并在大笼子罩上黑布，减轻麝香猫在白天的压力。咖啡果吃进肚，果浆直接消化，而无法消化的带壳豆，经过消化道乳酸菌以及其他菌种的蛋白酶加持，一部分蛋白质分解成较小分子，因而衍生出更多芳香物，这就是体内发酵咖啡增香提醇的秘密。

不过，陈良仲坚持人工饲养的麝香猫在品管上比野生的更有保障，这与阿里入林采粪的做法不同。陈良仲认为，麝香猫是杂食性动物，荤素皆食，因此林区采来的猫粪，很难分辨是素食粪或荤食粪。素食的便便豆无杂味，荤食便便豆就有臭味了，所以他才人工饲养，在准备生产便便豆前两天，就开始让麝香猫吃素净肠道，才能排出优质便便豆。

这不无道理，究竟野生便便豆好抑或饲养的便便豆佳，好比日晒豆与水洗豆孰优孰劣之辩，各有坚持。至少我喝过陈良仲的麝香猫咖啡，确实好喝、有特色。

除了野生与人工饲养的麝香猫便便豆外，几年前美国有一业者推出人造麝香猫咖啡，也就是将生豆浸泡在发酵池，里面装有类似麝香猫肠胃消化液的化学成分与菌种，如此即可产出较"卫生"的麝香猫咖啡。台湾地区的"工研院"也协助中南部咖啡农生产人造麝香猫咖啡，但我不曾喝过这种人造便便豆，无从评论。

● 惊见持枪人

马不停蹄参访，获益良多，主人原本招待多住一宿，但我们还有苏北省的多巴湖行程要赶，况且亚齐治安不佳，早走早好。阿龙也认为白天闯越大山总比晚上安全。

下午两点用完餐、加满油，二度驶进恐怖森林。阿龙估计三至四小时可驶出叛军出没的危险山林，但驶离亚齐特区至少要七小时，预计晚上十点可抵棉兰。

我请阿龙转告司机，大白天不必太赶，可开慢点，安全为重。阿龙说，先慢后快，到了危险区就要飙不能慢，这是规矩。我和 Steven 又开始绷紧神经，还好一路看着盖优高地无所不在的咖啡树，心情较为舒缓，不像昨夜闯林那么摄人心魄。随着入山越深，车速越快，心跳也加速了。不时安抚自己，昨夜都闯了，大白天的不会有事。

没多久，看到一辆卡车擦撞山壁，甘蔗落满地，司机放慢车速驶过，突然阿龙大叫："枪！前面有人拿大枪走过来！"Steven 也大喊："哇，是机关枪！"一名穿蓝色休闲夹克的持枪人，从我车门前方走来，朝着撞山的卡车走去，我本能地伏低身子，怕他扫射。司机很冷静，没被吓到，加速驶离。

阿龙说："拿枪的没穿制服，那就是叛军，出车祸动弹不得，很容易被抢。驶进深山，我们不能慢，更不能停！"

惊魂甫定，Steven 调侃说："那是真枪还是假枪？打到会死吗？"

我也调侃他："你刚才忘了下车问那家伙，顺便合拍一张，有可能问鼎《时代》周刊年度风云照片。"

逃过一劫松口气，但上空已乌云密布，五分钟不到，大雨倾盆而下，能见度降低。司机减速慢行，雨水顺着山坡崖壁，像瀑布泼向车身，几乎看不清窗外动静，路面积水约1/4个轮胎那么高。"这种雨势在山区行驶最危险，要小心落石与山崩。"阿龙说。

真倒霉，刚遇到持枪人，现在又闯进暴雨区，难道这就是参访亚齐咖啡园必受的苦难吗？但往好处想，叛军搞不好忙着躲雨，懒得出来劫人，岂不更安全？就这样停停走走一小时，驶出滂沱雨区，又加速到时速100公里，路面越来越宽。突然司机减速，原来又来到镇守山脚的军营，要减速表示臣服，免得被找碴。我问阿龙："驶出山区，我们安全了吧？""已过最危险区，但还在亚齐境内，凡事要小心。有些乡镇是不可下车的。"阿龙答。

● 遇车祸勿看热闹

我和Steven如释重负，开始聊起天来，分享咖啡园的参访心得。下午五点左右，阿龙担心司机打瞌睡，说要找路边饮料店喝三合一咖啡，稍事休息。驶进不知名小镇，阿龙先下车查看四周是否安全。两分钟后叫我们下车，但走到店门口，又突然赶我们上车。阿龙说："这里不对劲，没有半个华人，每人盯着你俩看，眼神怪怪的，走为上策。"

就这样，咖啡没的喝了。司机继续加足马力疾驶。没多久，前面塞车，有车祸发生，大卡车与厢型车撞得变形，群众大呼小叫直往车祸处聚集，车阵动弹不得。在亚齐开车没有交警与车速限制，更看不到红绿灯，大家只能自求多福。

阿龙说："最怕遇到车祸，如果肇事的是爪哇人或华人，麻烦就大了。要是被人群拦下来，他们就会命令你载运血淋淋的尸体，拒绝的话车子会被烧掉，很野蛮的。切记千万不要下车看热闹，会倒大霉。"我们困在车阵里，紧张了十多分钟才脱离险境。

火速驶离东亚齐

晚上七时许，阿龙问司机饿不饿，要不要找家餐馆吃饭。司机说目前正在治安最差的东亚齐地区，这里是昔日"自由亚齐"的地盘，曾与政府军多次火并，死伤惨重。虽然叛军大半已解甲归田，但仍有少数潜伏此区，成为恐怖分子的眼线。司机宁可饿肚子也不敢在东亚齐停车，只闻引擎越转越快，疾速南驶，连司机都想早点脱离这个鬼地方。

"连司机都怕怕，你俩就多忍耐，预计八点可抵达较安全的小镇，再下车吃饭。"

"我们不饿，安全为重。"我说。

阿龙顺便讲述1998—2004年，政府军与叛军在此区激战数回合，血流成河的往事。我往车外望去，营业店家不多，一片漆黑，进入此区的车子不约而同加速疾驶，可见害怕的不只有我们的司机而已。我闭目养神，突然，车子急扭一下，发出尖锐擦撞声，是对面超车占用我们的车道。善哉，闪躲得宜，仅轻微擦到后视镜，即发出如此吓人声响。试想两辆时速一百多公里的车子对撞，肯定血肉模糊，更体悟生死一瞬间的道理，感谢咖啡茵娜的保佑！

驶抵东亚齐南端与塔米安地区（Tamiang）交界的兰沙（Langsa）小镇，阿龙说这里较安全，可下来吃饭了。此区店家与摊贩较多，灯火明亮，司机找了一家餐厅，但停车场在后巷漆黑空地，阿龙认为不妥，于是另找一家，是他的华人朋友开的烧烤店。"在店里万一碰到麻烦，只要报出我朋友的名号就没问题，但还是要小心，恐怖分子眼线很多，自己不敢动手，就打手机通报，叫人来捉肥羊。"

我和 Steven 下车，坐在椅上，头也不敢抬，尽量保持低调，免得引人注意，毕竟这里离东亚齐并不远。Steven 说他觉得有人一直朝我们看，而且在打手机，我叫他不要与人对视，专心用餐，吃完快闪就好。老实讲我也很紧张，满桌重口味海鲜与烧肉，我食之无味，倒是一大杯现剖椰子汁配上白嫩椰肉，美味极了。阿龙叫我俩别担心，恐怖分子的爪牙，他一看便知。

● 从地狱到天堂的一夜好眠

吃完立即上路，大概还有两小时才可抵棉兰。我们一路南驶，到了塔米安地区与苏北省交界处，久违的警察出现，把我们拦下临检，查看是否夹带毒品。阿龙说："不要担心，所有车子离开亚齐进入苏北省，都要接受盘检，因为亚齐种了不少毒品，当局怕有人运毒南下。"警察检视车厢行李后放行，这回并未索 lui。现在安全了，已到苏北省了，我和 Steven 心情一松，在引擎声中，进入梦乡。

死睡四十分钟后，传来阿龙的呼叫声："醒醒，棉兰

1 亚齐随处可见的宏伟清真寺。 摄影／黄纬纶

2 作者与亚齐塔瓦湖畔的咖啡园采果妇孺合影。 摄影／黄纬纶

3 阿里（右1）带作者（右2）与黄纬纶（右3）到山顶远眺美丽的塔瓦湖，并合影留念。 摄影／黄纬纶

4 阿里与胡辛在盖优山经营年产 5,000 吨咖啡的大型栽植场，高株是遮阴树，矮株是混血新品种 Ateng Super，一望无垠，我们只能在产业道路旁远眺。 摄影／黄纬纶

5 多巴湖一游，心旷神怡，远方的牛角屋舍是巴塔克族的特色建筑。 摄影／黄纬纶

6 作者与多巴湖的林东曼特宁采果妇合影。 摄影／黄纬纶

到了！"跑了九个半小时，终于到棉兰市区。"先带你们去旅馆，明早黄总裁来接你们。"阿龙说。车子停在苍穹大旅馆（Grand Angkasa），他说曾有位美国政要访问棉兰，指名下榻这家五星级旅馆。我和 Steven 走进苍穹大厅，眼睛一亮，心境仿佛从地狱回到天堂，恐惧消失，喜悦感浮现。

从台北出发，我已 60 多小时没好好睡一觉。旅馆设备一流，也可上网，Steven 忙着把在亚齐所拍的数百张珍贵照片存入计算机，并对每张照片评价一番，直到深夜两点才终于安心入睡。善哉，我在联合报系有练过，一连两夜不睡觉，早习以为常。

◔ 超大厂房开眼界

早上 6 点起床，这是三夜来首次熟睡 4 小时。用完早餐，黄总裁来接我们，驱车到他的咖啡仓库参观。乖乖，广达 1.3 万坪（约合 4.3 万平方米）的厂房，光是瑕疵豆挑手就有 80 多位，还不算搬运工。这座工厂每月出口生豆 1,000 多吨，一年有 10,000 多吨。

棉兰有 6 家咖啡出口商有此规模，最大一家月产 6,000 吨。厂房有个"非请莫入"的房间，黄总裁请我们进去参观，里头是一台造价 40 万美元的计算机筛豆机，以光学原理剔除瑕疵豆，速度非常快，但最后还需经过人工手挑。这是我第一次见识这么大的咖啡厂房。

● 凶巴巴的麝香猫

黄总裁又带我们到总公司做杯测，一楼后院的大笼里养了两只比想象中大得多的麝香猫，但这可不是用来生产便便豆的。黄总裁说："总不能吃过猪肉却没看过猪走路吧！所以养两只玩玩，客户来也可观赏。"

我和 Steven 靠近瞧，丝毫闻不到异味，其实它们的肛门处有个腺体会分泌麝香，整只香喷喷，因而得名。Steven 想抱出来拍照，但被阻止，"牙很锐利，会咬人的。"阿龙说。接着他拿一根棍子，刚伸进笼内，立即被麝香猫的尖牙咬住，哇，比狗还凶！

因为 Steven 刚考上 SCAA 精品咖啡鉴定师执照，黄总裁就请我们顺便杯测他的亚齐咖啡，产自塔瓦湖的盖优高地，厚实度近似多巴湖曼特宁，但味谱很干净、无杂味，比曼特宁更酸香明亮，典型的 clean cup，唯小圆豆稍薄了点。有几支豆子销往美国精品圈，甜酸剔透。我建议黄总裁明年可参加 SCAA "年度最佳咖啡"杯测赛，他欣然同意。

探访曼特宁故乡

此行除了参访亚齐塔瓦湖的咖啡园外，南下苏北省多巴湖周边的曼特宁传统产区亦是重点。多巴湖广达 1,130 平方公里，最深处有 505 米，是世界最大火山湖。亚齐的塔瓦湖面积仅 70 平方公里，深度只有 80 米，规模难与多巴相较。多巴湖区治安佳，游人如织，亦是曼特宁咖啡迷的朝圣地。

黄总裁的儿子黄永镇从棉兰开车带我们过去。他比黄总裁的司机更会飙车，在高速公路上，谈笑间猛超车，好像容不下前方有车挡路，时速很少低于 90 公里，他一直夸我俩"很够种"，居然敢硬闯亚齐。

"我在印尼住了 30 多年，给我天下财富，我也不去亚齐，虽然这几年情况稍好点，但那里有太多不可预料的事。命都没了，再有钱也没用！两位神勇过人，佩服佩服！"黄永镇说。多巴湖行程较之塔瓦湖轻松愉快多了，我们下午 6 点出发，晚上 9 点进入海拔 900 米的湖区，虽说湖光山色，但四周一片漆黑，什么也看不清，只好先住进湖畔旅馆休息。

清晨 5 时,鸟鸣惊梦,我和 Steven 打开房门,上观景阳台一看究竟。太阳还没醒,天边矇眬鱼肚白,旅馆四周绿坡起伏、古木参天,晨风徐来,花草味浓,犹如置身于欧洲山水画中。清晨所见与昨夜全然不同。

Steven 穿上运动鞋,晨跑逐香而去,十分钟不到又跑回来:"风景太美了,跑步太浪费,不拍他百张照片,对不起自己。"于是拿起相机囫囵吞"景"。我站在阳台赏景,等待晨曦。十分钟后,曙光乍现,天空中的灰白鳞片云瞬间被染成朵朵火云,苍穹一片火海——这是我 55 年来见过的最艳的晨空!

● 撞见绿巨人

上午 7 时许,我们到大厅用餐,我发觉有一区的食物碰不得,于是探过身子,听听这批老外是何方神圣,如此大牌。原来是咖啡连锁巨擘星巴克,40 多人的杯测教育训练团来访。这是何等大事,要知道多巴湖产区有 50% 的咖啡被星巴克吃下,堪称曼特宁最大客户。绿巨人登山临水而来,机灵的黄永镇立刻汇报黄总裁,衔命与星巴克参访团高层交换名片。多亏 Steven 优雅的加拿大腔调,一阵死缠烂打,才达成使命。

想来发噱，我与星巴克挺有缘：1998 年翻译星巴克总裁霍华德·舒尔茨自传《星巴克：咖啡王国传奇》，未料热卖，成为畅销书。当年总裁访台，邀我在天母店一叙签书，好不光彩。但 2000 年我另一本译作《咖啡万岁：小咖啡如何改变大世界》却说了星巴克坏话，从此与总裁恩断义绝，不再嘘寒问暖。而今又在苏门答腊撞见绿巨人，所幸总裁没来，否则真不知如何交代。星巴克每年有好几拨教育训练团造访多巴湖，但至今不敢登临亚齐塔瓦湖，想必与治安、战乱有关。

● 造访多巴湖南岸

吃完早餐、做完咖啡公关，我们四人又朝多巴湖南部知名的曼特宁产区林东前进。多巴湖区的水土人文景观与亚齐塔瓦湖截然不同，塔瓦湖周遭的盖优高地，目之所及全是咖啡与柑橘；而多巴湖区则以稻田居多，咖啡园倒不多见，咖啡分布密度明显低于亚齐塔瓦湖区。种族与宗教信仰也不同，多巴湖区以信仰基督教的巴塔克族为主，塔瓦湖区则为信仰伊斯兰教的盖优族和亚齐人。但我从眼神中可感受到，多巴湖区的民众较和气快乐，物质条件也优于亚齐塔瓦湖区。

阿龙说："多巴湖的欧美观光客很多，这里的商家很重视治安问题，谁敢在此抢钱偷东西，被捉到会被打死。治安好，观光客增多，大家就有钱赚，坏人自然少了。"一路见到不少教堂，这与亚齐所见全是清真寺对比鲜明。这里房舍的屋顶呈牛角状，是苏北省原住民巴塔克族的建筑特色。

● 大白猪"滋补"林东曼特宁

驶抵海拔 1,300 米的多巴湖南部，这是世界知名的曼特宁林东产区，但我发觉庄园分布星散，规模也不如亚齐壮观。我们停在一座小庄园门口，庄主迎接我们进园参观。

林东年降水量 2,800 毫米，年均温 22℃～27℃，咖啡一年两获，2～4 月与 8～9 月是两个高峰期。园内种植 3,000 多株咖啡树，我一眼就认出铁比卡。庄主还向我介绍园区的第二主力品种：Ateng Super。

我问庄主，Ateng 系列是从亚齐传过来的吧？庄主解释，1970 年以前，多巴湖区以 Sidikalang、Bergandal（铁比卡）为主，1970 年后为了提升铁比卡抵抗力，开始改种铁比卡与卡帝汶混血的雷苏娜（Rasuna），同时引进印

度的 S795，但出于水土关系，风味不佳，欧美精品界不
爱。1990 年后才从亚齐中部塔瓦湖地区引进 Ateng 系列，
风味不输传统的铁比卡。且 Ateng 系列的最大优点是抗病
能力强、产能高，已成为林东曼特宁的重要品种，并与铁
比卡混合栽植。

有趣的是，我发觉林东与亚齐的铁比卡枝叶茂密肥
厚，这和台湾地区叶片稀疏的铁比卡大异其趣。这可能与
水土有关，但庄主说应该与有机栽培有关。接着带我们去
看他的猪舍，养了 9 头大白猪，排泄物成了咖啡最佳滋补
品，难怪园里有股猪味。

◌ 带壳豆甜如蜜

庄主说我们来得不是时候，红果子所剩不多了，他随
手摘了几颗红果，挤出带壳豆请我尝尝。我接过来看，好
肥大的带壳豆！放进嘴里，香甜如蜜，丝毫无杂味。不禁
想起今年年初曾造访云林古坑几座咖啡园，带壳豆尝来都
有股土腥味，还没烘焙就尝出台湾咖啡的地域之味了。

庄主说，主产季每公顷可生产 2,000 千克红果子，去
掉果皮得到 1,100 千克生豆，咖啡果子与生豆的重量比高
达 1：1.8，也就是 1.8 粒生豆重量等于 1 颗果子，说明豆子

的重量与密度非常高。一般的咖啡果子与咖啡豆比值约为 1:5，也就是 5 粒生豆等于 1 颗果子重；阿里山李高明得奖豆的比值为 1:4.7。庄主还说，次产季的产量较低，约每公顷产 500 千克咖啡果，可得 200 千克生豆，咖啡果与生豆比值为 1:2.5，可见次产季生豆的密实度略逊于主产季。从此二数据可知这座小庄园的大白猪有多重要。

● "立即偿还债务"豆

我对咖啡品种很感兴趣，庄主又介绍林东另一主力品种 Sigararutang，中文可译为"立即偿还债务"，好滑稽的名字，我听了大笑。原来这又是印尼组字的杰作，是由印尼文 segera（立即）、membayar（偿付）、hutang（债务）组成，以彰显此品种栽种两年就结果累累、回报超快的特性。

"立即偿还债务"的顶端嫩叶为古铜色，而非 Ateng 系列的青绿色，我怀疑此品种可能就是亚齐所称的 Ateng Pucuk Merah（顶芽红）。看来亚齐的杂交品种，已深深影响多巴湖的曼特宁。印尼不只种族多元，咖啡品种更庞杂，连用字遣词也喜欢"混血"，我充分感受到印尼"大杂烩"的美学。

台湾地区贩售的曼特宁商品很多，最著名的当数多巴湖的黄金曼特宁，由日本人提供处理技术、印尼人开设的帕旺尼公司（Pawani Coffee Company）独卖，又称为 Pawani Golden Mandheling，1995—1996 年引进台湾地区。黄金曼经过三次手挑，不同于一般曼特宁只经过一至两次手挑，处理精湛，风味干净无杂，厚实度佳，酸质亦优，饶富牛奶糖甜香，很受欢迎。

全球仅见，湿豆交易系统

多巴湖四周高地皆产咖啡，以南岸的林东地区品质与售价最高，林东产区是由 Dolok Sanggul、Sidikalang、Balige 以及 Siborong Borong 四大副产区构成，其中以海拔 1,400 米的发髻山（Dolok Sanggul）所产带壳豆的交易价最高，是林东公认最优的曼特宁。多巴湖区与亚齐的咖啡农以传统的木质去皮机来刨除果皮与果浆，取出黏黏带壳豆。有些农友稍做发酵增味，有些径自曝晒数小时，使带壳豆含水率降至半干半湿的 30%～50%，再卖给中盘商，由中盘商带回加工刨除种壳后，继续后段的干燥制程。

贩售潮湿带壳豆文化，全球仅见于苏门答腊。因为此间咖啡田规模不大，一般只有 0.5～2 公顷，小农并无先进的干燥设备，只好将半干半硬的带壳豆在每周固定的交易日卖给中盘商。但带壳豆在运送和转售过程中，感染霉菌的概率大增，有趣的是菌种不同就会造就不同的味道，成了亚齐与多巴湖独特的地域之味。

　　然而，2005 年后又出现鼎上黄金曼特宁（Gold Top Mandheling），令人眼花缭乱。原来帕旺尼公司成功取得 Golden Mandheling 注册商标，日本商社被迫以另一名称销售。不过，帕旺尼的黄金曼近年不易取得，原因不明。

　　10 年前的黄金曼为 100% 的铁比卡，豆粒尖长肥硕。今日的鼎上黄金曼并非 100% 的铁比卡，这无可厚非，因为多巴湖区的铁比卡逐年被混血的 Ateng 和 Tim Tim 取代，但鼎上黄金曼的优雅风味较之早年黄金曼有过之无不及，这与四次手挑有关。鼎上黄金曼以草编织的篓袋包装，每篓袋 10 千克，袋上印有日本神户与琵琶（BIWA）字样，由神户输出。但似乎只有日本和中国台湾地区买得到，欧美很少见。

● 拉米尼塔染指"两湖双曼"

　　另外，美国精品界有两支高档苏门答腊咖啡——伊斯坎达（Iskandar）和亚齐之金（Aceh Gold），皆由哥斯达黎加知名庄园拉米尼塔（La Minita）经销。该庄园与棉兰的咖啡出口公司 Volkopi 合作，搜寻塔瓦湖与多巴湖极品豆，并在林东地区后制处理。有趣的是，亚齐之金亦混有林东的豆子，却打着亚齐招牌。我想可能是亚齐较偏远，拉米尼塔的顾问长驻林东比较安全。这两支豆子喝来比黄金曼特宁更干净，药草味和土味更小，酸质剔透，不像一般曼特宁，但产量不高，不易买到。基本上，伊斯坎达的豆粒在18目以上，美国精品界常以Super Grade（超标准）称之；至于亚齐之金，豆粒稍小，以Grade One（一级）名之。

曼特宁发轫地争名分

传颂数十载的曼特宁"身世"由三元素构成，即曼代宁族、日本大兵和帕旺尼咖啡公司。话说1942年，日本侵占苏门答腊，一名日本兵在印尼喝到一杯琼浆玉液般的醇厚咖啡，询问店东："这是什么咖啡？"店东误以为是在问自己是哪里人，便毫不犹豫回答："曼代宁族！"日本兵误以为所喝的美味咖啡叫作曼代宁。

战后日本兵安返日本，回想起在印尼喝到的香醇咖啡，于是打电话给棉兰的帕旺尼咖啡公司，但日本兵却误把"曼代宁"发音为"曼特宁"（Mandehling）。首批输日的15吨曼特宁被抢购一空，曼特宁就这样阴错阳差、误打误撞地成为家喻户晓的商品名。

欧美专家至今仍以为曼特宁故乡在多巴湖的林东，由曼代宁族栽种。但笔者前作《咖啡学》曾质疑此说法，因为苏北省的多巴湖区以巴塔克人为主，几乎看不到曼代宁

曼特宁有几种

COFFEE
BOX

> 曼特宁商品繁多，有林东曼特宁、黄金曼、鼎上黄金曼、亚齐曼、钻石曼、盖优曼、塔肯贡曼……令人目不暇接。
>
> 基本上，曼特宁是指苏北省多巴湖区与亚齐塔瓦湖所产的阿拉比卡，但几经考证，曼特宁最早种在盛产罗布斯塔的苏西省与苏北省交界处的曼代宁高地，而非目前的多巴湖区。

族，该族主要分布于苏西省，而非苏北省。因此我造访多巴湖区，特别注意各种族分布情况，一路确实只看到巴塔克族、爪哇人和马达族，几乎看不见曼代宁族，我也确认了多巴湖区的曼特宁主要由巴塔克族、马达族和爪哇人栽种。但为何会有曼特宁是由曼代宁族栽种的说法？于是请黄总裁为我释疑。

黄总裁很热心，打电话请教了解内情的印尼专家并为我口译，终于解开我多年的困惑。一如所料，曼特宁并非发轫于多巴湖，曼特宁最早栽种在苏北省南部与苏西省交界处，更精确地说，是在多巴湖林东往南约 300 公里处，曼代宁高地的巴坎坦（Pakantan），这里的原住民就是曼代宁族。曼特宁的前身"曼代宁爪哇"在此落户，栽种者确实是曼代宁族，但后来又移植到海拔更高的多巴湖区栽种，生长情况优于曼代宁高地，没多久曼代宁高地沦为罗布斯塔的栽植场。换言之，栽种曼特宁的种族最初是曼代宁族，但1888年后，曼特宁移植到多巴湖，才改由巴塔克族栽种，真相大白，一解我多年疑惑。

有趣的是，近年澳大利亚和印尼研究人员在曼代宁高地海拔最高的巴坎坦丛林（1,500米），找到170多年前荷兰人栽下的老丛铁比卡。根据史料与当地曼代宁族的说法，这里才是曼特宁滥觞地，由于树苗来自爪哇岛，当时就叫作"爪哇曼代宁咖啡"（Kopi Java Mandailing）。此高地距离多巴湖还有300公里之遥。

据悉，雅加达已有人采取法律行动，申请曼特宁注册商标与认证，唯有产自曼代宁高地的铁比卡才可冠上"曼特宁"字样。一旦注册成功，影响非同小可，但法律程序尚未完成，后续发展值得关注。[1]不过，黄总裁并不认为此申请能通过，因为曼代宁高地的阿拉比卡咖啡田早已荒芜，产量屈指可数，已不具代表性。基本上，多巴湖与塔瓦湖才是今日曼特宁的主力产区。曼特宁咖啡的身世已够复杂了，而今又杀出曼代宁高地争取曼特宁的正统地位，

---

[1] 这几年已有澳大利亚人和印尼人在曼代宁高地复育早年的爪哇曼代宁咖啡树。黄总裁也表示曾有人邀他合作，开发曼代宁高地的咖啡栽培业，但黄总裁业务繁忙，分身乏术，已予婉拒。

印尼的曼特宁之乱不知何时才能停止。

● 永生难忘的咖啡之旅

　　印尼"两湖双曼"之旅，比起笔者 2001 年受邀参访哥伦比亚国家咖啡生产者协会（Federación Nacional de Cafeteros de Colombia，简称 FNC）及波哥大近郊庄园，更为惊险刺激。当年，哥伦比亚毒枭游击队藏匿山间野地，伺机劫持外国人质，但我们有哥伦比亚外贸部人员陪同，加上军队在产业道路持枪巡逻，因此不觉得惊恐。而亚齐之行，虽早有冒险的心理准备，但夜闯恐怖森林路段还是被吓到了。

　　有煎熬才有收获，此行亲身体验亚齐的悲情与苦难，但上天是公平的，亚齐拥有老天恩赐的丰饶物产，有利于各种族共享共荣。亚齐和平为荒芜多年的塔瓦湖咖啡园带来生机，咖啡产量剧增，是印尼阿拉比卡的主要产区，醇厚度与甜感较之多巴湖曼特宁有过之无不及。曼特宁醇厚度之高，世界之冠，品种与水土是要因，但最大秘诀是独步全球的湿刨法，释出的是芳香还是恶味，端赖处理者的手艺。醇厚度高是曼特宁最大优点，瑕疵豆多则是最大缺点，如何提高湿刨法的精湛度，攸关曼特宁的大未来。

　　欧美精品咖啡界对品种的认知与标准，到了苏门答腊却不管用，欧美专家眼中的魔鬼品种，在苏门答腊杯测结果竟然不输美味的铁比卡，给欧美一记震撼教育。此行更有意外收获——弄清楚曼特宁的前世今生。

结束参访行程，黄永镇带我们去吃多巴湖特产"懒惰鱼"，此鱼因生性慵懒不爱动，躲在湖底而得名。但肉质鲜嫩，比咱们的黄鱼、马头鱼或石斑鱼美味百倍。下午，他又包了一艘船，陪我们游湖，饱览湖光山色。我们晚上九点半返抵棉兰，又吃一顿印尼正宗辣蟹，搭配绿色蔬果汁和炸猪油粕，无敌美味。

当晚，我俩住进黄总裁2,000多坪（约合6,600平方米）的城堡，我这辈子还没看过这么大的豪宅，光是客房就有60坪（约合198平方米）。我和Steven一觉到天明，六点半黄总裁接我们去机场，在他的关照下，我俩火速通关，挥别印尼。

在飞机上回想着"两湖双曼"咖啡农长茧双手和头巾、巴塔克族牛角屋顶、亚齐人眼神、"金丝猫"、麝香猫、大白猪、Ateng、Tim Tim、湿刨法，以及曼特宁前世今生……顿悟咖啡绝非肤浅的冲冲泡泡而已，每杯咖啡深藏的人文底蕴尚待开采，为咖啡美学加分。

除了香气、滋味、口感和咖啡因外，可不要忘了细品咖啡热腾腾的人文味谱！

1 这是多巴湖林东地区的有机咖啡农，将采收的咖啡果子倒进木质去皮机，除去果皮，再将黏答答的带壳豆置入水槽，捞掉漂浮在水面的瑕疵豆和未熟豆，最后取出沉入水槽且密度较佳的优质带壳豆，直接曝晒。 摄影／黄纬纶

2 棉兰 Sidikalang 咖啡出口公司聘用 80 多名经验老到的瑕疵豆挑手，每天埋头苦挑缺陷豆。 摄影／黄纬纶

3 盛产曼特宁的多巴湖，气象万千，这是黎明时分的烈焰晨空，朵朵火云美不胜收。 摄影／黄纬纶

4 印尼麝香猫是夜行动物，到了白天就懒洋洋地趴睡，到了黑夜才出动觅食，黎明前排粪，生产便便豆。 摄影／黄纬纶

附录

曼特宁编年史

曼特宁是台湾地区最畅销的咖啡，笔者经过多年考证与查访，在此编年纪事——曼特宁前传与后传。铺陈曼特宁的前世今生，解开盘根错节的谜团。

● 曼特宁前传

· 1696—1699 年

荷兰东印度公司移植斯里兰卡的铁比卡到爪哇，开启印尼咖啡栽植业。印尼产量剧增，爪哇也成了咖啡同义词。

· 1835 年

荷兰商船从爪哇运一批铁比卡树苗至苏门答腊岛西岸纳塔尔地区（Natal）濒印度洋的小港，卸下树苗再运往曼代宁高地的巴坎坦，也就是今日苏北省与苏西省交界处。根据史料，荷兰人发觉苏门答腊比爪哇岛面积大，且纬度、气候很适合铁比卡生长，加上曼代宁高地濒临印度洋，比爪哇岛更方便输往欧洲，于是选定巴坎坦作为扩大铁比卡栽植的基地。这里的种族以信奉伊斯兰教的曼代宁族为主，当时居民称所种植的咖啡为"爪哇曼代宁咖啡"。爪哇曼代宁继承爪哇铁比卡的基因，豆身较尖长。可见，爪哇曼代宁咖啡为今日曼特宁的前身。

· 1880—1890 年

爪哇岛的铁比卡暴发严重叶锈病，几乎绝迹，荷兰人在爪哇改种体质较强悍的罗布斯塔。但苏西省与苏北省交界的曼代宁高地气候较凉爽，铁比卡疫情较轻，成了印尼铁比卡主要产区。

· 1888 年

更凉爽的苏北省多巴湖区开始引进阿拉比卡。据说，树苗来自曼代宁高地，红色的顶芽嫩叶与尖长豆貌是两者共同特色。农友发现爪哇曼代宁在多巴湖的生长情况优于曼代宁高地，于是扩大多巴湖的咖啡田，使之成为曼代宁主要产区，而曼代宁高地逐渐沦为罗布斯塔产区。

· 1924 年

亚齐的塔瓦湖从多巴湖引进铁比卡种植，等同今日的曼特宁。

· 1942 年

日本占据苏门答腊，严禁咖啡出口，爪哇曼代宁逐渐被世人淡忘。

◐ 曼特宁后传

· 第二次世界大战后

日本大兵返乡后向苏北省棉兰的帕旺尼公司进口印尼咖啡，口误将曼代宁称为曼特宁，但浑厚香醇的曼特宁大受欢迎，曼特宁就在以讹传讹中被创造出来。不过苏北省北部的亚齐特区所产咖啡为了促销考量，亦常称为曼特宁。

· 1999 年

研究人员在曼代宁高地的巴坎坦丛林发现 170 年前荷兰人遗留下来的铁比卡老丛，加以复育，并采取法律行动，试图取得曼特宁发轫地的注册商标，至今仍无结果。

· 2005 年至今

亚齐和平，塔瓦湖区产量剧增，高占苏门答腊阿拉比卡产量的 60%，取代多巴湖的"一哥"地位。"两湖双曼"

平起平坐，但欧美精品界重视豆源的透明性与可追踪性， 不再笼统称呼曼特宁，而以亚齐咖啡、盖优山咖啡或塔瓦 湖咖啡之称，来区别多巴湖的曼特宁。

Chapter

5

第五章

精品咖啡溯源，"旧世界"古早味：
埃塞俄比亚、也门与印度

∽

产地精品咖啡可归类为三大类："旧世界"古早味、"新世界"改良味、汪洋中海岛味，将分成四章论述。

埃塞俄比亚、也门和印度是世界三大咖啡古国，保有最多元的阿拉比卡基因与日晒传统，味谱宽广庞杂，可称为"旧世界"。三大古国以外的生产国为"新世界"，以中南美洲和印尼为代表，擅长改良品种与改进后制处理法，味谱明亮厚实。岛国的"海岛味"是"新世界"的分支，以牙买加蓝山和夏威夷柯娜为代表，味谱淡雅、幽香、清甜、柔酸。本章则先谈"旧世界"古早味咖啡。

咖啡三大古国

　　公元 7 世纪至 9 世纪，埃塞俄比亚咖啡传进也门；公元 17 世纪，伊斯兰教徒又将也门咖啡引进印度。18 世纪，荷兰、法国和英国列强夺取也门和印度咖啡并移植到印尼、波旁岛、圣赫勒拿岛和中南美洲，带动咖啡栽种热潮。史料与基因指纹皆可证明，印尼、波旁岛、圣赫勒拿岛和中南美洲等"新世界"的阿拉比卡，皆取种自"旧世界"。

　　笔者以 17 世纪为分水岭，将 17 世纪以前已有阿拉比卡的国家归类为"旧世界"，以埃塞俄比亚为首，也门、印度为从；将 18 世纪以后才引种栽植的生产国归类为"新世界"，以巴西、印尼和哥伦比亚马首是瞻。

　　埃塞俄比亚、也门和印度，这三大咖啡古国保有传统的日晒处理法，味谱振幅最大。地域之味从粗糙的土腥、木头、皮革、榴梿、药水和豆腐乳的杂味，到迷人茉莉花、肉桂、豆蔻、丁香、松杉、薄荷、柠檬、柑橘、莓果、杏桃、乌梅、巧克力、麦茶和奶油糖……千香万味，优劣兼备，建构令人爱恨交加的古早味谱。

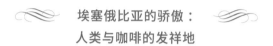

埃塞俄比亚的骄傲：
人类与咖啡的发祥地

埃塞俄比亚是人类与阿拉比卡的摇篮，东非大裂谷 (East African Great Rift Valley) 从北贯穿，南抵肯尼亚与坦桑尼亚。埃塞俄比亚虽处热带地区，但海拔较高，气候比非洲其他国家凉爽，水资源丰沛，物种浩繁，百花盛开，首都亚的斯亚贝巴 (Addis Ababa) 即"鲜花"之意。自古以来，埃塞俄比亚百姓认定"鲜花之都"亚的斯亚贝巴，是亚当与夏娃偷尝禁果被上帝逐出伊甸园之处！

耐人寻味的是，1974 年考古学家在"鲜花之都"东北 200 多公里处，即东非大裂谷贯穿的阿瓦什河谷中部 (Middle Awash) 哈达，掘出距今 320 万年的南方古猿"露西"(Lucy) 的遗骸化石，这是当时所知最古老的人类化石，震惊世界。1994 年，又在同地点附近掘出一具破碎遗骨，经 10 多年重建与研究，直到 2009 年才证实她是距今

440 万年的老祖宗化石，比"露西"还早 100 多万年，取名为始祖地猿"雅蒂"（Ardi）。陆续出土的考古新发现，似乎印证了埃塞俄比亚是人类发祥地的说法。

更神的是，以"鲜花之都"为轴心，往南 5 小时车程可抵知名咖啡产区耶加雪菲（Yirgacheffe）[1]，往东 500 公里则是哈拉（Harar）咖啡产区，西南 300 公里就是阿拉比卡故乡咖法森林（Kaffa Forest），往北 500 公里可达神圣咖啡产区塔纳湖（Lake Tana）。"鲜花之都"——伊甸园，被咖啡产区层层包围，似乎透露人类与咖啡剪不断理还乱、千古纠葛的天机。

○ **咖啡创世纪**

光是海拔 1,840 米的塔纳湖就令埃塞俄比亚骄傲不已，她不但是非洲最高湖泊，而且是蓝色尼罗河的发源地。13 世纪以来，塔纳湖区盖了 10 多座东正教修道院。在这块古老的圣地上，咖啡神话也已传颂数百年。根据埃塞俄比亚

---

[1] 埃塞俄比亚地名英文写法至今未统一，耶加雪菲就有数种写法，包括 Yirga Chafe、Yirgacheffe、Yirgachefe……不胜枚举。知道埃塞俄比亚有 200 多种方言后就不觉得意外。

古老传说，人间第一株咖啡树，就在塔纳湖畔落地生根。

埃塞俄比亚家喻户晓的圣哲贝特·马利安（Betre Maryam），七岁受到天使感召，在塔纳湖畔传教，并以手中权杖降魔除妖，造福百姓。有一天，加百列天使召唤他在塔纳湖周边散播咖啡、啤酒花和柠檬幼苗，让往后各世代的修士都能有收获。于是圣哲把手上的权杖断成三段，杖头变成世上第一株咖啡苗，人间从此飘香，权杖的第二、第三段，则分别变成啤酒花和柠檬……

这幅《咖啡创世纪》彩色壁画，就绘在塔纳湖西南部齐格半岛（Zege）最著名的乌拉基丹米瑞特修道院（Ura Kidane Mihret Monastery）内，至今仍保存完好，游人如织。而塔纳湖周边森林，自古就有野生咖啡树，供养当地居民与修士，因此老百姓对圣哲马利安的神迹深信不疑。宗教与历史因素使居民不敢任意开垦湖区森林，换言之，神圣咖啡树保住了塔纳湖周遭森林。相对地，林地未被滥伐也保住了"圣树"。塔纳湖古老的修道院与咖啡树，维持着唇齿相依的微妙关系。

埃塞俄比亚当局近年大力推动塔纳湖的修道院观光，并宣称 1671 年意大利东方语言学家奈龙（Antoine Faustus Nairon，1635—1707）编造的《牧羊童卡狄与跳舞羊群》故事，灵感来自古代塔纳湖周边"彻夜未眠的修道院"。

这不禁让人好奇，究竟是哪个教派最先为了晚祷提神而喝咖啡？是伊斯兰教苏菲教派的也门教徒，还是埃塞俄比亚东正教的修士？此一千古谜题，在埃塞俄比亚加入战局后，更为扑朔迷离。1671年罗马东方语言学家奈龙杜撰的《牧羊童卡狄与跳舞羊群》故事，以拉丁文写成，后来经过法英美作家翻译与添油加醋，出现许多不同版本。有谓也门牧羊童卡狄发现羊儿吃了红果子兴奋起舞，卡狄禀报伊斯兰教苏菲教派长老，咖啡成了苏菲教派教众晚祷提神圣品；但不同的版本又说卡狄是埃塞俄比亚牧羊童。总之，奈龙版本的牧羊童说认定，伊斯兰教徒最早发现喝咖啡的提神妙效。而今，埃塞俄比亚为了拉抬塔纳湖的观光人气，又宣称塔纳湖区的东正教修道院才是故事发源地，这似乎又与一般认知的伊斯兰教苏菲教派最先喝咖啡的传说不同。

但可肯定的是，不论是埃塞俄比亚，还是也门或阿拉伯历史文献，根本找不到牧羊童说，就连塔纳湖东正教修道院内的《咖啡创世纪》壁画，也未提到牧羊童卡狄。但牧羊童传说在奈龙的生花妙笔下，久植人心，因此埃塞俄比亚观光当局借力使力，宣称塔纳湖就是牧羊童传说发生地。显然，这两个咖啡古国都乐见牧羊童传说继续加料下去，以制造观光话题。

种咖啡、炒咖啡、泡咖啡是埃塞俄比亚独有的文化传承。农民习惯在田里混种咖啡、象腿蕉、谷物、蔬果等经济作物，并将晒干的咖啡果子储存起来，一方面当作通货使用，缺钱时拿出来变现；另一方面可供交际、婚丧喜庆和宗教活动使用，甚至牲畜产子，也要喝咖啡庆祝一番。

喝的时候，主人直接捣碎干硬的果皮和种壳，取出咖啡豆，稍加清洗，在宾客面前焙炒、泡煮来喝，这已成为一种文化形式。穷苦农民谈到咖啡，就会露出千金难买的骄傲表情："我们自己种自己喝，不像肯尼亚、坦桑尼亚、印度和哥伦比亚这些被殖民过的生产国，并无咖啡文化，早年被老外强迫种咖啡，他们从咖啡田返家后，却泡茶来喝，这如何能种出好咖啡？"尽管埃塞俄比亚战火频仍，却不曾沦为列强殖民地，喝咖啡文化已有千百年，不像其他咖啡生产国，早年是在列强压迫下为侵略者种咖啡，咖啡文化不若埃塞俄比亚扎实。|

| 此论点与我所见相同。2001 年我应哥伦比亚国家咖啡生产者协会邀访，参观咖啡庄园，发觉农民很少喝咖啡，他们泡的茶居然比咖啡好喝。

但骄傲的埃塞俄比亚百姓仍难掩几许惆怅，因为政府刻意限制国内咖啡消费量，以增加外销创汇金额。管制措施包括减少国内咖啡通路、各产区咖啡不得任意流通或输往不产咖啡的北部，致使国内咖啡售价高出外销价 1～2 倍，有效抑制了老百姓酗咖啡。在当局管制下，埃塞俄比亚每年每人平均咖啡消费量不高，2000 年以前只有 1.3 千克，这比台湾地区的 1.09 千克稍多，却远低于北欧的 10 千克和巴西的 5.3 千克。埃塞俄比亚贵为世界第三大的阿拉比卡生产国，[1] 却要节制喝咖啡以赚取更多外汇，已引起民怨。这与巴西、印度和印尼大力拉升国内咖啡消费量背道而驰，堪称咖啡生产国一大奇闻。

10 多年前，埃塞俄比亚的年人均咖啡消费量虽只有 1.3 千克，但乘上 8,000 万人口，一年至少要喝掉 10 万吨咖啡。10 多年前埃塞俄比亚咖啡年产量约 17 万吨，因此 10 万吨的国内消费量约占总产量的 59%。换言之，埃塞俄比亚当年

---

[1] 2009 年，世界前六大咖啡生产国依序为巴西、越南、印尼、哥伦比亚、埃塞俄比亚和印度，但如果扣除罗布斯塔，全以阿拉比卡产量来算，前三大则为巴西、哥伦比亚和埃塞俄比亚。

有将近六成的咖啡被自己喝掉，此比率高居各产豆国之冠。

然而，近年埃塞俄比亚咖啡产量剧增，2010 年生产44.7 万吨生豆，政府稍稍放松控制措施，2010 年埃塞俄比亚国内咖啡消费量亦增加到 20.29 万吨左右，占总产量的 45%，而埃塞俄比亚人均咖啡消费量亦扬升到 2.5 千克。随着埃塞俄比亚咖啡产量逐年增加，埃塞俄比亚当局似已以善意回应民意，稍解百姓的咖啡瘾，但在当局刻意管制下，埃塞俄比亚的年人均咖啡消费量比起欧美诸国，仍有一大段距离。

艺伎山寻根之旅

埃塞俄比亚百姓谈到咖啡，难免夹杂骄傲与哀愁情绪。但对欧美咖啡专家或基因学家而言，埃塞俄比亚如同"充电站"，每遇到品种难解之谜，不惜跋涉千里去探险找真相。近年大红大紫的巴拿马艺伎咖啡，果真源自"旧世界"埃塞俄比亚的艺伎山？值得一探究竟。

◗ 新旧世界豆相有差

2005 年，巴拿马翡翠庄园的艺伎生豆创下每磅50.25 美元天价，开始蹿红。喝过的专家打死不信"新世界"能种出如此美味的咖啡。艺伎浓郁的花香与柑橘酸甜味，应该是埃塞俄比亚独有的味谱。但是巴拿马艺伎，豆貌尖长肥大，"尖长"虽然很像埃塞俄比亚的长身豆(longberry)，但"肥大"又不像"旧世界"咖啡豆该有的豆貌。[1]大家都知道，也门和埃塞俄比亚的咖啡豆比中南美洲豆瘦小。巴拿马艺伎果真如埃塞俄比亚官方档案所称，源自埃塞俄比亚西南部咖法森林的艺伎山，于1931年在联合国主导下，送往肯尼亚、坦桑尼亚和哥斯达黎加，以改善"新世界"咖啡的抗病力，才辗转落户巴拿马吗？

精品咖啡第三波的咖啡专家和好事者，对艺伎身世充满疑惑，决定杀到咖法森林寻找艺伎与真相。

2006年11月，知名咖啡顾问布特（Willem Boot）组成一支艺伎探险队，团员皆自许第三波的专业人士，台中欧舍咖啡的许宝霖先生也随行。布特率领的探险队拟深入咖法森林寻找名为Gesha或Gecha的村落，想必Geisha咖啡树就生长在发音近似的山村。大伙儿士气高昂踏上征途，寻找树高体瘦、叶片寥落且狭长的"75227号品种"

---

[1] 埃塞俄比亚与也门的豆相很容易辨识，豆身尖瘦玲珑是最大特色，加上日晒豆居多，豆色偏黄绿，这与"新世界"咖啡，尤其是中南美或印尼的豆貌明显有别，后者多半偏蓝绿且肥硕。

(Variety 75227)。1970年后，埃塞俄比亚改以编号归类各咖啡品种，75代表1975年，227代表当年发现的第227个新品种。埃塞俄比亚当局高度怀疑巴拿马艺伎应属此一新归类的品种。

然而，天公不作美，滂沱大雨落不停，推进极不顺利，还遭村民冷眼，以为老外又来盗取咖啡树，团员甚至被愤怒的地方官驱赶下山。队员在泥泞山区打转数日，虽然采下几株疑似瘦高Variety 75227的咖啡，并以埃塞俄比亚传统的平底锅炒熟咖啡豆，试泡来喝，但味道不佳，喝不出巴拿马艺伎独有的柑橘甜味与花香。大伙儿不罢休，有意深入艺伎山找真相，但连日大雨阻碍行程，且有人跌伤腿，只好草草收兵败兴而归，无缘在原产地找到巴拿马艺伎的"远祖"身影。

● 巴拿马艺伎 ≠ Variety 75227

此行谣言四起，有报道指出，不少团员在山区中邪发疯，也有人因盗树被逮入狱……结果没一件属实。唯一的实情是没找到也没喝到橘香四溢的艺伎，探险之旅一败涂地。事后诸葛亮，此行显然准备不足，种下败因。要知道巴拿马艺伎的顶端嫩叶是绿色的，但埃塞俄比亚的

Variety 75227 虽采自艺伎山附近，顶端嫩叶却有绿色与褐色两种形态，喝来风味普普通通而已。

最近，植物学家怀疑，Variety 75227 移植巴拿马后，可能与中南美洲其他品种混血，巴拿马艺伎应属自我进化的新品种，已非昔日的 Variety 75227，是否如此，尚待基因鉴定。再者，1931 年，英国与联合国的植物学家在埃塞俄比亚当局同意下，前往辽阔的艺伎山区采集咖啡种源，并在 Tui、Maji、Beru 等地，采下数个抗病品种的种子，竟然未逐一载明各品种编号、形态及确切采集地点，全数混杂在一起，且粗心大意将其归类为"采自艺伎山"，因此至今仍无法确定当年是哪个品种被送出国。而保存至今的英文档案，仅以 Geisha 品种虚应故事，以上是造成今日妾身未明的主因。

重点是，Variety 75227 目前已是埃塞俄比亚重要的品种之一，但味谱与巴拿马艺伎天差地别，否则早就大量供应国际精品市场，平抑物价。这也增加了专家认为的，巴拿马艺伎是埃塞俄比亚品种移植巴拿马后，发生种内混血（intraspecific hybrid），产出新品种的可信度。但是内行看门道，外行看热闹，美国精品界的好事者却为了 Geisha 与 Gesha 的拼写问题，争得面红耳赤，在植物学家看来实在幼稚好笑。

虽然大张旗鼓的探险失败了，但背后隐藏的含义是： 埃塞俄比亚对咖啡迷而言，如同耶路撒冷对犹太教、伊斯兰教和基督教教徒一样，是朝思暮想的圣地。

 埃塞俄比亚：王者之味

美国精品咖啡协会刚卸任的理事长，同时也是知名反文化咖啡大股东的彼得曾说："如果你是位咖啡从业者，而且杯测埃塞俄比亚的经验够丰富，会发觉全球的咖啡味谱，尽在其中。埃塞俄比亚风味比一般认知更为多元，岂止哈拉的蓝莓味或耶加雪菲的茉莉花与柑橘香而已。杯测每批埃塞俄比亚，经常喝到过去不曾有的新味域。踏上阿拉比卡演化的大地，犹如跳进基因海洋，开始体验咖啡香难以预料的疆界。"

◯ 味域高深莫测

巴西坎皮纳斯州立大学（Universidade Estadual de Campinas）植物学系对联合国采集的埃塞俄比亚咖啡种源，进行了长达 20 多年的研究。2000 年公布的报告指出，埃塞俄比亚西南部咖法森林与西部伊鲁巴柏（Illubabor）

的基因多态性最高。一般阿拉比卡的咖啡因含量约占豆重 1.2%，但此二区居然测出若干品种的咖啡因含量高达 2.9%[1]，这比罗布斯塔的咖啡因平均含量 2.2% 还高；更不可思议的是，有些品种咖啡因含量低到 0.42%，称得上天然半低因咖啡[2]。

研究也发现，咖啡因含量与绿原酸含量成正比。换言之，咖啡因含量越高，带有苦涩口感的绿原酸也越高，风味表现就越差。有趣的是，埃塞俄比亚香味较优雅的咖啡，其咖啡因含量多半低于平均值 1.2%；反观风味较粗俗者，咖啡因含量也较高，均超过 1.2%。

咖啡因含量落差大

埃塞俄比亚阿拉比卡咖啡因含量落差之大，堪称世界

---

1 咖啡因高占豆重 2.9%的品种属于跨种杂交，即阿拉比卡与罗布斯塔或赖比瑞卡天然混血品种，但染色体为 44 条，与阿拉比卡相同。有趣的是埃塞俄比亚境内没有罗布斯塔，而这些跨种杂交的高咖啡因品种可能受不了西非或中非的酷热，才躲在凉爽的埃塞俄比亚繁衍。

2 半低因品种也就是近年在日本吃香，源自波旁岛“尖身波旁”，但埃塞俄比亚也有类似的变种，学名为 *Coffea laurina*。

之最，这也拉大了味域的振幅，有苦涩土腥味很重者，亦有入口百花盛开的美味品种。只要多尝试埃塞俄比亚各产区的咖啡，你就会发觉"新世界"阿拉比卡所有的好风味或恶味均跳不出"旧世界"古优品种的如来佛掌心。虽然埃塞俄比亚至今仍提不出一支与巴拿马艺伎味谱相同的品种，但巴拿马艺伎如果没有埃塞俄比亚艺伎山花香与橘香基因的加持，也不可能屡屡称霸国际杯测赛。

埃塞俄比亚的阿拉比卡经千百年淬炼，演化出基因最庞杂的古优品种，加上多元水土和日晒古法，打造出振幅极大的王者之味。

◯ 古优品种世界稀

"新世界"的咖啡品种，均以商业栽培的铁比卡、波旁，或两者的变种、种内混血，甚至与罗布斯塔跨种混血来归类。然而，埃塞俄比亚的阿拉比卡基因多态性更为丰富，远超出"新世界"的分类框架。"旧世界"有许多浑然天成、非人工培育的野生品种，或无法大量栽种的古老原生品种，有些专家特别以"埃塞俄比亚古优品种"（Ethiopia Heirloon）或"埃塞俄比卡"（Ethiopica）称之。全球咖啡产地只有埃塞俄比亚和也门两国仍保有基因庞杂的古优品种，很难以铁比卡或波旁系统来分类。

但就目前所知，埃塞俄比亚农民在自家田园或森林收获的品种，包括长身、短身，或尚未归类的莫名品种，合作社统一收购后加以混合再出售。换言之，一袋60千克的埃塞俄比亚生豆，可能混有数个，甚至数十或上百个品种，令人咋舌。由于品种太多，豆子软硬度不同，很容易造成烘焙色差问题，这是烘焙师侍弄"旧世界"咖啡共有的经验。

埃塞俄比亚的阿拉比卡底下究竟有多少品种？咖啡农说法不一，有人说至少1万，更有人宣称10万。根据长期在埃塞俄比亚工作、协助当局归类各产区品种，并筹设咖啡品种博物馆的瑞士植物学家持平之论，应有2,500～3,500个品种。当局为了归纳埃塞俄比亚浩繁的品种，1970年后对特殊抗病品种以编号入档。前述疑似巴拿马艺伎"祖先"的Variety 75227即是一例。

● 凉爽高地孕育阿拉比卡

埃塞俄比亚气温明显低于酷热的中非和西非，凉爽气候形成一道"天险"，阻却罗布斯塔与赖比瑞卡异种入侵。可以这么说，咖啡属里染色体22条的二倍体（diploid）物种坎尼佛拉（*Coffea canephora*）与尤更尼欧狄（*Coffea eugenioides*）混血产出的"异源四倍体"（allotetraploid，即双二倍体，染色体44条），也就是目前精品咖啡倚重的阿拉比卡，性喜凉爽，不适应闷热的中、西部非洲，却在凉爽的埃塞俄比亚高地安身立命，顺利繁衍无敌手。如果埃塞俄比亚跟乌干达、刚果一样酷热，阿拉比卡恐无演化成功之日。

● 自生自灭演化高抗病力

　　避居埃塞俄比亚的"异源四倍体"物种，千百年来自然混血或变种，基因多态性与时俱进，相对也衍生出更多元的前驱芳香物[1]。这要归功于埃塞俄比亚自古听任阿拉比卡在深山野地自生自灭，并未进行人工选拔优秀品种，或淘汰其他未受宠爱的品种，所以基因庞杂度并未减弱。反观"新世界"，只挑选高产能、高抗病力的品种大量栽培，造成基因同质化，跟不上致病真菌的进化速度，逐渐丧失

---

[1] 咖啡豆的前驱芳香物包括蔗糖、脂肪、蛋白质和葫芦巴碱等，在阿拉比卡中的含量均高于罗布斯塔，尤其是阿拉比卡的蔗糖含量高出罗布斯塔一倍，在烘焙中衍生出更丰富的香气、滋味与口感。

抗病力。

埃塞俄比亚近年在欧美专家建议下，开始对古优品种逐一杯测，选拔风味最优、产能高、抗病力强的品种，大量栽培以提升农民收益。此做法利弊互见，被冷落的品种终将被淘汰，古优品种的多态性亦面临空前挑战，究竟是保护基因多态性重要还是提高农民收益优先，值得深思。

● 向大地之母找药方，古优品种抗病力强

阿拉比卡被咖啡驼孢锈菌（Hemileia vastatrix）感染后，会发生叶锈病，被咖啡刺盘孢菌（Colletotrichum coffeanum）感染后，会得咖啡炭疽病（coffee berry disease）。[1] 这两种真菌造成的疫情，经常重创"新世界"生产国，少则短收四成，重则损失七成，巴西、肯尼亚等重要生产国饱受摧残。

"新世界"被迫双管齐下来防疫，除了喷洒真菌杀虫剂，更致力培育阿拉比卡与罗布斯塔混血的免疫新品种。

---

[1] 感染真菌的咖啡树在开花结果前不会发作，一旦长出果子，真菌就展开无情攻击，果子发黑腐烂，令果农措手不及，损失惨重。

1985 年，肯尼亚释出的抗病品种鲁伊鲁 11（Ruiru11），对叶锈病和咖啡炭疽病具有双重免疫力，却牺牲了好风味，使该品种价值大打折扣。

但"旧世界"的老大哥埃塞俄比亚，山丛野林皆是宝，阿拉比卡在此存活千百年，早已经历叶锈病与咖啡炭疽病荼毒，有些品种已演化出免疫力。1976 年，联合国粮食及农业组织（Food and Agriculture Organization of the United Nations，简称 FAO）植物病理学家拉奥·罗宾森（Raoul A. Robinson）在对埃塞俄比亚森林与田园中的 50 万株咖啡树的随机取样研究中指出，平均每 100～1,000 株咖啡树中，就可找到 1 株对真菌有抵抗力，此概率高居全球之冠。更厉害的是，平均每 10,000 株咖啡树可找到 1 株对咖啡炭疽病、叶锈病具有双重抵抗力，还是产量高又美味的四好品种。诸多特异功能咖啡树，令"新世界"羡慕不已，这就是古优品种的价值。

因此埃塞俄比亚防治咖啡传染病，不必喷洒农药，也不必借助基因工程大搞跨种混血制造免疫新品种，只需到森林中找出有抗病力且风味佳的咖啡树，汰换易染病品种即可。直接向大地之母找药方，是埃塞俄比亚与"新世界"最大不同之处。

埃塞俄比亚产区大解析

COFFEE
BOX

埃塞俄比亚咖啡产区被东非大裂谷分割成东西两半壁，各自演化。

大裂谷以西，即西半壁名产区，由北而南包括首都西北部塔纳湖的齐格，首都西面的金比（Gimbi）、列坎提（Nekemte）、伊鲁巴柏，首都西南的林姆（Limu），以及咖法森林的金玛（Jimma）、彭加（Bonga）、铁比（Teppi）、贝贝卡（Bebeka）。东半壁则以首都东面的哈拉，以及首都以南的西达莫、耶加雪菲为主。

由于东非大裂谷阻梗，两半壁的咖啡形态有别。东半壁哈拉品种，豆粒较瘦尖，有长身与短身之别，而同属东半壁的耶加雪菲与西达莫还有玲珑品种，不注意看还以为是小粒种的罗布斯塔；西半壁原始森林的品种更为庞杂，除了长短身之外，西北部伊鲁巴柏、塔纳湖、金比的豆粒明显较大，而西南部咖法森林的品种抗病力最强，但风味稍逊于东半壁品种。咖法森林是指金玛、铁比与贝贝卡一带的原始咖啡林，艺伎山就在铁比之南。

长久以来，东部哈拉高地与西部咖法森林的咖啡农存有瑜亮情结，东部农民宣称阿拉比卡源自哈拉高地，而非西南部的咖法森林，东西相争，徒增咖啡话题。

不过，晚近分子生物学的基因指纹辨识，均指出西南部咖法森林的咖啡基因多态性远超出东部哈拉品种，主从关系不言而喻。可能是一千四百年前，盖拉族或苏丹奴隶从咖法森林引种至东部哈拉，辗转移植也门，此说法较具科学可信度。

◯ 大发"豆难财"

1970 年中南美洲和非洲暴发咖啡炭疽病，灾情惨重，巴西当年损失 41.2% 咖啡产量；1976 年再度暴发疫情，巴

图 5-1 埃塞俄比亚产区图

西损失 70.4% 的产量；1982 年巴西又因疫情损失 52.9% 的产量。耐人寻味的是，科学家对照灾情惨重年份各国咖啡产量，发觉埃塞俄比亚产量依旧稳定未减损，显然埃塞俄比亚的抗病古优品种发挥奇效，不但避开了疫情，还发了一笔"豆难财"。

表 5-1	咖啡炭疽病暴发年份埃塞俄比亚与巴西产量变化			
年份	埃塞俄比亚产量 （吨）	巴西产量 （吨）	减产量 （吨）	减产百分比
1969	165,000	1,283,500		
1970	170,000	754,800	528,700	41.2%
1975	171,000	1,272,298		
1976	178,000	375,985	896,313	70.4%
1981	202,000	2,032,210		
1982	202,000	957,931	1,074,239	52.9%

＊ 资料来源：亚的斯亚贝巴大学研究报告。

　　如表 5-1 所示，疫情年份巴西至少损失四成产量，对照同年份，埃塞俄比亚产量不但未减损，有的还比上一年略增。表面上看埃塞俄比亚毫发无伤，但实际上农民损失不轻，东半壁的哈拉与耶加雪菲有许多美味却无抗病力的品种，惨遭咖啡炭疽病摧残，幸好折损的产能被西半壁其他高抗病力品种弥补。

埃塞俄比亚当局并不因此幸灾乐祸，金玛农业研究中心（Jimma Agricultural Research Centre，简称 JARC）1971年开始加强采集与保育咖啡种源，并组织一支"搜豆大队"到农家的田园寻找疫情暴发时依旧结果累累的抗病品种，截至 2006 年，已搜集到 5,537 个不同形态的种源，其中有些对叶锈病、咖啡炭疽病有抵抗力，并且是耐旱、高产能的美味品种。另外，埃塞俄比亚的生物多样性保育研究所（Institute of Biodiversity Conservation，简称 IBC）则负责到深山搜集野生咖啡，截至 2006 年已采集 5,796 个种源。虽然野生咖啡的风味较粗俗，却提供了更多元的抗病、抗旱基因形态，值得保育。

○ 主力品种释出

凡具抗病力的咖啡品种，JARC 均给一个编码，比方1974 年在咖法森林金玛西北方的阿加罗（Agaro）发现的咖啡炭疽病免疫品种，即以编号 741 发放给农民大规模种植；前两码代表发现年份，1 代表当年找到的第一号抗病品种。741 亦属黄皮品种，目前仍是埃塞俄比亚主力品种之一。

根据 2002 年 JARC 的年度报告，已发送 23 个高产量、高抗病力且适合有机栽植的美味品种给农民，这些主力品种包括 741、744、7440、74110、74148、74165、754、75227、Catimor-j19、Catimor-j21、Geisha、Dessu 等。埃塞俄比亚政情向来不稳，迟至 1970 年全球暴发咖啡炭疽病后，才在联合国协助下开始对境内咖啡品种做系统化研究及保育，之前的滥垦或疏于保护，造成珍贵种源流失，损失实在是无法估计。

◯ 西强东弱，东雅西俗

1986 年，JARC 在联合国协助下对哈拉高地展开乡野调查，发现哈拉农民能辨认及实际栽种的有 17 个品种，其中仅 7 种对叶锈病和咖啡炭疽病有抵抗力，分别是 Goma、Cherchero、Shinkyi、Fudisha、Wegere、Bunakela、Shimbre。可见，哈拉的抗病品种数量远不及咖法森林。光从前述艺伎山发现的抗病品种 Variety 75227 的编号，即可明了咖法森林 1975 年至少已找到 227 个抗病品种，哈拉就明显相形见绌了。虽然东半壁的哈拉、耶加雪菲和西达莫，抗病力逊于西半壁，却在风味上取胜。换言之，抗病力"西强东弱"，美味度则是"东雅西俗"，是很有趣的对比。

联合国植物学家指出，哈拉高地的气候远比咖法森林干燥凉爽，病虫害相对较少，抗病品种的数量亦少于咖法森林，因此移植哈拉品种至较潮湿的咖法森林，就很容易染病枯萎。有意思的是，一千多年前哈拉咖啡移植到也门，而18世纪欧洲列强又从也门引种到波旁岛、印尼和中南美洲，环环相扣造成"新世界"咖啡体弱多病。植物学家认为，如18世纪欧洲人从埃塞俄比亚西南的咖法森林引种，那么今日"新世界"咖啡的抗病力应该会更强。

日晒豆的反扑

日晒法是"旧世界"传统处理方式，埃塞俄比亚自古采用滴水不沾日晒法[1]，以太阳光和热在树枝上自然脱去水分，只要气候够干燥，红果子几周后就会脱水，咖啡果含水量便会降到11%～12%，变成又干又硬的紫黑色，即可收获储藏起来，要用时再捣碎果子取出咖啡豆。然而，小农往往"珍藏"干硬咖啡果数年后才拿到市场卖，致使瑕疵率增加，徒增杂味。

---

[1] 日晒法可粗糙为之，亦可慢工出细活，前者滴水不沾，后者先挑选成熟红果子，采下后再入水槽捞出漂浮豆，将剩下的咖啡豆加以清洗后，平铺在高架网棚上日晒。

另外，埃塞俄比亚日晒豆与水洗豆的采果时间也不同。水洗豆采收期较早，在每年7月至12月，而日晒豆较晚，在10月至来年的3月，也就是说择优先选的果子供水洗加工，挑剩的末期收获才留给日晒使用。因此日晒的咖啡果子瑕疵比例较高，最后必须再混入些好豆子，以免杂味太重。这是埃塞俄比亚大宗日晒豆的宿命。

日晒法虽省工省水，但很容易失控：曝晒时间太长脱水太快，咖啡果易龟裂，感染细菌而产生恶味；如果湿气太重、干燥太慢，咖啡果易腐烂或发酵过度。只盼天公作美，脱水过程不疾不徐，咖啡果无裂损，才能引出浓郁水果香与黏稠感。因此，日晒古早味不是大好就是大坏，令人爱恨交加。

● 粗糙日晒杂味重

毋庸讳言，一般小农为了省事，多半采用粗糙日晒法，咖啡果子在枝上变红了也不去摘，等到红果子变成紫黑或掉落后，再去捡拾，因而常遭到污染。更糟的是，这些采集来的半干燥咖啡果子经常被堆放在外头，如同一座小丘，通风不良易造成干燥不均或回潮发霉，折损风味。最明显的瑕疵日晒味包括浓浓的漂白水味、药水味、豆腐乳味、洋葱味、榴梿味，甚至有人说是鸡屎味。

日晒豆难免会有水果熟透的发酵味道，有人无法接受这种日晒古早味，但也有人爱死这个味。笔者认为咖啡有轻微发酵味，可增加味谱丰富度，若有似无的榴梿味或豆腐乳味，犹如"云淡无痕风过处"的意境，并非坏事。但如果太浓烈，出现药水味，就是瑕疵味了。由于后段制程太草率马虎，一般日晒豆常有发酵过度的问题，几乎成了低档货代名词，令许多喝惯干净水洗豆的老饕敬谢不敏。为此，1959 年耶加雪菲产区摒弃传统日晒，改而引进拉丁美洲水洗法，试图降低瑕疵率并提高品质。1970年以后，耶加雪菲水洗豆的茉莉花香和柑橘味，在欧美吃香，成为非洲精品豆典范。此后，传统日晒豆不是被打入冷宫就是遭污名化。

知名的咖啡美学家乔治·豪厄尔，以及知识分子生豆采购专家杰夫·沃茨，多次为文抨击日晒豆是扶不起的阿斗。

● 日晒豆痛宰水洗豆

然而，2006 年古法日晒大反扑，在美国知名咖啡顾问布特主持的 ECafe 基金会，于埃塞俄比亚举办的第二届"金牌合作社咖啡大赛"（Gold Cooperative Coffee Competition）

中，日晒豆痛宰水洗豆，前三名高分被日晒豆囊括，包括 92.5 分的耶加雪菲哈玛合作社（Hama）、91.3 分的金玛和 91 分的西达莫，而水洗组最高分耶加雪菲的凯洛合作社（Kello）只有 90.6 分，还不如日晒组第三名。[1]

当年，日本一家咖啡公司通过网络竞标以每磅生豆 10.6 美元的高价买下哈玛冠军日晒豆，打破埃塞俄比亚咖啡最高拍卖价纪录，精品界哗然。布特的评语为："本次赛事再度证明埃塞俄比亚精致日晒豆，得天独厚的味谱，举世罕见。"因此，日晒法并非原罪，而是要看处理手法是否精致细腻。ECafe 的杯测赛事，让世人见识到日晒法与古优品种良性结合，开拓味域新疆界的无边魅力。

◯ 精致日晒劲爆水果香

无独有偶，耶加雪菲知名咖啡交易商阿杜拉·巴格希（Abdullah Bagersh）不愿坐视"新世界"水洗法入侵

---

[1] 其实 2005 年第一届赛事，日晒组前三名杯测分数皆高于 91 分，日晒组冠军金玛产区的 Kampi 合作社更得到 92.2 的高分，反观水洗组冠军耶加雪菲凯洛合作社只有 89.9 分。但直到第二届赛事，日晒豆痛宰水洗豆才引起大话题。

"撒野"，也很怀念早期精挑日晒豆的无敌香，决定振兴日晒国粹。2006 年，他在耶加雪菲海拔最高的雾谷（Mist Valley）向小农收购特定品种的熟透红果子，集中到艾迪铎小镇（Idido）他经营的日晒加工场处理。

一改小农舍不得挑除坏果子和瑕疵豆的恶习，以最高标准淘汰不良品。先洗净咖啡果子，降低污染源，再将品质佳、无裂损的咖啡果子平铺在精心设计的"高架网床"上，让果子透风良好，均匀受热与脱水，且隔离地面的尘土味。网床亦附有防雨布，湿气大可立即盖上，降低受潮率。在一至两周的日晒期间，每天有人顾守，尤其前四十八小时关键期，每小时要翻动咖啡果子，提高干燥均匀度，且每天拣除瑕疵品。慢工出细活的艾迪铎雾谷（Idido Mist Valley）日晒豆，包括碧洛雅（Beloya）、艾芮莎（Aricha）系列，2006 年抢攻欧美，浓郁的草莓、柑橘、杏桃、茉莉花香和醇厚度，连水洗耶加雪菲也为之失色，市场为之惊艳，一路爆红至今。

可惜的是，自从 2009 年埃塞俄比亚商品交易中心（Ethiopia Commodity Exchange，简称 ECX）开始运作后，巴格希经营的处理厂无法再以私人开发的品牌贩售，所有咖啡必须集中到 ECX 分级出口，因此碧洛雅与艾芮莎已买不到了。

在美国精品咖啡业者陈情奔走下，ECX 同意为精品咖啡增设第二窗口，方便咖啡农与买家直接交易。然而，带有劲爆水果韵的精品日晒豆太抢手了，窃案频传。专门贩售埃塞俄比亚精品日晒豆的美国知名公司 Ninety Plus 成了重灾区。2011 年暑假，该公司有一整货柜的高价日晒豆，在埃塞俄比亚离奇失踪，据说是被偷走了，损失不轻。

Ninety Plus 近年与西达莫、耶加雪菲的咖啡合作社协力推出日晒新品奈吉塞（Nekisse）、狄坚柏（Tchembe），味谱振幅很大，一入口会有股野香，近似榴梿或豆腐乳的日晒发酵味，但几秒后迅速羽化成莓果味谱，又有点百香果的迷人味，喝来不像咖啡，倒像水果茶。这种神奇的水果风味，仅见于日晒豆，近年在欧美精品界很吃香。

● 日晒见长的珍稀品种

耶加雪菲日晒豆一夕间颠覆水洗豆较佳的印象，埃塞俄比亚阿瓦萨大学（Hawassa University）开始重视此问题，农业学院植物科学系研究生梅肯南·海勒米契（Mekonen Hailemichael）的研究报告《基因型、地域与处理法对阿拉比卡品质的影响》[*Influence of Genotype, Location and Processing Methods on the Quality of Coffee (Coffea arabica*

L.)]指出，基因形态、栽植水土与处理方式，直接影响咖啡风味。

他以西达莫和耶加雪菲最常见的三大品种——Kurmie（矮小）、Wolisho（高大）、Deiga（中等），与其他十四个最近二十多年来发现的新品种进行日晒与水洗杯测比较。结果发现，日晒法只有在厚实度与黏稠口感上明显优于水洗法，酸香与干净度表现就逊于水洗法，大多数受测品种的日晒豆，整体风味均逊于水洗豆，只有耶加雪菲与西达莫的三大品种 Kurmie、Wolisho、Deiga，以及另两个新品种 9718、85294 的日晒豆出乎意料地优于水洗豆。

从海勒米契的研究报告可看出，大多数古优品种仍以水洗处理风味较佳；仅有少数品种，以日晒处理见长，所表现的花果酸香、甜味、辛香与振幅，明显优于水洗豆，这更凸显优质日晒古早味的稀有性。并非所有品种皆适合日晒，必须谨慎挑选适合日晒提味的品种。近年埃塞俄比亚火红的日晒绝品豆碧洛雅、艾芮莎、雅蒂（Ardi）、奈吉塞，就是选对日晒品种的杰作。

● 日晒水洗成分大竞比

日晒豆的味域、振幅，确实大过水洗豆，劣质日晒犹如地狱馊水味，优质日晒恰似天堂百花香。早在 1963 年，美国知名咖啡化学家迈克尔·施维兹（Michael Sivetz）所著《咖啡处理科技》（*Coffee Processing Technology*），以及 1994 年食品化学家阿兰·瓦南（Alan Varnam）的研究均指出，日晒法衍生的成分与水洗法明显有别，日晒豆所含的脂肪、糖类和酸性物高于水洗豆。表 5-2，系参考施维兹、瓦南与泰国学术单位的研究数据。

表 5-2　日晒与水洗生豆化学成分比较

处理方式	干燥日数	脂肪含量	酸性物含量	糖类含量
日晒一	7	1.63±0.17	0.41±0.03	0.46±0.04
日晒二	4	0.22±0.01	0.42±0.03	0.47±0.01
水洗一	7	0.14±0.02	0.25±0.04	0.39±0.08
水洗二	3	0.13±0.01	0.30±0.04	0.38±0.05

＊ 含量数据：占干燥带壳豆重量百分比。

说明：
＊日晒一：完整咖啡果进行日晒，含水率 7 日降至 12%。
＊日晒二：烘干机取代太阳光，作为对照组，以 40℃热风吹拂咖啡果，含水率 4 日降至 12%。从数据与实务面看，太阳光效果优于烘干机。
＊水洗一：咖啡果去掉果肉与部分果胶后，入发酵池脱除残余果胶，再取出湿答答带壳豆进行日晒干燥，含水率 7 日降至 12%。
＊水洗二：水洗步骤与前述相同，但取出带壳豆后改以烘干机代劳，作为对照组，含水率 3 日降至 12%。
＊咖啡豆：样品取自泰国西北部来兴府（Tak）的铁比卡。

● 日晒豆脂肪、糖分与酸性物含量较高

从表 5-2 可看出，日晒豆的脂肪、酸性物与糖类含量明显高于水洗豆，这是因为日晒法的豆子包藏在果肉里，在长达 7 天的脱水阶段，豆子充分吸收果胶与果肉的脂肪。另外，日晒豆也因果胶与果肉发酵，而吸收较多的酸性物。反观水洗豆，先去掉果浆和部分果胶，再入池发酵清除残余果胶，因此无法充分吸收果子里的脂肪，且豆子的酸性成分有一部分溶入池中，致使酸性物少于日晒豆。

日晒豆脂肪含量较高，这颇吻合吾等的品尝经验，日晒豆喝来黏稠感较佳。已故意利咖啡（Illy Cafe）总裁厄内斯托·意利博士（Dr. Ernesto Illy）曾指出，实验证明，埃塞俄比亚的哈拉日晒豆做浓缩咖啡所呈现的"克立玛"（crema，油沫气泡）最为绵密扎实。

● 水洗豆酸过日晒豆

日晒豆酸性物含量较高，酸味理应高于水洗豆，但吾等品尝经验恰好相反，即水洗豆喝来会比日晒豆更酸嘴。且上述阿瓦萨大学研究生海勒米契的报告亦指出，水洗豆杯测的酸味高过日晒豆。

为何如此？原来日晒豆的酸性物主要是不会酸嘴的氨基丁酸（r-aminobutyric acid，简称GABA），而非水洗豆富含的酸溜溜的柠檬酸、苹果酸或乙酸。有趣的是，某些富含氨基丁酸的茶叶被日本人视为保健饮品，又被称为GABA TEA，可减轻身心压力和降低血压。

至于日晒豆的糖分含量较高问题，之前亦有报告指出，水洗豆的糖分有流失现象。德国科学家的报告亦证实，日晒豆的糖分确实高于水洗豆，尤以葡萄糖和果糖最为明显，但蔗糖含量，则不分轩轾。

● 日晒复古风，艺伎也疯狂

埃塞俄比亚的日晒名豆——碧洛雅、艾芮莎、雅蒂与奈吉塞，在征服咖啡迷味蕾后，将日晒复古风吹向"新世界"。原本不屑日晒的危地马拉和哥斯达黎加等水洗独尊的生产国，也相继推出古早味日晒豆，就连水洗艺伎也出现日晒版本。2011年"巴拿马最佳咖啡"杯测赛，唐·巴契（Don Pachi）的日晒艺伎赢得89.15的高分，每磅生豆以111.5美元售出，而巴拿马翡翠庄园的日晒艺伎，得到87.42分，每磅以第二高价88.5美元成交，日晒艺伎的拍卖价皆高于水洗艺伎。

埃塞俄比亚日晒豆较多，约占总产量的 54%，但品质较不稳定，多半内销。水洗豆虽占总产量的 46%，却高占总出口量的 70%，这与欧美偏好干净风味有关。值得注意的是，优质日晒豆并不多见，采购时最好先杯测，以免买到劣质货。古优品种、日晒古法与水洗法增加王者之味的丰富度，但切莫忽略埃塞俄比亚独特水土与栽种系统，这是上帝为阿拉比卡打造的最佳原生环境。

COFFEE BOX

为什么水洗豆酸过日晒豆

笔者从一篇研究报告找到可能的解答：2005 年德国布伦瑞克大学（University of Braunschweig）三名学者——斯文·克诺普（Sven Knopp）、格哈德·比托夫（Gerhard Bytof）与迪尔克·塞玛（Dirk Selmar）的研究报告《处理法对阿拉比卡生豆糖分含量的影响》（*Influence of Processing on the Content of Sugars in Green Arabica Coffee Beans*）指出，日晒豆的酸性物多于水洗豆，尤其是日晒豆的氨基丁酸增幅最大，可作为日晒豆与水洗豆成分差异的重要辨识物。氨基丁酸是植物最著名的应激代谢物，即咖啡豆在日晒干燥过程中受到长时间脱水的刺激，酶将谷氨酸（glutamic acid，组成蛋白质的 20 种氨基酸之一）分解为氨基丁酸所致，而水洗豆的氨基丁酸含量远低于日晒豆。但水洗豆的柠檬酸、乙酸等会酸嘴的有机酸，含量多于日晒豆。

水土与栽培系统决定风味

东非大裂谷切割埃塞俄比亚，湖泊、火山、低地、高原与林地交错，洼地低于海平面 100 多米，高原高出海平面 4,000 多米，地貌复杂。全境位处北纬 3～15 度，虽近赤道，但地势较高，西部、西南、南部和东部的咖啡产区年均温多半介于 15℃～24℃，日夜温差大，冬季无霜，是阿拉比卡生长的最佳环境。但北部因水土关系，并非咖啡主产区。

埃塞俄比亚咖啡生长于海拔 550～2,700 米的地方，但主力产区的海拔区间大部分落在 1,300～1,800 米，凉爽多雾，果实成长较慢，加上多变地貌形成的微型气候，有助更多前驱芳香物蔗糖、有机酸、葫芦巴碱和水果香酯的生成，孕育出柑橘、莓果与花朵的香气与滋味，绝非中南美洲等"新世界"产区能媲美。

● 降水量与遮阴条件

降水量方面，埃塞俄比亚产区主受南大西洋从西南带进的湿空气影响，西部伊鲁巴柏、西南部咖法森林和南部耶加雪菲与西达莫产区，每年 6～9 月进入大雨季，不过，雨势往东北部递减。另外,每年 3 ～ 5 月受到印度洋从东南面吹来的潮湿季风的影响,形成小雨季,这对东部干燥的哈拉产区很重要。但印度洋季风势力最远只能滋润到西达莫与部分咖法森林,西陲的伊鲁巴柏无法受惠,因此西部是单雨季,每年只能采收一次。而西南部咖法森林,南部耶加雪菲、西达莫,以及东部哈拉,则为双雨季,每年可收获两次。更重要的是,干湿季明显,相隔约 8 个月,最有助于阿拉比卡增香提味,此乃埃塞俄比亚得天独厚之处。

东部哈拉虽有双雨季但较为干燥,年降水量仅 1,000 毫米,需搭配灌溉系统。西部的伊鲁巴柏、咖法森林和南部耶加雪菲、西达莫,年降水量丰沛,1,500 ～ 2,500 毫米,热带阔叶林浑然天成,给阿拉比卡提供了最佳的遮阴环境。

● 传统有机肥保住土壤生命力

土壤方面,东部哈拉属于中生代土层,由砂岩和碳酸钙构成;而咖法森林、耶加雪菲和西达莫属于古老的火山岩土质,矿物质丰富,土壤酸碱值在 5 ～ 6.8,最投阿拉比卡所好。更重要的是,遮阴树的落叶也成了天然肥料,而赤贫的农民无余裕使用化学肥料，自古习惯使用有机粪肥，有机栽培也保住了埃塞俄比亚土壤的生命力。

● 栽培系统全球最多元

埃塞俄比亚拥有全球最多元的咖啡栽植系统，包括森林咖啡（forest coffee）、半森林咖啡（semi-forest coffee）、田园咖啡（garden coffee）和栽植场咖啡（plantation coffee）四大系统。埃塞俄比亚 90% 的咖啡是由小农在田园、半森林和森林里辛苦栽种出来的，大规模企业化的栽植场或咖啡庄园，在埃塞俄比亚反而是极少数，此特色和中南美洲大相径庭。

森林咖啡：指原始森林里的野生咖啡树，受到政府保护，有专人前往采收。此系统产量极低，每公顷年均咖啡豆产量很少超过 200 千克，咖法森林的品种彭加最低纪录甚至只有 15 千克。此系统主要分布在西部伊鲁巴柏与西南部。森林咖啡占埃塞俄比亚咖啡总产量的 5%～10%。

半森林咖啡：指半野生咖啡，农民定期入林修剪遮阴树或咖啡枝叶，增加透光度与产果量。此系统年产量也不高，每公顷年均咖啡豆产量不到 400 千克，分布区域与森林咖啡相同，此系统产量约占埃塞俄比亚咖啡总产量的 35%。

　　田园咖啡：指小农在自家农田混种咖啡与其他经济作物，咖啡多半种在象腿蕉的下方，形成独特景观。这是埃塞俄比亚咖啡的主力生产方式，产量变化很大，每公顷年均产量介于 200～700 千克，要以气候与病虫害状况而定。主要分布于南部西达莫、耶加雪菲和东部哈拉。近年当局努力将田园混种系统引入西部地区，增加农民收益。田园咖啡的小农发挥蚂蚁雄兵力量，其产量约占埃塞俄比亚咖啡总产量的 50%。

　　栽植场咖啡：由国家或私人开辟土地，专供高效率量产栽植，类似中南美洲的企业化与科学化管理。此系统选拔抗病力强、产能高的品种，主要分布于西南部的铁比、贝贝卡。面积最小，其产量仅占埃塞俄比亚咖啡总产量的 5%～10%。

九大产区尽现地域之味

　　上述四大栽植系统分布在以下九大产区：金玛、西达莫、耶加雪菲、哈拉、林姆、伊鲁巴柏、金比（列坎提）、铁比、贝贝卡。九大产区中，耶加雪菲、西达莫、林姆、哈拉属于精品产区；金玛、伊鲁巴柏、金比（列坎提）、铁比与贝贝卡为大宗商用豆产区。另外，西北部塔纳湖的齐格虽未列入九大主力产区，却是个另类的神圣产区，最近逐渐走红。

整体而言，各产区风味均有特色，豆貌及品种亦有别。基本上，西部铁比、贝贝卡、伊鲁巴柏、咖法森林与西北部塔纳湖的豆粒明显较大，野味较重，但果酸味较低；而中部的林姆、中南部的耶加雪菲、西达莫饶富水果风味、花香与酸香，品质较稳定；东部的哈拉兼具西部的野味与中南部的水果味，好坏差异与振幅很大。

埃塞俄比亚古优品种的基因极为庞杂，加上日晒、水洗和半水洗的多元处理法，呈现复杂多变的风味。可以这么说，全球各咖啡产区的"味谱"，多半可在埃塞俄比亚九大产区喝到，连印尼闷香低酸的曼特宁味，亦可在埃塞俄比亚的铁比或贝贝卡喝到，更体现埃塞俄比亚兼容并蓄的"王者之味"。

⊝ 耶加雪菲（精品产区）

| 海拔 1,800～2,000 米 | 2006—2007 年产季出口量 21,600 吨 |
| 田园咖啡系统 |

耶加雪菲爆红国际：耶加雪菲产区恰好位处东非大裂谷东缘，地形切割复杂，西临阿巴亚湖（Abaya Lake），自古就是块湿地，水资源丰富，鸟语花香。耶加雪菲意指"让

我们在这块湿地安身立命",居民甚至认为这里是人类发祥的伊甸园场址。

1970 年后,水洗耶加雪菲独特的花香与柑橘味爆红国际,被誉为"耶加雪菲味"。2003 年,已故咖啡化学家意利博士在美国精品咖啡协会演讲时指出,耶加雪菲某些芳香成分在香奈儿 5 号香水与大吉岭茶叶中亦能找到。

耶加雪菲附属于西达莫产区,由于风味特殊被独立出来。除了小镇耶加雪菲外,还包括周边的 Wenago、Kochere、Gelena/Abaya 三个副产区。埃塞俄比亚 2009 年 11 月启用的新交易与分级制,将水洗、日晒精品级耶加雪菲分成"有耶加雪菲味"的 A 组与"无耶加雪菲味"的 B 组,每组又以上述产区细分。因此新的耶加雪菲分级制里,Yirgacheffe A、Wenago A、Kochere A、Gelena/Abaya A,会比 Yirgacheffe B、Wenago B 更昂贵。除了水洗与日晒外,最近又推出半水洗耶加雪菲,值得一试。

● **西达莫(精品产区)**

|海拔 1,400～2,200 米|2006—2007 年出口量 13,500 吨|
|田园咖啡系统|

西达莫身价赛耶加:风味近似耶加雪菲,精致水洗或

日晒的西达莫，同样有花香与橘味，酸味柔顺，身价不输耶加雪菲。此二产区的品种相似，豆粒中等但亦有矮株的小粒品种，农民经常将其单独出售。此区与耶加雪菲最常见的三大地方品种为抗病力较差的矮株 Kurmie，高大强健的 Wolisho，树体中等的 Deiga，此"三杰"是精品日晒系列碧洛雅与艾芮莎的主力品种。

西达莫在新的分级制度下，依豆源与风味分为 A、B、C、D、E 五组，Sidama A 的售价最高，其次是 Sidama B，依此类推。

◯ 林姆（精品产区）

| 海拔 1,200～2,000 米 | 2006—2007 年出口量 6,600 吨 |
| 田园、森林、半森林、栽植场咖啡系统 |

林姆在台湾地区少见：产量较少，主要外销欧美市场，台湾地区不易买到，但在欧美很受欢迎，有水洗、日晒和半水洗。对欧美而言，水洗林姆的名气仅次于耶加雪菲。林姆的味谱不同于西达莫与耶加雪菲，林姆的 body 黏稠度明显较低，花朵与柑橘味的表现也逊于耶加雪菲和西达莫，却多了一股青草香与黑糖香气，果酸明亮，林姆的拍卖行情亦不如上述两产区。

● 哈拉（精品产区）

| 海拔 1,500 ~ 2,400 米 | 2006—2007 年出口量 11,000 吨 |
| 田园咖啡系统 |

哈拉独尊日晒：是埃塞俄比亚东部古城，但城区并不种咖啡，所谓的"哈拉咖啡"是指大哈拉地区的哈拉吉高地（Hararghe Highlands）所生产的咖啡。由于年降水量只有 1,000 毫米，比西达莫和咖法森林更为干燥凉爽，全采用日晒处理法。风味上，东哈拉吉高地（E.Hararghe）的咖啡比西哈拉吉（W.Hararghe）干净些，这应该和东区农民习惯将晒干的果子除去硬果皮和种壳后，以干净的生豆出售有关。西区农民则习惯贩售未处理的干燥咖啡果，不少瑕疵品混杂其中。因此东哈拉吉的咖啡行情明显优于西区。过去，哈拉咖啡集中于城北的狄瑞达瓦（Dire Dawa）出口，但 2009 年当局革新交易制度，全集中于首都交易。

哈拉咖啡素以"杂香"出名，是古早味的典型，她与耶加雪菲并列埃塞俄比亚"双星"。如果哈拉的瑕疵豆挑拣干净，很容易喝到莓果香，略带令人愉悦的发酵杂香味。但此地农民习惯将精品级掺杂商用级，灌水销售，使得杂腐味盖过迷人水果香，令人扼腕。这几年，哈拉品质不稳定，应与分级不实有关。选购时切勿迷信哈拉威名，务必杯测或试喝，以免花大钱买到劣质货。

哈拉的国际拍卖行情向来好于耶加雪菲，这与沙特阿拉伯人偏爱哈拉"杂香"，大肆采买有关。埃塞俄比亚新交易分级制实施后，哈拉精品级被分成 A、B、C、D、E 五组。A 组产自东哈拉地区，拍卖价最高，每"菲瑞苏拉"（Feresulla，埃塞俄比亚重量单位，每袋 17 千克）700～800

水洗哈拉现身

笔者前作《咖啡学》[1] 第 150 页，曾预言日晒哈拉面临日晒耶加雪菲与西达莫的竞争，迟早会推出水洗哈拉以为反制，没想到一语中的。干燥缺雨的哈拉，数百年来不曾使用水洗处理法，最近终于打破传统，限量推出水洗哈拉，试图与水洗耶加雪菲和西达莫一较高下。

2011 年 3 月，我收到埃塞俄比亚咖啡豆供应商寄来的水洗哈拉样品豆，吓了一跳。这是我玩了 30 多年咖啡，头一次看到翠绿玲珑的哈拉水洗豆，惊喜之余，立即以中度烘焙试泡来喝。

手冲过程就闻到浓郁水果香，入口有明显的百香果与花味，水果酸甜韵迷人，但与耶加雪菲的柑橘味不同，味谱也比日晒哈拉干净剔透，这下可好，埃塞俄比亚的水洗豆又多了东部强敌竞争。喝惯了日晒哈拉的咖啡迷，不妨试水洗哈拉，但不易买到。

[1] 参考版本：韩怀宗著，《咖啡学：秘史、精品豆与烘焙入门》，时周文化事业股份有限公司，2008。本书提到的此书均为这一版本。——编者注

比尔 (Birr，埃塞俄比亚货币单位)，这比耶加雪菲 A 组还
贵 100 比尔左右。究竟耶加雪菲味优，还是哈拉味佳，见
仁见智。原则上，喜欢干净无杂味的饕客可选前者；偏爱
味谱振幅较大者，可选后者。

● **金玛（大宗商用豆产区）**

| 海拔 1,350 ～ 1,850 米 | 2006—2007 年出口量 60,000 吨 |
| 森林、半森林咖啡系统 |

　　金玛是咖法省的首府，英文拼音很混乱，地图多半为
Jimma，但咖啡麻布袋上却拼成 Djimmah。这里是埃塞俄比
亚咖啡最大产区，占出口量 1/3。

　　咖法森林以浩繁的野生品种著称，金玛是此区咖啡集
散地，农民习惯将林区采集的咖啡运至金玛，再将成百上
千的品种混合，充当商用豆出售，致使某些美味品种的雅
香被遮掩，殊为可惜。本区虽以日晒商用豆为主，亦有限
量版精品豆，2005 年本区的 Kampi 合作社精选日晒豆赢得
第一届"金牌合作社咖啡大赛"首奖，足见本区潜力。而
且新交易分级制实施后，当局为日晒金玛增设精品级，值得
比较。另外还增设水洗精品金玛，我试喝过，虽然没有耶加
雪菲的橘香与花韵，但味谱干净剔透，近似中美洲精品豆。

商用级金玛在台湾地区很普遍，运气好买到物美价廉的金玛，亦喝得出柠檬皮的清香味，不输西达莫，运气差就容易买到朽木味的金玛。但整体而言，金玛比巴西大宗商用豆桑多士（Santos）的风味更优，是很好的中低价位配方豆。

⌒ 伊鲁巴柏（大宗商用豆产区）

| 海拔 1,350～1,850 米 | 2006—2007 年出口量 12,000 吨 |
| 森林、半森林咖啡系统 |

此区位于埃塞俄比亚西部，恰与苏丹接壤，是埃塞俄比亚最偏西的产区。咖啡基因庞杂度仅次咖法森林，豆粒明显大于耶加雪菲与西达莫，果酸味偏低，黏稠度佳，风味平衡。此地咖啡多半运到金玛混合，少见独立出来贩售。

⌒ 金比、列坎提（大宗商用豆产区）

| 海拔 1,500～1,800 米 | 2006—2007 年出口量 30,000 吨 |
| 森林、半森林咖啡 |

此区有日晒与水洗豆，豆相近似哈拉的长身豆，亦有少量精品级颇受欧美欢迎。但大部分是商用豆，被誉为"穷人的哈拉"。果酸与水果味优于伊鲁巴柏，风味明亮。

◯ 铁比、贝贝卡（大宗商用豆产区）

| 海拔 500～1,900 米 | 2006—2007 年出口量 4,800 吨 |

| 田园、森林、半森林咖啡、栽植场系统 |

两个产区很接近。铁比在贝贝卡北方，设有企业化经营的咖啡栽植场，近年推广田园系统，增加咖啡农收益，年产量约 3,000 吨。铁比海拔 1,100～1,900 米，亦有少量精品级出口。贝贝卡则以森林、半森林和栽植场为主，年产量 1,800 吨，海拔较低，为 500～1,200 米，所产咖啡多半为商用级。两地均有野生咖啡，产量不高，风味迥异于哈拉和耶加雪菲，果酸低是最大特色，适合做配方豆，亦有日晒与水洗豆。

近年官方赶搭全球的艺伎热潮，在铁比增设艺伎栽植场，试图与巴拿马艺伎争锋，但风味平庸。专家认为，铁比海拔偏低，且此区的艺伎基因形态与巴拿马不同，味谱并不突出。

◯ 塔纳湖畔（另类产区）

修道院咖啡：塔纳湖的海拔 1,840 米，周边森林咖啡年产量极少，不到 10 吨，称不上产区。湖区林立的东正教修道院、教堂，加上宗教壁画与神话，造就世上最有"神味"的咖啡。

1671年，罗马东方语言学教授奈龙为了争夺咖啡起源的诠释权（请参考拙作《咖啡学》第一章），编造《牧羊童卡狄与跳舞羊群》故事。埃塞俄比亚观光单位近年顺水推舟，宣称塔纳湖畔就是咖啡小祖宗卡狄的出生地，而奈龙的灵感就是来自塔纳湖畔咖啡飘香的修道院。埃塞俄比亚借此炒热修道院观光旅游。

自古以来，塔纳湖区的野生咖啡专供修士和当地居民享用，近年德国知名咖啡豆进口商诺侬曼咖啡集团（Neumann Kaffee Gruppe）与世界生物栖息地保育协会（World Habitat Society）、阿姆哈拉发展协会（Amhara Development Association）合作产销，将传奇的塔纳湖修道院咖啡介绍给欧美精品界，增添咖啡乐趣。

此区咖啡豆比耶加雪菲大颗，有日晒与水洗。笔者只试喝过日晒豆，酸味柔和，黏稠度佳，略带"令人愉悦的野香"，味谱低沉。

水洗豆喝多了，反而觉得太干净、单调，缺乏律动感，不妨换换口味，试试优质日晒豆的水果发酵风味与高低振幅，仿佛经历一场香味之旅，水果香味夹杂些许"似香非香"的疑惑，这就是迷人的古早味。此味仅埃塞俄比亚与也门才有。

 ## 也门：桀骜难驯的野香

也门是日晒古早味的经典，也是全球唯一的全日晒咖啡生产国，滴水不沾的传统处理法，从 17 世纪欧洲人迷上野味摩卡，至今未变。这与也门极干燥气候有关，咖啡主要栽植于中部高地，年降水量 400～750 毫米，远低于阿拉比卡最佳的 1,500～2,000 毫米年降水量。所幸也门咖啡基因来自埃塞俄比亚耐旱的哈拉品种，但缺水环境使得农民至今无法引进较先进的水洗法，野香味胜过哈拉咖啡，因此也门成了体验古早味的最佳选择。

也门是阿拉比卡移植出埃塞俄比亚的第一站，基因多态性虽然减损了，但仍保有可观的多元咖啡基因，是全球第二个有资格冠上古优品种生产国殊荣的国家。

● 野味喜恶两极

也门咖啡颇具争议性，桀骜难驯的野味，爱者捧上天，恨者嫉如仇，可归类为一种 acquired taste——需通过学习与尝试，才能养成的嗜好。也门的野味比埃塞俄比亚更浓烈，磨豆时就闻得到一股难以形容的"异香"，爱者称为发酵野香，恨者贬为鸡屎或榴梿味。好恶随缘，因人而殊，这就是鉴赏古早味应有的心理准备。

也门农民的日晒处理法比埃塞俄比亚粗糙，咖啡果子转红还不摘下，直到果子在树枝上自然干燥变成紫黑色，掉落地面才去捡拾。这和耶加雪菲或西达莫摘取红果子，半铺在"高架网床"上的精致日晒不同，是也门野味特重的主因。

● 奇芳异香四产区

沙那利 (Sanani)、马塔利 (Mattari)、伊士迈利 (Ismaili) 和希拉齐 (Hirazi) 是也门中部高地的四大名产区，所产咖啡在欧美精品咖啡界很吃香。

沙那利系集合首都萨那周遭咖啡梯田或农地的咖啡，进行混合筛选。由于距首都最近，运送方便，新鲜度较佳，果香与果酸味较明亮。

马塔利产区位于首都西侧高地，海拔在 2,000 ～ 2,400 米，是也门海拔最高的产区，但位置最偏僻，交通不便，农民采收后往往要拖上一段时日才运得出去，珍藏一年以上，甚至数年的咖啡果子很常见，因此新鲜度不如沙那利。马塔利的海拔较高，如能买到新鲜货，果酸明亮有劲，野味较不明显；如果买到的是陈年货，果酸味就钝掉了，甚至会出现纸浆味。

马塔利高地西南边则是伊士迈利和希拉齐，两者属同一产区，地势较高的为伊士迈利，较低的为希拉齐。基本上，沙那利、马塔利和伊士迈利的豆粒比较瘦小，甚至比中南美洲的小圆豆还袖珍，使用有孔的直火式烘焙机或电动 Hottop Roaster 要小心咖啡豆从小孔掉出来，暴殄天物。希拉齐颗粒较大就无此问题，但品质明显较差，常有朽木味。

也门咖啡饶富野香，干净度较差，但细心品啜应能喝出野味背后的奇芳异香，非常有趣。也门中部高地山峦起伏，崎岖险要，小农多半采用化整为零的种植法，几株种在陡坡，数十株种在梯田或峭崖上，各有不同的水土与微型气候，因此芳香成分也不同。

换言之，一杯也门咖啡是由许多不同地域之味的咖啡豆组成的，每杯风味未必相同，加上小农储存日晒豆时间长短不同，切勿奢望每批生豆品质如一，所以鉴赏也门咖啡，先要有包容的雅量。

也门咖啡绝不是你最想与好友分享的首选精品，却是你最想与"知香者"一同品香论味的人间奇豆！

 印度："咖啡僵尸"，百味杂陈

埃塞俄比亚与也门是全球硕果仅存的两大古优品种生产国，印度迟至 17 世纪才有咖啡栽培业。印度咖啡虽称得上第三号古早味咖啡，但基因多态性已不复见，因此植物学家并未将印度咖啡列入古优品种。然而，印度在全球咖啡栽培史中举足轻重，是衔接新旧世界的便桥。

● 新旧世界的交点

根据传说，1600 年，印度的伊斯兰教苏非教派圣哲巴巴布丹（Baba Budan）远赴麦加朝圣，返国途中从也门私自取走了 7 粒咖啡种子，并栽种在他修行的印度西南部奇克马加卢尔（Chikmagalur）山区，造就印度卡纳塔克邦（Karnataka）的咖啡栽培业。后人为了纪念他的贡献，就将他修行的那座山取名为巴巴布丹山，位于奇克马加卢尔小镇以北 25 公里，是伊斯兰教与印度教教徒共同尊奉的唯一圣山，游人如织。而今，奇克马加卢尔也成为印度最著名的精品咖啡产区。

不过，印度文献指出，迟至 1695 年，印度才引进咖啡。虽然比巴巴布丹的事迹晚了近百年，但无论是传说还

是史料，皆可证明印度最晚在 17 世纪末叶已开始种咖啡，早于欧洲列强 18 世纪中叶移植"旧世界"咖啡到"新世界"中南美洲和印尼栽种，印度恰好成为新旧世界的交点。如果没有在印度早期的扎根，就没有荷兰人 1696—1699 年从印度马拉巴和斯里兰卡，移植咖啡树至印尼爪哇岛栽种，进而带动 18 世纪"新世界"咖啡栽植热潮。

● 首开品种改良先例

印度位处咖啡新旧世界的交点，印度咖啡的味谱仍有"旧世界"的野香韵味，虽不属于古优品种，却首开咖啡品种改良先例。1918—1920 年，英国园艺家肯特（L. P. Kent）在印度迈索尔的咖啡园筛选出耐旱又对叶锈病有抵抗力的铁比卡变种"肯特"，并引种到肯尼亚、印尼等"新世界"生产国，贡献卓著。

今日，印度咖啡有 2/3 是罗布斯塔，阿拉比卡仅占 1/3。咖啡产区主要分布于西南的卡纳塔克邦，两者皆有栽植，产量占印度咖啡总产量的 50%。南部的喀拉拉邦（Kerala）主攻罗布斯塔，占总产量的 30%；东南部的泰米尔纳德邦（Tamilnadu）两种皆有，占总产量的 10%；其余 10% 分散在北部新兴产区。此外，印度培育出不少跨种混血的另类咖啡，也是野味的来源之一。

· **S（Selection）288**[1]：20 世纪初，印度发现阿拉比卡与赖比瑞卡天然混血且有生育力的稳定品种，取名 S26。其第一代咖啡树于 1938 年发送农民栽植，取名 S288，染色体和阿拉比卡相同，为 44 条，但对叶锈病有抵抗力，风味近似阿拉比卡，略带野味。

· **S795**：略带野味的 S288 再与肯特混血产出的第二代为 S795，成功洗去赖比瑞卡的骚味，风味更优雅，抗病力亦强，豆子壮硕，70% 在 17 目（豆宽 6.75 毫米）以上，于 1946 年释出给农民大量栽种，是目前印度主力品种，占阿拉比卡总产量的 70%。S795 的豆粒比 S288 大，色泽蓝绿，产能高，每公顷可产 2,000 千克。印尼近年也在大力推广此优秀品种。

· **S9**：这是印度精心打造的优异混血品种，由埃塞俄比亚艺伎山的野生品种 Tafarikela 与帝汶杂交产出。S9 血缘很复杂，兼具美味、高产能与抗病力强等优点，曾多次赢得印度杯测赛首奖，与 S795 分庭抗礼，已打进精品界。印度宣称此品种略带巴拿马当红的艺伎风味。

· **S12**：又称为 Cauvery，是卡杜拉与帝汶的混血，说

---

[1] 又简写成 Sln288，下同。——编者注

穿了就是印度的卡帝汶属高产能、高抗病力品种，风味仍有粗壮豆的魔鬼尾韵。

· **S274**：印度最著名的小粒种罗布斯塔，市场上以 Robusta Kappi Royal 销售，堪称全球最高贵的粗壮豆。入口满嘴麦茶香，几乎喝不出粗壮豆的恶味，且甜感佳，带有花生和坚果香，是帝王级粗壮豆。一般罗布斯塔只要添加到 15% 就很不顺口还会咬喉，但此豆加到 20% 以上，仍不觉得碍口。

· **SC×R**：名字很怪异，是印度最新的浓缩咖啡配方豆，跳出阿拉比卡与罗布斯塔混血的框架。她是咖啡属里刚果西斯种（Congensis）与罗布斯塔的混血怪胎。目前已打入美国精品咖啡界，每 12 盎司要价 13 美元。采日晒处理，喝来有印度香料味，略带水果味，微微酸香，很另类的体验。此杂种咖啡将成为 Robusta Kappi Royal 和马拉巴风渍豆最大劲敌。

● 不可思议的"咖啡僵尸"

巴巴布丹 17 世纪从也门带来的 7 粒咖啡种子属于抗病力最差的铁比卡，印度后来衍生的阿拉比卡系列，如肯特，亦为铁比卡的嫡系，波旁几无立锥之地。印度为了提高铁比卡的抗病力，除了选拔抗病的变种外，就是与更强壮的罗布斯塔、赖比瑞卡或刚果西斯跨种杂交，使得印度咖啡在先天上，颇能自外于新旧世界的味谱，自成一格。

加上印度西南部马拉巴产区独有的季风处理"风渍"味，喝来不像咖啡，倒像麦茶或腊味咖啡，豆色苍白或黄白，说是"咖啡僵尸"并不为过。黏稠度佳，无酸味，坚果味与木质味明显，很适合做浓缩咖啡配方豆。印度咖啡的明亮度和酸香味较差，有人嫌杂味太重。台湾地区偏好较干净的咖啡风味，印度豆似乎不太受欢迎，但北欧和意大利却是印度"僵尸咖啡"的主要客群。

● 迈索尔金砖

目前印度第一线精品豆的品种以 S795 与 S9 为主，产自卡纳塔克邦的奇克马加尔尔以及巴巴布丹山的水洗豆品质最优。色泽蓝绿，豆形肥硕，迥异于风渍的腊味咖啡，因此被冠上"迈索尔金砖"（Mysore Nuggets）商标，为印度最高档精品咖啡。但要小心买到低价仿冒品，可能有卡帝汶或 S288 掺杂其中。另外，马拉巴的风渍豆多半以肯特、S288 品种为主，采日晒和风渍双重处理法，做浓缩配方较佳，较少单品。

附录
新交易分级制，欧美大地震

　　2001 年后，埃塞俄比亚咖啡年产量已稳定突破 20 万吨，2010 年更创下 44.7 万吨新高。2011 年埃塞俄比亚当局信誓旦旦，要把握咖啡行情大好的黄金岁月，五年内增产到 60 万吨，坐稳全球第三大阿拉比卡生产国宝座。虽然埃塞俄比亚阿拉比卡产量还比不上巴西和哥伦比亚，但埃塞俄比亚坐享阿拉比卡祖国的美誉，并拥有得天独厚的古优品种，拓展精品咖啡潜力，举世无双。在精品市场的举动，常掀起大风波。

◯ 力争咖啡资源

　　几年前，埃塞俄比亚不惜打国际官司，吓阻巴西盗取咖法森林的低因咖啡资源，接着又力抗星巴克盗用 Yirgacheffe、Sidamo、Harar 产区名称，连战皆捷。

2008 年春季，埃塞俄比亚为了农民权益再出狠招，废除旧有咖啡交易制度，创立埃塞俄比亚商品交易中心。今后埃塞俄比亚的内外销咖啡必须重新分级，通过 ECX 公开透明机制才能买卖。但 2008 年 4 月新交易制度草率试行，欧美很不容易买到昔日熟悉的埃塞俄比亚精品豆，因为品名全改了，而且来源与处理方式信息全无，陷入恐慌。美国精品咖啡协会认为兹事体大，出面与埃塞俄比亚折中协调一年多，总算有了善果。

埃塞俄比亚当局对古优品种颇有信心，为了消除各界疑虑，破天荒引进 SCAA 精品咖啡鉴定制度，大幅提高咖啡豆身价，更确保品质与来源的透明度与可追踪性。

2009 年 10 月，埃塞俄比亚在 SCAA 和欧洲精品咖啡协会（SCAE）见证背书下，正式启动 ECX 的精品咖啡交易新制，成为全球第一个将精品咖啡纳入大宗商品交易平台的咖啡生产国，以便革除旧制诸多弊端。盖拉族后代再次向世人证明"喊水会结冻，喊鱼会落网"的能耐。

　　这起咖啡风暴肇因于埃塞俄比亚旧有交易制度，全由中间商——咖啡豆收购商、处理厂或出口商把持，而农民处于信息弱势，完全不了解古优品种的价值与国际行情，傻乎乎贱卖给水洗或日晒处理厂的收购员。而这些中间商又与出口商和国内外拍卖渠道垂直整合，垄断市场，甚至伺机从市场买回，炒高豆价，或囤积居奇，中饱私囊。辛苦的农民依旧三餐不继，成了被剥削一方。出口商还大玩"以多报少"伎俩，让政府短征税收，财政陷入困境。

　　当局被迫整顿病入膏肓的旧交易机制，由诺贝尔经济学奖候选人艾莲妮博士（Dr. Eleni Gebre-Medhin）主导，创立划时代的埃塞俄比亚商品交易中心，将埃塞俄比亚主要创汇作物咖啡、芝麻、扁豆、玉米全纳入公开透明的交易机制，方便管理。艾莲妮博士曾在美国康奈尔大学做研究并担任世界银行要职，是非洲最著名的经济学家，作风强悍。她催生的 ECX 旨在打破水洗与日晒处理厂和出口商的勾结整合，因此规定国外买主不得通过中间商订货，全部集中在 ECX 交易。换言之，中间商渠道被封闭了，农民今后从 ECX 的公开渠道，即可掌握埃塞俄比亚各等级咖啡每日国际行情，避开中间商的剥削，农民赚取最大利润。

● 焚琴煮鹤，欧美怨声四起

然而，ECX 强势运作后，近年由耶加雪菲知名中间商巴格希开发出来的艾迪铎雾谷日晒精品系列，诸如碧洛雅、艾芮莎的供货渠道却被封闭，欧美业者买不到，怨声四起。甚至传出，这些极品豆全被送进 ECX 的"集中营"，与其他低级品混合后出口。买主想了解进口的耶加雪菲究竟是水洗、日晒或出自哪个处理厂，也难如登天。

欧美专家严词挞伐埃塞俄比亚焚琴煮鹤，糟蹋风雅，将精品咖啡视同大豆、玉米等大宗商品，不分良莠混合标售，徒使古优品种傲世的地域之味荡然无存，也为埃塞俄比亚精品咖啡敲响丧钟。新交易机制就在各界抨击声中上路。

● 精品鉴定师把关，取信欧美

不过，气急败坏的精品业者似乎骂得太早，艾莲妮博士自有一套运作方案。ECX 执行初期，精品豆暂时在大宗商品的交易平台运作，此乃权宜之计，因为当局来不及培训足够的精品咖啡鉴定师为各产区的咖啡评等分级，才造成"来源不明，品质堪虑"的乱局。

艾莲妮博士为了早日培训鉴定师，自 2009 年 4 月起，在 SCAA 的建议与协助下，聘请十几位持有执照的精品咖啡鉴定师（Q-Grader），前来协助 ECX 规划新的分级制并培训杯测师。2009 年 10 月初，埃塞俄比亚通过 SCAA 认证的 Q-Grader 超过 70 位，技能足以担任各产区精品豆的辨识及评等分级工作。艾莲妮博士这才对外宣布，准备在 ECX 的平台上增设精品咖啡交易系统。为求慎重，她先邀请欧美精品咖啡代表人物与组织前来做最后的沟通。

● 咖啡高峰会缔造新猷

2009 年 10 月 21 日，SCAA 理事长彼得率领一支由咖啡品质学会（CQI）、SCAE 以及日本精品咖啡买家组成的代表团，飞抵亚的斯亚贝巴，与埃塞俄比亚咖啡专家和艾莲妮博士展开为期 3 天的咖啡高峰会。席间有数十位通过认证的埃塞俄比亚杯测师，胸前骄傲地挂着 Q-Grader 标章穿梭于会场，他们将担起耶加雪菲、西达莫、哈拉、林姆和金玛产区的精品豆分级与辨识重任。

半年多来，在国家的大力培训下，埃塞俄比亚已有

73 人领有 Q-Grader 执照，高居非洲之冠。（美国同期也只有 92 人有执照，中国台湾地区仅有 1 人，但 2010 年增加到 3 人。）咖啡高峰会后，彼得对艾莲妮博士的作为给予极高评价，也化解了各界对新交易机制的疑虑。在 SCAA 与 SCAE 背书下，埃塞俄比亚创下两项先例：一是 ECX 是全球第一个能够辨识与营销精品咖啡的商品交易所[1]；二是埃塞俄比亚是世界第一个引进 SCAA "精品咖啡评等系统"（Q-Grading）的生产国，标准之高连巴西与哥伦比亚也望尘莫及。显示埃塞俄比亚拓展精品咖啡的万丈雄心。

艾莲妮博士指出，之前精品咖啡占埃塞俄比亚咖啡销售量的 10%～30%。ECX 成立后，农民报酬增加，会更用心提升品质，精品咖啡销售量有望逐渐提高到 50% 以上。

● 新版分级制出炉

"咖啡高峰会"在各国专家背书下，揭示了埃塞俄比

---

[1] 目前，全球阿拉比卡大宗商用豆在纽约商业交易所（NYMEX）销售，罗布斯塔则在伦敦国际金融期货交易所（LIFFE）进行，这两个交易所并无能力辨识与销售精品咖啡。埃塞俄比亚商品交易中心是目前唯一能鉴定精品咖啡，并同时营销商用咖啡与其他农作物的机构。

亚最新版的六大类出口咖啡分级制，即水洗咖啡、日晒咖啡、森林咖啡、精品咖啡、商用咖啡、低劣咖啡。

· **水洗咖啡**：指咖啡果子去皮后，经发酵与水洗过程，除去果胶层。产区包括耶加雪菲和其周边的 Wenago、Kochere、Gelana/Abaya，以及西达莫、林姆、金比、贝贝卡、咖法等地区。

· **日晒咖啡**：指不需经过去皮与发酵、水洗过程，咖啡果直接曝晒干燥。产区包括哈拉、金玛、西达莫、耶加雪菲、列坎提、咖法森林。

· **森林咖啡**：指深山丛林中的野生咖啡，多半在西部、西南和南部，全采日晒，亦有精品与商用级。

· **精品咖啡**：指 Q-Grader 对生豆及杯测评等 80 分以上者，授予 Q1 和 Q2 的咖啡。值得注意是，精品级的日晒或水洗耶加雪菲，还细分为 A 组与 B 组：经 Q-Grader 杯测鉴定，有橘味与花香，也就是"耶加雪菲风味"的为 A 组，不带有"耶加雪菲风味"的为 B 组。这是很贴心的分类。譬如 Q1A Yirgachaffe 表示第一级精品耶加雪菲，带有"耶加雪菲风味"。Q1B Yirgachaffe 表示第一级精品耶加雪菲，不带有"耶加雪菲风味"。前者售价更高。

西达莫日晒或水洗的 Q1 和 Q2 级精品，也以产区不同细分为 A、B、C、D、E 五组。虽然都属精品级，但从拍卖价看，以A组成交价最高。另外，台湾地区很容易买到的金玛，过去全是中低价位的商用豆，今后在ECX的把关下，增设Q1和Q2级日晒精品，值得咖啡迷一试。

· **商用咖啡**：指评等级数从3到9级，和最后一级的低级品（UG）。换言之，即使是耶加雪菲，瑕疵太多，亦会被打入商用级或低级品，清楚标示出来，这对消费者是一大保障。

· **低劣咖啡**：指被淘汰的商用级咖啡，主供台湾地区消费，品质比商用最低一级的UG还差，至少有80%是瑕疵豆，亦可供出口，营销代码L即表示low grade。（详细分级表请参考埃塞俄比亚商品交易中心网站。）

● 增辟精品豆第二窗口

在新交易机制下，Q1和Q2级精品虽可追踪到各产区的合作社或栽种村庄，但挑剔的精品业者仍觉得不够透明，在新制下无法得知货物是出自哪位农民或哪户农家。艾莲妮博士也同意增设买家与农民直接洽商的第二窗口，但仍需以ECX为平台。

农民将生豆送到交易所，先由Q-Grader鉴定等级，农友再将豆子和鉴定资料一同寄给买家，双方择日在ECX

碰面，并在公开平台标售，如此即可保住精品咖啡最重视的来源可追踪性。直接交易的精神并不因新制诞生而消失，反而多了 ECX 的鉴定保证，对买卖双方更有保障。

可以这么说，新交易机制最大获利者是贫苦的农民，昔日中间商被判出局!

2009 年 11 月 26 日，埃塞俄比亚宣布精品咖啡正式在 ECX 挂牌拍卖，首日卖出西达莫 Q1 和 Q2 精品级咖啡豆 16,200 千克，是来自该区的阿瓦萨（Hawassa）集货中心，咖啡豆来源仍有一定的透明度。

2010 年 1 月，笔者试喝 WYCA Q2（耶加雪菲水洗 A 组 Q2 级精品），仍有明显的“耶加雪菲风味”，可见新交易制并未“谋杀”古优品种的美味。而美国知名网络精品生豆商 Sweet Maria 的老板托马斯·欧文（Thomas Owen）杯测几批新货后，也认为“对新分级制虽有点不太习惯，但绝品好豆仍好端端在那里”。

2010 年 2 月 2 日，世界银行行长佐利克（Robert B. Zoellick）造访 ECX，颇有为艾莲妮博士背书站台之意，该交易所的计算机软硬件设备多半是由世界银行资助的。2 月 17 日，首批“精品咖啡直接交易”（Direct Specialty Trade）咖啡豆在 ECX 平台进行网络拍卖。埃塞俄比亚精品咖啡迈向新纪元，肯尼亚与坦桑尼亚亦有意引进这套计算机系统。非洲穷苦的咖啡农今后有了与欧美精品市场直接对话的营销渠道，成了最大赢家，而昔日剥削农民的捐客成了被取缔的输家。

ECX 做了什么?

COFFEE BOX

对扩展精品咖啡而言，ECX 运作模式颇具划时代意义，为了辨识精品豆与一般商用豆，埃塞俄比亚在九大产区增设 20 座大型集货中心。

各区的咖啡豆先运抵辖区集货中心，由实验室里的 Q-Grader 鉴定品质，并标示出 1～9 等级和低级品共 10 等级，再送往首都的 ECX。

ECX 的 Q-Grader 再对各产区初步评为 1～3 等级的优质豆，做进一步评鉴，并采用 SCAA 生豆分级与杯测标准，85 分以上为"第一级精品"(Specialty Grade 1)，80～84.9 分为"第二级精品"(Specialty Grade 2)，此二等级再以 Q1 和 Q2 标示，这才是官方认证的精品级咖啡。Q1 和 Q2 精品皆能查明来自哪一区的合作社或栽种的村庄。

至于 80 分以下的咖啡，则分属 3～9 级，为一般大宗商用咖啡，ECX 将之混合后标售，来源较不易追踪。

Chapter

6

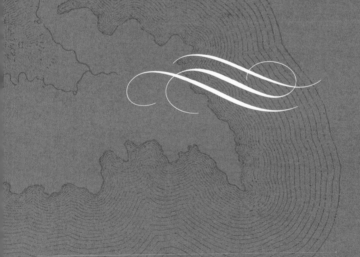

第六章

新秀辈出，"新世界"改良味(上)：巴西、秘鲁、玻利维亚、危地马拉、萨尔瓦多、肯尼亚

　　葡萄酒有"旧世界"与"新世界"之分。"旧世界"是指以法国为首的欧洲酿酒国，重视土壤与气候，采用传统技法，循规蹈矩酿酒；"新世界"是指美国、澳大利亚和中南美洲各国，借助科学、新品种和酿酒新技法，重新诠释葡萄酒美学。新旧世界，酒款各殊，争香斗醇，为酒国增添多元风味。

　　咖啡栽植业亦有新旧世界之分，"新世界"咖啡指的是埃塞俄比亚与也门所产的铁比卡与波旁，18世纪后，随着欧洲殖民帝国的侵略足迹，扩散至印尼、加勒比群岛和中南美洲咖啡处女地。短短数十年寒暑，造就产量更大、生产成本更低的新兴产区，瓦解"旧世界"垄断数百年的咖啡产销链。

　　笔者将这些崛起于18世纪中叶以后的咖啡新秀——巴西、哥伦比亚、哥斯达黎加、萨尔瓦多、危地马拉、尼加拉瓜、玻利维亚、墨西哥、洪都拉斯、秘鲁、巴拿马、加勒比群岛、肯尼亚、坦桑尼亚和印尼等地所产咖啡，界定为"新世界"咖啡。没有"新世界"努力增产，世人恐怕喝不到物美价廉的好咖啡。

"新世界"品种风云录

　　"新世界"咖啡基因主要继承自"旧世界"几株铁比卡与波旁，基因多态性与抗病力远逊于古优品种。但20世纪后，"新世界"咖啡衍出许多变种、栽培品种和混血品种，荦荦大端者如黄波旁、卡杜拉、卡杜阿伊、新世界（Mundo Novo）、阿凯亚（Acaia）、艺伎、帕卡斯（Pacas）、象豆（Maragogype）、帕卡玛拉、玛拉卡杜拉（Maracaturra）、卡帝汶、伊卡图（Icatu）、鲁伊鲁11、SL795、SL288、SL9、SL6、SL28、SL34……[1]建构了一支实

---

[1] 种间混血的SL795、SL288、SL9虽源自"旧世界"的印度，但皆在20世纪培育出来，印度位处新旧世界交点，早期的英国园艺学家在印度培育新品种，开启品种改良风潮。笔者界定20世纪出现的品种为"新世界"品系。

力坚强的"杂牌军"。三百多年来,"新世界"咖啡农对品种的偏好度,似有一窝蜂流行趋势。

基本上,"新世界"咖啡农以利润为优先考量,擅长选拔高产能品种。产能较低的美味老品种——铁比卡与波旁,在经济挂帅下,常沦为淘汰品。此举迭遭精品界批评为"重量不重质",但如果没有"新世界"的改良品种与增产,世人恐怕喝不到物美价廉的咖啡。

"新世界"对咖啡品种的选择,既现实也博爱,我观察到三百多年来的热门品种依序为:

铁比卡 → 波旁 → 卡杜拉 → 卡帝汶 → 卡杜阿伊 → 帕卡玛拉与艺伎

可以这么说,"新世界"的品种热潮,18 世纪最先爱上铁比卡;到了 19 世纪改而迷恋波旁,只因为波旁产量高出铁比卡 30%;1950 年后,又从波旁移情别恋卡杜拉,因为卡杜拉比波旁每公顷多产 200 多千克生豆;1970 年后,再从卡杜拉投怀送抱到卡帝汶,因为卡帝汶被基因学家捧为高产量、高抗病力的超级咖啡;但 2000 年后,卡帝汶失宠,因为风味太差,精品界不疼、饕客不爱;2005 年后,全球咖啡农的关爱眼神投向卡杜阿伊。虽然卡杜阿伊产量不如卡帝汶，却比卡杜拉多产，且风味远优于卡帝汶。近年中南美洲各国的"超凡杯"（COE）优胜名单，常见卡杜阿伊的芳名，渐受恩宠可见一斑。巴西、洪都拉斯和哥斯达黎加皆有此新趋势。

◯ 竞赛品种出炉

其实，一味抨击"新世界"只重产能，轻忽品质，失之武断。这里也有产量超低、滋味超美、处理与栽植超麻烦、专供杯测赛夺大奖的混血品种，艺伎和帕卡玛拉就属此类。这两大怪胎豆的味谱迷人，酸质结构、活泼度、干净度、莓果香、柑橘味、甜度与滑顺感均优，潜力无穷，对拓展"新世界"味域，贡献卓著。

虽然巴拿马艺伎在2007年创下每磅生豆130美元高价，掀起中美洲抢种热潮，连知名咖啡顾问布特也卷起衣袖在巴拿马种起艺伎。然而，2008—2011年，连续四届SCAA"年度最佳咖啡"杯测赛，巴拿马翡翠庄园的艺伎都败给了哥伦比亚的卡杜拉与艺伎，未能夺下冠军，锐气稍挫，但身价高贵如昔。

COFFEE
BOX

2011 年 SCAA "年度最佳咖啡" 金榜

1. 哥伦比亚，产区：Caicedonia/Valle del Cauca，品种：艺伎，92.5 分
2. 洪都拉斯，产区：Santa Barbara，品种：帕卡斯，89.58 分
3. 哥伦比亚，产区：Cauca，品种：波旁，89.46 分
4. 萨尔瓦多，产区：Apaneca llamatepec Mountain，品种：象豆、波旁，88.17 分
5. 玻利维亚，产区：Sud Yungas/ La Paz，品种：铁比卡，87.5 分
6. 危地马拉，产区：Fraijanes-Palencia，品种：玛拉卡杜拉，87.09 分
7. 萨尔瓦多，产区：Apaneca/llamatepec, Ahuachapan，品种：波旁，86.7 分
8. 洪都拉斯，产区：Santiago de Puringla, La Paz，品种：卡杜阿伊，86.68 分
9. 危地马拉，产区：Barberena，Santa Rosa，品种：黄波旁，86.67 分
10. 夏威夷，产区：大岛，咖雾，品种：铁比卡，86.17 分

＊值得注意的是，2010 年与 2011 年连续两年都看不到"旧世界"埃塞俄
  比亚进榜，这让我觉得很奇怪。SCAA 的回答是，这两年埃塞俄比亚均
  未参赛。我想可能是因为埃塞俄比亚咖啡当局这两年为新成立的埃塞俄
  比亚商品交易中心忙得不可开交。榜单内不见"旧世界"咖啡，大有遗
  珠之恨。另外，夏威夷的咖雾产区，是 2007 年以来第五度打进金榜，并第
  四度击败知名的柯娜产区。

◐ 象豆掀起新风潮

　　另外，种内混血的"巨怪"帕卡玛拉，即象豆与帕卡
斯种内混血，从 2007 年起，在危地马拉 COE 大赛中，连

续4年痛宰"老丛"波旁，蝉联冠军，威震杯测界。而同母异父的玛拉卡杜拉，即象豆与卡杜拉种内混血，也击溃卡杜拉大军，拿下2009年尼加拉瓜COE冠军，写下该混血品种首次夺冠纪录。

此二例显示，具有水果酸质的象豆与波旁的矮种帕卡斯或卡杜拉混血，可产出酸质与口感更豪华的品种。然而，缺点是产能低、豆体巨大，为后制处理的去皮与水洗增添麻烦，能否引发下一波抢种潮，亦在未定之天。

● 品种不同，功能有别

"新世界"的植物学家在1970年后，大力鼓励农民栽种高产量与高抗病力的种间混血（interspecific hybrid）品种卡帝汶，后因经不起咖啡迷味蕾考验而失宠。但切勿咬定"新世界"只会搞些高产量的杂味品种。2000年后，艺伎与帕卡玛拉在杯测界崛起，洗刷"新世界"重产量不重品质之讥，此二品种的干净味谱与宽广味域，连"旧世界"古优品种也难以招架。

我想，"新世界"的品种可分为三大类：一为低档大宗商用品种——卡帝汶，带有罗布斯塔与阿拉比卡基因，产量很大，但杂苦味超重；二为高级商用豆品种——铁比卡、波旁、卡杜拉、卡杜阿伊、S28与S34,产量不大,但栽培得宜,味谱优雅;三为竞赛品种——艺伎与帕卡玛拉,染病率与死亡率奇高,后制费工,产量极低,但味谱迷死人。

除了改良品种外,"新世界"更擅长改进咖啡后制处理法,而发明水洗、半水洗与蜜处理法,提升咖啡品质的稳定与干净度,喝来不像"旧世界"咖啡那么起伏多变,大好大坏。但"新世界"味谱净化后,有利有弊,咖啡风味太干净的同时,也牺牲优质野味"羽化升天"的振幅。

创新咖啡处理的新大陆

"旧世界"坐享老天恩赐最丰富的咖啡基因,但后制处理法却很保守,以日晒为主,品质不易控管。欧洲列强移植咖啡到中南美洲后,因循日晒旧法,却饱尝日晒豆品质难掌控之苦,于是发明了水洗法,提高味谱的明亮度。1990年后,巴西又发明半水洗法。2000年后,中美洲改良巴西半水洗法,也就是时兴的蜜处理法。

一般而言,"旧世界"日晒法的稠度、甜感与野味较重,但酸度较低;而"新世界"水洗法正好相反,酸度较高,但稠度、甜感与野味较低;半水洗的风味则介于日晒与水洗之间。最特殊的是 2000 年后初试啼声的蜜处理法，制程如无瑕疵，很容易喝到香甜浓郁的水果韵，不输精致日晒豆。"新世界"发明的处理法，详述如下。

● 荷兰人发明水洗法

为了改良"旧世界"日晒法的果子容易龟裂、发霉、有杂味的缺点，1740 年荷兰人在西印度群岛属地（加勒比群岛）发现，咖啡果子去皮后，依附在种壳上不溶于水的黏质果胶经泡水发酵后会从种壳上剥落，即可用水冲洗干净，于是发明了水洗法。

取出的咖啡豆色泽蓝绿，风味更干净，酸香明亮，颇合欧洲人的口味，水洗法也成了高档咖啡代名词，距今有 200 多年历史。（水洗法牵涉复杂的微生物反应、温度、时间与酸碱值，为了本章内容的顺畅度，笔者将咖啡农有兴趣的水洗化学反应，简述于本章末的附录。）

● 巴西发明半水洗法

然而，水洗法耗水甚多，平均 1 吨咖啡果子用掉 10～20 吨水，才能产出大约 200 千克咖啡豆，水资源不丰

看懂巴西半水洗法诀窍

COFFEE BOX

　　巴西式半水洗经过多次改良。根据已故意利博士的版本，咖啡果必须先经水槽剔除瑕疵浮果，接着刨除果皮、果肉与部分胶质层，再水洗 1 小时，每千克带壳豆耗水约 1 升。由于浸水发酵时间很短，果胶不易全部冲掉，豆壳上仍残留果胶，此时再将黏答答带壳豆平铺在曝晒场晾干，最好采用非洲高架网床，透气性较佳。

　　巴西气候干燥，种壳上的果胶层几天内就脱水变硬，但亦有农友在后段干燥期使用烘干机，7～10 天即可完成作业。这比水洗法省水，且节省工期，产出的咖啡豆兼具日晒豆的黏稠度、甜感，以及水洗豆的干净度，酸味又比水洗豆柔和，颇适合做浓缩咖啡配方。据意利的咖啡实验，半水洗法咖啡的含糖量比水洗法高出 2%。

富的生产国无力负担。[1]1990 年以后，巴西利用得天独厚的干燥气候，发明了自然脱除果胶法（pulped natural），亦称半日晒法或半水洗法。此处理法大幅降低耗水量，也帮助巴西完成咖啡品质大跃进的划时代进程，扭转巴西 200 年来粗糙日晒"重量不重质"的恶评[2]，跻身精品级殿堂。

---

[1] 巴西和哥伦比亚为了节省水资源，研发出新型水洗系统，水洗 1 吨咖啡果仅需 1～6 吨水，比传统水洗法至少省了 50% 用水，造价虽昂贵，却很受水洗生产国欢迎。

[2] 这不表示巴西日晒豆都很烂。知名的希望庄园（Fazenda Esperanca）日晒豆，处理精致，喝来酸质优雅香甜，味谱迥异于巴西半水洗豆。但巴西日晒豆在口味上，仍逊于耶加雪菲、西达莫或也门优质日晒的迷人野香，这应与咖啡基因有关。

近 10 多年来，巴西"超凡杯"大赛得奖豆，几乎全出自半水洗法。2000 年后，半水洗取代日晒与水洗，成为巴西主流处理法，但太潮湿的生产国就不宜采用此法，以免咖啡豆受潮发霉。

○ 蜜处理法让野味羽化升天

巴西半水洗法传到中美洲，经过改良，改称为蜜处理法，整体风味更凸显果胶的甜香与水果调，近似杧果、龙眼、榛果和蜂蜜的香味。body 厚实而酸味较为低沉柔顺，一入口即可感受到名副其实的滋味。

"Miel"在西班牙文中为蜂蜜之意，拉丁美洲咖啡农常称黏质果胶为 Miel，因为尝来甜甜的。2000 年左右，巴拿马与哥斯达黎加开始引进巴西半水洗法，但中美洲湿气较重，咖啡果去皮，照着巴西做法冲水一小时后，将黏答答带壳豆平铺曝晒，很容易受潮酸败。于是加以改良，采下红果后滴水不沾，去掉果皮与部分果胶后，将黏答答的带壳豆平铺在晾干效果极佳的非洲高架网床上，而且每隔几小时要翻动带壳豆，让咖啡豆均匀干燥。

蜜处理相当粘手费工，稍有闪失就会回潮发霉，如果发酵过度会有碍口的尖酸味。一般要忙上几周才可完成，制程

认识蜜处理法

蜜处理与巴西半水洗最大不同点在于前者滴水不沾，因此务必挑选无瑕疵的红果子，果胶才甜美。而且蜜处理法的果胶刨除机要求更高，须能精准控制果胶刨除的厚薄度，就如同磨豆机一样。

如果只刮除 20% 以下，也就是保留更厚的果胶，进行干体发酵，并晾在户外的高架网上，确保干燥均匀，带壳豆变为红褐色，即俗称的"红蜜"；若果胶层刮除 50% 以上，也就是保留较薄的果胶，进行干体发酵，带壳豆呈黄褐色，即俗称的"黄蜜"。

基本上，"红蜜"制程比"黄蜜"困难，但味谱更有深度。一入口略带野味，但瞬间羽化为浓郁水果甜香味，恰似耶加雪菲知名日晒豆碧洛雅和艾芮莎的精致发酵香味，令人惊艳。

但是失败的蜜处理咖啡，会有浓烈的瑕疵日晒味，近似粗糙日晒惯有的洋葱、榴梿、豆腐乳味，更严重是出现酒精的药水味。正常蜜处理咖啡，酸味柔和，如果入口酸到噘嘴，亦非良品。蜜处理法首重新鲜度，国外进口的蜜处理生豆，距离制造期往往超过 10 个月，迷人的水果甜香味流失严重，殊为可惜。

比日晒、水洗和半水洗辛苦，因此多半是由小型庄园或专门处理厂来制作，无法大量生产。2006 年以后，哥斯达黎加的蜜处理咖啡常在杯测赛中胜出，独特味谱才引起饕客瞩目。

机械式半水洗法

另外，"新世界"还发明了机械式半水洗法，也就是去除果皮后，不需泡水发酵，也不必干体发酵，直接倒入另一台果胶刮除机，用橡胶磨盘全部刮掉黏答答的果胶，省水也省工。由于少了发酵失败的变量，品质较稳定，却失去优质发酵的精致风味，喝来风味较呆板薄弱。由于制程容易、变量少，近年在中南美洲和印尼很流行。

巴西：钻石高原崛起称王

咖啡迷都知道巴西三大精品产区为米纳斯吉拉斯州中西部的喜拉朵（Cerrado）、南米纳斯（Sul de Minas），以及圣保罗州东北部与南米纳斯交界处的摩吉安纳（Mogiana）。2005年，位于南米纳斯的圣塔茵庄园（Fazenda Santa Inês）以波旁参加COE杯测赛夺冠，创下95.85高分，以及每磅生豆49.75美元的拍卖纪录，造就了米纳斯吉拉斯州与波旁豆在巴西不可撼动的地位。

● 精品新秀闯出名

笔者前作《咖啡学》曾押宝较北部巴伊亚州（Bahia）的钻石高原（Chapada Diamantina）有望成为巴西精品新产区。果不其然，2009年适逢巴西"超凡杯"十周年庆，钻石高原的金绿色庄园（Fazenda Ouro Verde）击溃三大主力产区的老牌庄园，赢得该届杯测赛冠军。而该届总分在84分以上、荣入金榜的26支巴西精品豆中，有6支来自钻石高原，也创下巴伊亚州历来最亮丽成绩。100年来，钻石高原以宝石见称，而今又多了"黑金"作物——咖啡！

这显示巴西精品产区的北移趋势，从早期南部的巴拉那州，逐渐北移到圣保罗、摩吉安纳、米纳斯吉拉斯州和巴伊亚州，也就是说从南纬30度，北移到南纬10度的巴伊亚，以减少寒害损失。其实，幅员辽阔的巴西，地势平坦，土壤贫瘠，气候干燥偏冷，常有霜害，并非种咖啡的好地方，多亏精湛的农艺、灌溉和土质改良新科技，才成就最大咖啡生产国的美誉。

● 卡杜阿伊大出风头

喝过钻石高原的咖啡，很容易察觉其味谱不俗，不输喜拉朵或南米纳斯，甚至更有深度。浓厚的焦糖香带有甜酸水果味与花香，类似微酸的蜂蜜味，尾韵有明显的巧克力与可可味，层次与振幅不输喜拉朵。钻石高原的咖啡，短短十年间跃为巴西精品新锐，原因有三：

第一，此区海拔较高，在 1,200～1,400 米，地貌与微型气候比米纳斯吉拉斯州丰富多变，冬天最高温 18℃，最低温 2℃，不致结霜，昼夜温差大，适合精品咖啡的养成。

第二，采行生机互动农业（Biodynamic Agriculture）并遵行有机农法、轮耕、绿肥，强调种下的作物就是送给大地的礼物。由于地势崎岖，全靠人工采收，有别于巴西惯用的机械式采摘。

第三，主力品种为红皮和黄皮卡杜阿伊，次要品种为阿凯亚、波旁和欧巴塔（Obatā）。

钻石高原在 2009 年"超凡杯"胜出的 6 支精品皆为耐寒抗风的卡杜阿伊，有别于中南部产区的常胜军黄波旁。换言之，该届赛事无异于向国际宣示，继米纳斯吉拉斯州与黄波旁之后，钻石高原与卡杜阿伊已然崛起。

● 新品种产房

埃塞俄比亚是阿拉比卡的故乡，巴西则是"新世界"品种改良的兵工厂，位于圣保罗的坎皮纳斯农业研究所（Instituto Agronômico de Campinas，简称 IAC）堪称新品种产房。全球栽植最广的卡帝汶，是半世纪以前葡萄牙与巴西科学家的杰作。另外，卡杜阿伊、伊卡图、阿凯亚、欧巴塔，以及各种形态的卡杜拉、新世界等栽培品种，均出自 IAC。

就连最高机密的半低因品种，巴西也有成果。知名达特拉庄园（Daterra Coffee）的天然半低因咖啡"奇异一号"（Opus I Exotic），也就是阿拉摩莎（Aramosa），血缘为 Arabica×Racemosa。另外，风味优雅又昂贵的尖身波旁，巴西亦有栽种与研究，但至今仍未上市，可能与巴西水土迥异于波旁岛，咖啡死亡率高且风味不如原产地有关。

● 卡杜拉吃里爬外

巴西咖啡品种的世代交替很有趣。1727 年最初引进的是铁比卡，但产量与抗病力低，不符经济效益。1869年，又从波旁岛或也门引进产能高出铁比卡 30% 的圆身波旁，全面取代铁比卡。1935 年，巴西圣保罗发现波旁的侏儒变种，取名为卡杜拉，产量也高于一般波旁，但卡杜拉在巴西的生长情况不佳，无法成为主力品种。有趣的是，移植到海拔较高的哥伦比亚与哥斯达黎加，卡杜拉却生机勃勃，频频得奖，被讥为"巴西吃里爬外的品种"。

目前，巴西以红波旁、黄波旁、新世界、卡杜阿伊为主力品种。至于新世界与罗布斯塔混血回交的伊卡图，产能与风味不差，近年也曾打进"超凡杯"金榜，能否接棒成为巴西咖啡新主力，拭目以待。

巴西贵为世界最大咖啡生产国，但咖啡品质仍远逊于哥伦比亚和中美生产国。虽然 1990 年以后，巴西提倡半水洗法，品质大有改进，但味谱的丰富度与厚实度仍嫌淡薄，尤其与肯尼亚、印尼、哥伦比亚、危地马拉和巴拿马并列杯测，分数最低者往往是巴西豆，即使是前几年火红的达特拉庄园豆，也很容易被其他生产国比下去。"淡薄"似乎是巴西挥之不去的地域之味，这应该与水土脱不了关系。

～ 秘鲁：有机咖啡最大出口国 ～

秘鲁，神秘的国度，北与厄瓜多尔、哥伦比亚交界，东邻巴西、玻利维亚，南与智利接壤，是古印加帝国主体。秘鲁西部有安第斯山脉贯穿，属于干燥的高原气候，东有亚马孙平原，属潮湿热带气候。两大地貌与气候交会，造出丰富的微型气候，昼夜温差大，秘鲁和哥伦比亚同属先天优良的咖啡乐土。

秘鲁年产咖啡 20 多万吨，是世界第八大生产国，在中南美洲仅次于巴西、哥伦比亚与墨西哥，但在全球咖啡界举足轻重，因为秘鲁是世界最大且最廉价的有机咖啡出

何谓有机咖啡

 COFFEE BOX

咖啡生产国使用大量化学肥和农药，抑制病虫害、增加产量，但这些化学制剂破坏了土壤天然养分，并渗入地下水甚至污染河川，随着产量扩增，大地受伤不断加重。大多数生产国采用化学肥的无机栽培，而且改种无须遮阴、经得起曝晒的品种，譬如卡杜拉、卡杜阿伊和卡帝汶等，形同鼓励农友砍林取地，对大自然生态的破坏，实难估计。

有机咖啡，也可称为"良心咖啡"，强调不用化学肥和农药，改用有机肥料、厨余或禽畜粪堆肥，并改用古老的遮阴栽培，这恰好是古老铁比卡与波旁最爱的栽种方式；但每公顷产豆量仅几百千克，远低于无机栽培的数吨，因此有机咖啡的生产成本较高。

另外，有机咖啡需经过国际机构认证才有公信力。基本上，在落后贫穷的生产国，农民无力买化学肥和农药，大多采行最天然的有机栽培；但农民无力缴纳认证规费，也因此失去有机认证的背书。

但有机咖啡和无机咖啡哪个好喝？这就不一定了，这涉及后制过程的复杂问题。

口国。

秘鲁早在 1887 年已有大宗咖啡出口，近 10 多年，发觉有机咖啡在欧美商机庞大，而秘鲁山区的咖啡田，没有自来水与电力设施，穷困的印第安农人自古习于有机栽培，至今仍无力购买也不会使用农药和化学肥。于是当局顺势发展有机咖啡业，并由政府辅导认证，符合规定即颁发有机咖啡执照，以利出口。

秘鲁有机咖啡生产成本很低，几年前在欧美市场每磅

3～3.5 美元，有很大优势，[1] 很快成为全球最大、最便宜的有机咖啡输出国。另两大有机咖啡生产国为墨西哥和埃塞俄比亚，但售价较高。

当局有意将秘鲁发展为全球首屈一指的有机咖啡国，如同越南是全球最大罗布斯塔生产国一样。但低价策略引起诸多生产国不满，认为秘鲁故意破坏有机行情。虽然秘鲁坐拥好山好水，很容易种出高品质极硬豆，但低价抢市策略影响咖啡品质，农友为了冲产量，经常轻忽后制处理，瑕疵豆过多，沦为国外有机咖啡进口商压低成本的重要配方豆。

◓ 廉价中仍有精品

秘鲁虽贱价倾销有机咖啡，但不表示精品咖啡已绝迹。2010 年 SCAA "年度最佳咖啡" 杯测赛，秘鲁东南部普诺产区（Puno）小镇敦基玛尤（Tunkimayo）的塞科瓦萨合作社（Cecovasa）所产铁比卡，以 89.2 高分，险胜 89.125 分的赫赫有名的巴拿马翡翠庄园艺伎，赢得第五

---

[1] 台湾地区有关单位只承认欧美的有机认证，因此秘鲁咖啡无法以有机标志贩售。

名，向世人证明秘鲁有机咖啡是惠而不费的绝品。而在美国精品咖啡展览会场举办的"年度最佳咖啡"试喝票选活动，这支秘鲁有机得票最多，赢得"民选奖"第一名。生产者苏卡提康纳（Jaime Sucaticona）表示："希望这次得奖，能提升秘鲁有机的品牌形象，增加国际订单并拉高成交价格。"

秘鲁咖啡田主要分布于北部卡哈马卡（Cajamarca）和南部库斯科（Cusco）和普诺一带，咖啡品种 60% 以上为古老的铁比卡，其余为卡杜拉、卡帝汶和波旁。这是很好的品种组合，如果是以卡帝汶为主力，就很难打进欧美精品市场。秘鲁的水土、高海拔和品种组合，是发展精品咖啡最大优势，能拿下 SCAA 第五大"年度最佳咖啡"，即为实力的展现。

 玻利维亚：监狱咖啡变琼浆

在美国，大型咖啡烘焙厂每天散落地面的受潮生豆、烟蒂或淘汰的瑕疵豆有数百千克，可收集起来以低价卖给各州的监狱，供囚犯饮用，但有损健康。美国国会曾为此提出质询，并称之为腐臭的"监狱咖啡"。而加州伯克利知名杯测师鲍勃·斯蒂芬森（Bob Stephenson）便曾揶揄玻利维亚咖啡,如同囚犯喝的"监狱咖啡",带有扑鼻腐败味。

10 年前喝过玻利维亚咖啡的人,常被酸败味呛到,市场行情很差,成交价也会七折八扣,纽约咖啡交易员甚至称之为"意外咖啡",因为你不知道尾盘会下杀到什么新低价。不过,2004 年后,玻利维亚咖啡转型成功,跻身精品殿堂,过程犹如灰姑娘变公主。玻利维亚洗尽前耻,跃升为小而美的精品咖啡生产国,充分发挥高海拔咖啡硬度高的优点,适合法式烘焙或作为浓缩咖啡配方,香浓醇厚。

● 死亡之路运咖啡

位于秘鲁东南侧的玻利维亚是高山之国,首都拉巴斯海拔高达 3,660 米,咖啡无法种在如此高冷之地,但拉巴斯东北部的央珈斯地区(Yungas)与亚马孙盆地接壤,海拔稍低,1,500~2,500 米,年均温 10~15℃,冬季无霜害,土壤肥沃,是玻利维亚咖啡主产区。

但问题来了,一般产地,咖啡是种在干爽的山区,再运到山下做后制处理,玻利维亚恰好相反,咖啡种在较低且潮湿的地区,采收后再送上山进一步处理,咖啡果或带壳豆常在潮湿山路上发酵腐败。

央珈斯的海拔与水土虽适合种咖啡，但基础设施落后，并无水洗处理厂与烘干设备，咖啡农将咖啡果子或黏答答的带壳豆，用骆马或汽车送到海拔更高的首都拉巴斯，做进一步水洗与干燥。但山路险峻，车马同行，遇到车祸阻塞，得花 10 多个小时才可送抵处理厂，因此拉巴斯与央珈斯的咖啡产业道路被誉为"死亡之路"，沿途车祸丧命者的墓碑林立，堪称奇观。咖啡果子在遥远的路途中容易过度发酵腐败，难怪玻利维亚咖啡常有股呛味，成了低级品。

● 反毒大战，咖啡农受益

更糟的是，2001 年全球咖啡生产过剩，大宗商用咖啡跌到每磅 45 美分，只有正常价的 1/3。玻利维亚商用豆收购价更低，农友三餐不继，纷纷转种古柯。2003 年，央珈斯地区的古柯产量增长了 20%。虽然玻利维亚人有嚼食古柯叶提神抗饿的传统，种植古柯并不违法，但国际毒贩在此收购古柯叶，提炼可卡因，输往美国。山姆大叔不乐见毒品为祸家园，于是通过美国国际开发署（USAID）协助农民改种其他无害作物。从 2000 年至 2004 年，USAID

已斥资 5 亿美元投入此项计划。

美国农业专家评估后认为，玻利维亚是发展精品咖啡的乐土。除了海拔高、干湿季分明、有遮阴树与土质肥沃外，更重要的是，两百年来央珈斯的咖啡品种以美味的铁比卡为主，因此只需在产区附近兴建一座大型水洗处理厂和烘干设备，即可解决延误水洗所造成的瑕疵味。

于是请巴拿马咖啡农艺家马科斯·莫雷诺（Marcos Moreno）负责在央珈斯产区的小镇卡拉纳维（Caranavi）盖一座水洗厂，并教导农民提升品质的技巧。而咖啡老农佩德罗·帕塔纳（Pedro Patana）也认同发展精品咖啡提高利润的理念，于是联合 85 户咖啡农，在卡拉纳维成立"中央咖啡生产协会"（Central Asociados Productores de Café，简称 Cenaproc），也就是咖啡产销合作社，统一收购与处理央珈斯的铁比卡咖啡。

● 尖酸名嘴惊为天人

USAID 还花费 15 万美元，将"超凡杯"比赛引进玻利维亚，提升咖啡农对精品的认知。2004 年玻利维亚举办第一届"超凡杯"大赛，共有 13 支精品豆杯测总分在 84 分以上，入选金榜，而前 3 名皆出自卡拉纳维的

Cenaproc，冠军豆得分高达 90.44 分，让欧美评审团十分吃惊。巧合的是，曾批评玻利维亚咖啡如同"监狱咖啡"的斯蒂芬森也担任此次评审，他改口说："不一样了，玻利维亚精品咖啡，香醇如蜜汁玉液。"

冠军豆在拍卖会上，以每磅 11.25 美元的价格成交，卖给挪威老牌的索尔伯格与汉森咖啡公司（Solberg & Hansen），这是玻利维亚咖啡 200 年来不曾有过的天价，只要卖出 150 磅，就超出咖啡农全年所得。冠军豆有 19 袋，共售得 33,000 美元，栽种者发了一笔横财，成了玻利维亚头条新闻。即使吊车尾的第 13 名精品豆，每磅也以 4.66 美元售出，比一般玻利维亚商用咖啡价格高出好几倍。咖啡农终于见证精品豆亦可致富的实例，开始善用老天恩赐的高海拔环境、水土与铁比卡，收成后直接运到邻近的合作社水洗厂，品质大幅改进，成了欧美精品界每年竞逐的绝品。

2009 年，玻利维亚"超凡杯"大赛成绩更亮眼，有 30 支精品总分超过 84 分，这比 2004 年的 13 支多出一倍以上，而且前 6 名得分均在 90 分以上，冠军豆更是高达 93.36 分，出自 Cenaproc 的铁比卡，最后以每磅 35.05 美元的高价售出。短短 5 年间玻利维亚咖啡的跃进幅度，令精品界啧啧称奇。卡拉纳维的 Cenaproc，成了玻利维亚咖啡最高品质的保证。但对山姆大叔而言，Cenaproc 是反毒成功的活教材。

● 极硬豆不怕重焙

可惜的是，玻利维亚咖啡产量少，年产量在6,000～10,000 吨，这大概是秘鲁产量的 5%，硬件建设落后，海拔太高是重要原因，但美味却低产的铁比卡也难辞其咎。近年，在专家建议下，咖啡农也种起产量较多且风味不差的卡杜拉与卡杜阿伊，希望有助产能提高。

一般生产国的精品豆较适合浅焙到中焙，罕见有人敢重焙，以免风味走空。但玻利维亚精品就有特异功能，浅、中、深皆宜，即使重焙也不怕，蛮适合二爆尾的法式烘焙，喝来醇厚甘甜，带有迷人的松脂味与醇酒的呛香。美国第三波的反文化咖啡常以玻利维亚咖啡来进行法式烘焙。另外，浅焙与中焙的玻利维亚咖啡则有明亮的莓果酸香、杏仁味和榛果的甜香，煞是迷人。

话说回来，咖啡农能否抗拒古柯作物利润比咖啡高出四倍的诱惑，以及如何提高后制技术两点，仍攸关玻利维亚咖啡的大未来。

肯尼亚虽与咖啡古国埃塞俄比亚接壤，但迟至20世纪初，英法势力介入，肯尼亚才大搞咖啡栽植业。有趣的是，肯尼亚咖啡品种与后制处理法，迥异于北邻埃塞俄比亚。

埃塞俄比亚有浑然天成的古优品种，无须借助品种选拔与基因工程，而且全采用遮阴式的有机栽培法，不施用化学肥与农药，后制处理以日晒古法为主，水洗为辅。肯尼亚恰好相反，咖啡品种全为选拔或混血改良新品种，不屑遮阴式有机栽种法，独钟化学肥、农药与曝晒式的无机栽种法。令人惊异的是，肯尼亚咖啡的味谱非但不粗俗，反而非常细腻雅致，酸质明亮多变，甜感与厚实度极佳，干净剔透度亦胜过一般生产国。这要归功于肯尼亚杰出的品种SL28、SL34，以及独步全球的双重发酵（double fermentation）水洗法。

● 四大品种任务不同

肯尼亚咖啡品种以SL28、SL34、K7、鲁伊鲁11为主，各肩负不同任务。SL28是美味品种，适合种在叶锈病不严重的中高海拔区，每公顷可生产1.8吨生豆。SL34耐潮性佳，亦是美味品种，适合种在中高海拔多雨潮湿区，每公顷可生产 1.35 吨生豆。K7 则是铁比卡的变种，对某些类型的叶锈病和咖啡炭疽病有抵抗力，且风味不差，适合种在低海拔的染病区，每公顷可生产 2 吨生豆。恶名昭彰的鲁伊鲁 11，是肯尼亚的卡帝汶，身怀罗布斯塔基因，抗病力与产能高居肯尼亚四大品种之冠，任何海拔皆宜，每公顷可生产 4.6 吨生豆，但风味却最差，酸而不香，咸涩带苦。肯尼亚对于低产量的有机栽培，敬谢不敏。前述四大主力品种皆适合曝晒式的无机栽种，且咖啡农习惯于使用化学肥与杀虫剂，每公顷产量亦高于一般生产国。

虽然肯尼亚也种有蓝山铁比卡，却上不了台面，这与水土环境有关。精品咖啡业专挑美味的 SL28、SL34，才能喝到酸质迷人的莓果味。一般消费者误以为买到 Kenya AA，豆粒大就是品质保证，殊不知较廉价的 Kenya AA 常掺杂有不同比例的鲁伊鲁 11 和 K7，很难体现肯尼亚国宝 SL28 与 SL34 醇厚迷人的莓果味谱。

● 双重发酵提升酸质与干净度

除品种特殊外，水洗法亦是一绝。肯尼亚水洗法与中南美洲最大不同在于双重发酵。水洗槽有高低两层，傍晚

肯尼亚豆挤进 SCAA 金榜窄门

2010 年，SCAA "年度最佳咖啡"优胜名单中亦出现肯尼亚名豆，尼耶利产区（Nyeri）的吉恰塞尼庄园（Gichathaini）以 89.222 分，赢得第四名。

笔者有幸喝到碧利咖啡小老板 Steven 带回的这支样品豆，由第三波龙头知识分子烘焙，冲泡前先赏豆一番，豆粒比一般 Kenya AA（豆宽 7.2 毫米）还小，应属 Kenya AB，豆宽 6.35 毫米。试喝后发觉味谱与一般肯尼亚豆不同，酸味柔和不霸道，油脂感佳，入口数秒羽化为杏桃的甜香味，还带有太妃糖与杉木香，挺别致的味谱。Steven 说，这支精品是知识分子今年年初的主力咖啡，早已售罄。尼耶利产区已成为寻豆师重兵部署的"圣地"。

先将采收的咖啡果子中的瑕疵品剔除，去掉果皮后，黏答答的带壳豆倒入最上层发酵池，发酵整夜后（但也有人采用不入池水的干体发酵），早上水洗一次带壳豆，去掉大部分果胶，再入下层净水池二度发酵，每隔数小时要更新循环水，以免发臭，然后再导入水洗沟渠，去掉残余的果胶。二次发酵加上冲洗，花掉 36 小时，这还没完，冲洗干净的带壳豆再入净水槽浸泡 12 小时以上。换言之，肯尼亚式的水洗至少费时 48 小时，甚至长达 72 小时，比中南美洲的 10～20 小时还费时数倍，耗工费水，难怪肯尼亚咖啡比较昂贵。

近 10 多年来，研究肯尼亚咖啡独特酸香味的学者很多，有人认为是咖啡基因使然，有专家认为是土壤磷酸含量较高所致，更有人认为是双重发酵的风味，至今仍无定论。

● 产量锐减六成

肯尼亚精品咖啡主要栽种在肯尼亚山附近，以七大产区最著名，包括尼耶利、锡卡（Thika）、基安布（Kiambu）、基里尼亚加（Kirinyaga）、鲁伊鲁、穆兰加（Muranga）、肯尼亚山西侧（Mt. Kenya West）。近年，肯尼亚咖啡年产量停滞不前，约5万吨，比全盛时期年产13万吨少了60%，这涉及气候、病虫害、政治、农民与合作社的争执，颇为复杂。但欧盟已资助肯尼亚普查境内究竟有多少株咖啡树，以便对症下药，提高产量。

普查发现，有不少咖啡树生长情况欠佳，每年产果量只有2千克（约可产出400克生豆），远低于当局规划的每株咖啡年产10千克咖啡果标准（约可产出2千克生豆）。肯尼亚咖啡树近年染上叶锈病与咖啡炭疽病的比率很高，抑制了产量，造成肯尼亚豆供不应求，价格飙涨，欧美每年要花大价钱才买得到肯尼亚咖啡。

味谱厚实的肯尼亚咖啡，在国际市场颇为抢手，加上近年豆价飙涨，肯尼亚豆失窃案日益增多。肯尼亚咖啡管理局（Coffee Board of Kenya）指出，2010 年入账的咖啡产量是 4.3 万吨，但至少有 1 万吨无法入账，被监守自盗的处理厂或仓管人员非法走私到乌干达和埃塞俄比亚销赃。换言之，2010 年肯尼亚的产量至少有 5 万吨，其中有 1/5 失窃，这已重创肯尼亚咖啡业的健全发展。

● 新品种巴蒂安出鞘

肯尼亚咖啡栽植业这几年遇到瓶颈，原因固然复杂，但欠缺一支既美味又不易染病的超强品种，是关键原因之一。可喜的是，困境终于有解。

2010 年 9 月，肯尼亚咖啡研究基金会（Coffee Research Foundation，简称 CRF）宣布，已培育出最新的超强品种巴蒂安（Batian），具有多产、美味与高抗病力诸多优点，每公顷可生产 5 吨生豆，比鲁伊鲁 11 还要多产。巴蒂安已于 2010 年 12 月发放给农民栽种，肯尼亚植物学家寄望巴蒂安投产后能协助肯尼亚咖啡业突破困境。

据悉，肯尼亚费时 12 年才培育出巴蒂安新品种，是由国宝品种 S28 与高杂味、高产能的鲁伊鲁 11 多代回交的结晶，对叶锈病与咖啡炭疽病有强大抵抗力，可降低农民 30% 的农药成本。更重要的是，鲁伊鲁 II 的魔鬼尾韵常被精品界骂得体无完肤，于是肯尼亚科学家以鲁伊鲁 II 和 S28 回交，费时十多载，终于洗净鲁伊鲁 II 的杂苦与臭酸味，打造出味谱干净优美、抗病力超强的新品种巴蒂安。

CRF 宣称，巴蒂安的杯测表现超优，美味度甚至胜过 S28，因此以肯尼亚第一高峰"巴蒂安"命名，彰显这支新品种是"卓越之巅"（peak of excellence）。此言一出，引来精品界关切，是大言不惭的吹牛吗？会不会是哥伦比亚 2010 年为了拉抬新品种卡斯提优（Castillo），而在 COE 闹出的丑闻的翻版？

● **大师也疯狂**

挪威知名冠军咖啡师提姆·温铎柏，2010 年 11 月专程杀到肯尼亚，杯测巴蒂安。CRF 也为大师的到来安排了一场杯测会，由挪威与肯尼亚的杯测师一起为 S28、鲁伊鲁 II 和巴蒂安品香论味。结果揭晓，果然巴蒂安分数最高，但温铎柏不服，认为 CRF 可能动了手脚，只拿出品质中上的 S28 受测，于是要求肯尼亚当局让他带些巴蒂安样品豆回国，再与顶级的 S28 进行杯测，却遭到拒绝。

不过，CRF 刊出 SCAA 的咖啡品质学会杯测结果，巴蒂安得分也高于 S28，已昭信于天下。然而，信者恒信，不信者恒不信，毕竟 S28 是闻名遐迩的美味品种，岂能一夕间被无名小卒超越！

CRF 指出，巴蒂安除了抗病力强与味谱优美外，更厉害的是，只需栽种 2 年即可开花结果，一般咖啡品种至少要 3 年才能产出果子。巴蒂安已开始商业种植，预计 2012—2013 年即可收成。肯尼亚寄望巴蒂安投产后，咖啡年产量能从 5 万吨提高到 10 万吨以上，为农民与国家带来财富。巴蒂安果真如此优秀吗？风味能胜过 S28 吗？2012 年见真章，咖啡迷不妨一起见证此刻的到来。

 危地马拉：巨怪连年咬伤波旁

危地马拉与萨尔瓦多向来独尊波旁品种，2005 年以前，波旁几乎囊括两国"超凡杯"杯测赛冠军。2005 年开始变天，源自萨尔瓦多波旁矮种帕卡斯与象豆混血的巨怪帕卡玛拉，包揽萨尔瓦多"超凡杯"大赛第二、五、六、七名。2006 年更拿下萨尔瓦多"超凡杯"大赛前四名，帕卡玛拉开始扬名。

2007 年，萨尔瓦多巨怪帕卡玛拉捞过界，到危地马拉撒野，一举击溃危地马拉引以为傲的波旁大军，夺下危地马拉"超凡杯"大赛冠军，全球精品界为之震撼，帕卡玛拉如日中天，几乎与巴拿马艺伎齐名。

● 接枝庄园以帕卡玛拉为贵

2008—2010 年，危地马拉老牌的接枝庄园又以帕卡玛拉"咬伤"波旁，连续 3 年拿下危地马拉"超凡杯"杯测赛冠军。2008 年一役最令玩家惊喜，当年接枝庄园的帕卡玛拉冠军豆，缔造每磅生豆 80.2 美元拍卖天价。这是"超凡杯"九大会员国历年冠军豆的最高拍卖纪录，截至 2010 年仍未被破。深具意义的是，帕卡玛拉是"新世界"诞生的混血新品种，身价居然超过"老丛"铁比卡与波旁。接枝庄园的帕卡玛拉种在 1,600 米以上的高海拔地区，犹如翡翠庄园的艺伎一样出名。

接枝庄园的名字很怪，其来有自。创办人艾奎瑞·帕纳马（Jesus Aguirre Panama）1874 年买下这座位于危地马拉西北部薇薇特南果产区的庄园，起先种甘蔗、玉米与烟草，1900 年才开始栽种咖啡。他担心用种子繁殖咖啡容易产出变种，会改变原有品种的特质，故以接枝法繁衍纯种波旁，确保品质，因此以西班牙文"接枝"（injerto）称呼

高深莫测的帕卡玛拉

COFFEE BOX

　　帕卡玛拉产量低，豆粒硕大，不易水洗或烘焙，虽然频频得奖，但至今仍不甚普及，以产自萨尔瓦多和危地马拉的品质最佳。

　　由于味谱莫测高深，捉摸不定，爱者好之，恨者恶之，是很有个性的品种。

　　黏稠度高，油脂感明显是帕卡玛拉最大特色，浅焙的酸质近似青苹果，很霸道，因此有些人无法适应，但可利用慢炒技巧让酸质更圆润顺口。

　　甜感类似饼干的奶油味。整体风味多变，振幅宽广。

他的咖啡园。不过，当初以纯种波旁为荣，今日的接枝庄园却以杂种帕卡玛拉为贵。

● 摩卡小怪豆创高价

　　本书截稿前，接枝庄园又爆惊喜，2011年6月14日首办的接枝庄园精品豆拍卖会上，奇豆尽出，争香斗醇。"新世界"罕见的也门小粒摩卡豆（Mocha）居然以每磅211.5美元的价格成交，创下庄园豆拍卖价新高，连翡翠艺伎2011年缔造的170美元纪录也被小怪豆凌驾。据悉，这支刁蛮小豆果酸泼辣，有近似葡萄的酸香，是接枝最新引进的品种。

　　接枝虽以巨怪帕卡玛拉扬名于世，但近年试种不少奇豆，光是艺伎就有两款，包括中美艺伎（Geisha Centro America）和埃塞俄比亚艺伎（Geisha Ethiopia）。拍卖会上，埃塞俄比亚艺伎以 70 美元售出，仅次于摩卡豆，中美艺伎以 45.5 美元成交。至于接枝最抢手的帕卡玛拉只以 16 美元售出。接枝的摩卡小粒豆虽改写拍卖的新高纪录，但能否持续保有此身价，尚待时间考验。接枝指出，今后会不断推出新品种，扩展咖啡新味域，为咖啡迷谋口福。

"新世界"八大美味品种

根据"超凡杯"官方资料，2000—2005 年，巴西、萨尔瓦多、危地马拉、尼加拉瓜和洪都拉斯"超凡杯"大赛，杯测分数在 90 分以上的，波旁高占 29.5%，其次是卡杜拉与卡杜阿伊，各为 17.9%，接着是新世界占 6.4%、帕卡斯占 3.8%、铁比卡占 1.3%、卡杜拉与铁比卡混豆占 17.9%、其他（阿凯亚或伊卡图）占 5.1%。可明显看出，2005 年以前，波旁美味程度遥遥领先其他品种。

◔ 波旁优势不再

但笔者再统计 2006—2009 年巴西、哥伦比亚、危地马拉、尼加拉瓜、哥斯达黎加、洪都拉斯、萨尔瓦多和玻利维亚"超凡杯"大赛中杯测 90 分以上的品种占比，就看不出波旁的优势，反而以卡杜拉的 28.5% 占比最高，明显高于波旁的 23.8%。

主因是加入了哥伦比亚、哥斯达黎加和玻利维亚三国，而前两国以卡杜拉为主力品种，玻利维亚则以铁比卡为主力，因而压低了波旁占比。另外，巨怪帕卡玛拉 2007年后异军突起，也高占 90 分以上品种的 20.6%。其他占比较高的为卡杜拉与波旁混豆、铁比卡与卡杜拉混豆或卡杜拉与卡杜阿伊混豆，也很亮眼。

值得一提是，造就艺伎的巴拿马并未加入"超凡杯"会员国，因此无法在国内举办"超凡杯"大赛。不过，危地马拉、哥斯达黎加、尼加拉瓜、哥伦比亚和巴西均有栽种艺伎。但截至 2010 年，艺伎仍未在"超凡杯"夺冠，是否与各国气候、风土有关，颇耐人寻味。

● SCAA 常胜八金刚

有趣的是，艺伎似乎吃定 SCAA 赛事，从 2005 年以来，年年打进 SCAA 杯测赛优胜金榜，是得奖率最高的品种。另外，肯尼亚也未加入"超凡杯"会员国，但几乎每年的 SCAA 杯测金榜，都有肯尼亚 SL28 与 SL34 的大名，因此笔者尊封铁比卡、波旁、卡杜拉、卡杜阿伊、艺伎、帕卡玛拉、SL28 与 SL34 为"新世界"杯测赛的常胜八金刚。

可确定的是，在相同水土环境下，栽种不同品种，仍然会产出味谱有别的咖啡，此乃基因使然。但我们很难论断八大金刚的美味度排名，这牵涉到各品种的基因，以及对施肥、海拔、气候与后制处理的不同偏好度，问题非常复杂。原则上，多多栽种这八大品种，少碰卡帝汶，在杯测赛中赢面较大，统计资料亦可佐证。

同理，消费者选购咖啡，不妨多买这八大品种，最容易喝到咖啡的千香万味。

附录
水洗法的化学反应

　　荷兰发明水洗法后，20 世纪初，又经过哥斯达黎加的英国和德国移民改良，做法更细腻。摘下红色咖啡果后，数小时内送到水洗处理厂，先倒进大水槽，未熟果或破损果会浮在水面，即可剔除瑕疵品。品质佳且完好的果子会沉到水底，再取出倒进去果皮机，产出黏答答的带壳豆。

　　接下来的做法就有分歧，有些农友不过水，直接干体发酵，但也有人泡水发酵。一般来说，泡水发酵较普遍。数小时后，果胶脱离种壳，再以清水冲洗干净，拿到曝晒场晾干或以烘干机代劳。脱干到含水率达 12%，即可收藏两个月，进行熟成，接获订单再磨掉种壳，取出咖啡豆。

种壳上的果胶是不溶于水的异质多糖，主要成分为半乳糖醛酸和甲醇。要发酵多久，果胶才会剥离种壳？时间太长发酵过度，会产生酸臭味；时间太短，果胶剥离不全，且咖啡不够入味。因此发酵时间的拿捏，攸关水洗成败，这牵涉发酵池的水温与酸度。

根据艾隆加（Arunga R.O）所著《咖啡的酶促发酵》（*Enzymatic Fermentation of Coffee*），发酵池水温为 20～25℃，水的 pH 值为 7，最佳发酵时长 6～8 小时，如果超过 12 小时，发酵池的酸碱值降至 4.5 以下，就会有发酵过度的酸臭味。pH4.5 有多酸？pH6 的酸度是 pH7 的 10 倍，pH5 是 pH7 的 100 倍，而 pH4 则是 pH7 的 1,000 倍。

带壳豆的果胶发酵水解后的初期产物为乳酸、乙醇、酮类、乙醛，虽具有水果芳香味，但为时很短，接着又会降解为乙酸、丙酸和丁酸等刺鼻的腐败成分或产生洋葱味，这是发酵过度的恶味。果胶在发酵池水解，产生很多酸性物，控制得宜可为咖啡增加明亮酸香味，但发酵过度则有酸败味。

最新研究指出，体积小、增生快的细菌（乳酸菌），体积稍大、增生较慢的酵母菌，以及咖啡果细胞里的酶，皆可分泌果胶溶解酶，参与水解盛宴。基本上，细菌在高温、有氧与中性酸碱值的环境下增生最快，酵母菌则在缺氧、低温与酸性环境下增生最快。但不要忽略咖啡果去皮后，本身所含的果胶溶解酶与氧气接触后，效力大增，能与细菌和酵母菌联手分解果胶，因此发酵池的酸度会随着时间而快速增加，数小时后从中性的 pH7，降至 pH5 以下，基本上不要低于 pH4.5，以免产生恶味。

发酵时间的长短取决于温度，如果发酵池温度为 15～19℃，可能要花 13～18 小时才能完成水解。虽然较高的水温可缩短发酵时间，但矫枉过正地升高水温则容易产生酸臭味。不如让发酵的池水上下顺畅对流，提高溶氧量，并让发酵水循环，适量补充新鲜水，即可避免水槽上下发酵不均现象。另外，切勿让发酵池水停滞超 7 小时，容易造成底部溶氧量不足，发酵不均。

　　如果发酵池温度太低，或 pH 值低于 4.5，发酵无法顺利进行，一般会加入用霉菌和真菌制成的果胶溶解酶 Cofepec 以及 Ultrazym 或氢氧化钠协助发酵，但所费不赀。正常的水洗发酵时长为 6 ～ 18 小时，以免产生过度发酵的恶臭。但有些农友却师法肯尼亚式水洗，也就是浸泡 1 ～ 3 天，才取出晾干，以为这样便可制作出近似肯尼亚浓郁的莓果酸香味，结果产出臭不可闻的腐败咖啡。原来肯尼亚是采用二次发酵与二次冲洗方式，取出带壳豆冲洗干净后，再置入干净的水槽浸泡十几小时，其间不停换水，而不是一直泡在发酵池的"原汁"里。

Chapter

7

第七章

新秀辈出，"新世界"改良味（下）：
艺伎双娇——巴拿马 vs 哥伦比亚

　　"旧世界"埃塞俄比亚与也门的咖啡品种，移植到"新世界"中南美洲乐土，落地生根，衍生出许多混血驯化新品种。其中最富传奇色彩、味谱最优美、杯测赛获奖最多、身价最高者，当数巴拿马"绿顶尖身"艺伎。2004 年，初吐惊世奇香，独领七载风骚，直到 2011 年，才在美国精品咖啡协会"年度最佳咖啡"杯测赛中败给后起的哥伦比亚艺伎。

　　咖啡天堂哥伦比亚，历经六年生聚练兵，出乎意料，种出陈皮梅辛香韵的艺伎，风味与巴拿马艺伎的橘香蜜味大异其趣。"艺伎双娇"是人生在世不可不喝的绝品！

艺伎既出，谁与争锋

　　稀世珍品艺伎，是"新世界"最传奇的咖啡品种，她的名字 Geisha[1] 曾引起欧美咖啡族大论战。台湾地区亦不遑多让，有人音译为"盖沙""给夏"，也有人望文生义，戏

---

[1] 在谷歌地图必须键入 Gesha 才找得到对应地址，即埃塞俄比亚西南接近苏丹边界处，如键入 Geisha 就找不着了。加上埃塞俄比亚有些村名为 Gesha 或 Gecha，几无 Geisha 的拼法，因此美国精品界有些好事者就以此论定 Geisha 是错的，应更正为 Gesha。笔者认为这失之武断与不专业，因为此词是用埃塞俄比亚的阿姆哈拉语（Amharic）音译成英文的，混乱不统一是必然的，另一个名产区耶加雪菲的英文名称也有数个，包括 Yrgacheffe、Yergacheffe、Yirgacheffe 和 Yerga Cheffe，敢问好事者，哪个才对？

称为艺伎，虽然与日本艺伎毫无瓜葛[1]，甚至有人干脆以闽南语发音"假肖"恶搞一下，大陆有人音译为"瑰夏"。诸多奇名怪号，惹人发笑。我个人较偏好"艺伎"的译法，喝一口会有国色天香、千娇百媚的遐想，为咖啡添增几许浪漫。

● 看见杯中上帝

2004 年以降，巴拿马翡翠庄园的艺伎过关斩将，立下彪炳战功。艺伎身价从 2004 年每磅生豆 21 美元步步高升，2006 年涨到 50.25 美元，2007 年第三次蝉联美国精品咖啡协会麾下烘焙者学会杯测赛（SCAA Roasters Guild Cupping Pavilion Competition）冠军，暴涨到每磅 130 美元天价，业界认为这应该是精品豆拍卖的终极价。未料 2010 年，翡翠艺伎第六次称王"巴拿马最佳咖啡"，身价暴冲

---

[1] 此品种在埃塞俄比亚咖啡研究机构的英文档案中，均拼为 Geisha，恰巧与艺伎的日文读音以及英文写法相同，更增添趣味性。重点是艺伎移植海外 70 多年，各研究单位均以 Geisha 或 Abbyssinian（埃塞俄比亚旧名）称之，从不曾拼写成 Gesha，笔者宁可采用学术单位及埃塞俄比亚官方的拼法，免得误认 Gesha 又是另一个新品种，徒增困扰，请好事者不要再惹是生非了。

创新高，每磅飙到 170.2 美元，高处不胜寒。巴拿马艺伎价格到底要飙涨到何时，无人知晓。翡翠庄园也成为全球获奖频率最高的咖啡庄园。

放眼新旧世界生产国，唯翡翠庄园有能耐年年夺大奖，咖啡身价步步高。巴拿马咖啡年产量不多，为 8,000 ～ 11,000 吨，向来不在精品咖啡寻豆师的雷达范围里，但 2004 年翡翠艺伎一战成名，巴拿马咖啡因艺伎而贵，巴拿马成为稀有精品豆重要生产国，争得国际能见度。2006 年绿山咖啡品质管理总监兼知名杯测师唐·霍利（Don

---

翡翠艺伎战功录　　　　　　　　　

· 巴拿马最佳咖啡杯测赛冠军（2004 年、2005 年、2006 年、2007 年、2009 年、2010 年）
· 巴拿马最佳咖啡杯测赛亚军（2011 年）
· 美国精品咖啡协会烘焙者学会杯测赛冠军（2005 年、2006 年、2007 年）
· 美国精品咖啡协会年度最佳咖啡杯测赛亚军（2008 年、2009 年）
· 美国精品咖啡协会年度最佳咖啡杯测赛第六名（2010 年）

＊ 美国精品咖啡协会烘焙者学会杯测赛，于 2008 年更名为美国精品咖啡协会"年度最佳咖啡"（Coffee Of The Year，简称 Coty）杯测赛。这项国际杯测并无地域与国别限制，各产地咖啡均可报名参赛，不同于 COE 与 BOP 的资格限制，Coty 是当今规模最大、最权威的国际杯测赛。台湾地区李高明先生的阿里山铁比卡，曾赢得 2009 年 Coty 金榜第十一名。

Holly）获邀担任"巴拿马最佳咖啡"评审，他首尝艺伎的橘香蜜味与花韵，惊叹道："我终于在咖啡杯里，看见上帝的容颜！"翡翠庄园从此成为全球精品咖啡迷的朝圣地。

艺伎傲视群雄的战绩与身价，绝非一朝一夕的偶然，我认为"地灵人杰"以及"咖啡基因"两大要因，缺一不可，经过数十寒暑的酝酿与媒合，终于造就艺伎旷世奇香。

 ## 巴拿马：地灵人杰艺伎出

提到巴拿马，不免联想到沟通太平洋与大西洋的巴拿马运河，以及独裁将军诺列加（Manuel Noriega）。然而，2004年后，世人对巴拿马又可多下个注记：人间绝品，艺伎诞生地！

巴拿马咖啡主产于西部巴鲁火山（Baru）的东麓与西麓。翡翠庄园位于该火山东麓的小山城博克特（Boquete），西班牙语发音为 bo-ge-de，每年4月"咖啡花苞齐怒放，鸟语花香蝶飞舞，山雾缥缈如仙境"。巴鲁火山西侧的沃坎（Volcan）是巴拿马第二号咖啡重镇，国人熟悉的卡门庄园（Carmen Estate Coffee）坐落于此。

国人可能对艺伎诞生地博克特感到很陌生，但欧洲人早已迷情百年。早在1904年巴拿马运河兴建之初，欧洲大批工程师和高阶管理人才受聘到东部酷热的巴拿马城工作。1917 年巴拿马运河竣工后，这批高级知识分子，尤其是北欧人，爱上巴拿马西部气候凉爽、四季如春的博克特，很多人回不去了，干脆买座农场，终老于此，享受丹霞迷雾飘奇香的居住情境。

可以这么说，百年前欧洲退休工程师，是今日博克特畜牧与咖啡栽植业的先驱，这里先进的水洗处理厂和农牧硬件设施，均是当年工程师的杰作。博克特老牌庄园 Finca Lerida 与 Don Pachi Estate 等，都是当年欧洲精英打下的根基。近年暴红的翡翠庄园也和北欧有缘，1964 年瑞典裔的美国金融家鲁道夫·彼得森 (Rudolph A. Peterson) 退休，移民巴拿马，并买下博克特的翡翠庄园，以乳业为主。1973 年，他的儿子普莱斯·彼得森 (Price Peterson) 在美国取得神经化学博士，却拧不过博克特的召唤，不惜放弃高薪职务，返回巴拿马协助老爸经营农场，艺伎飘香的浪漫传奇就此展开。

● 退休工程师的咖啡第二春

好山好水的博克特，向来是欧美精英怡情养老圣地，1999 年《财富》杂志票选博克特为全球最适合退休养老的

5 座小镇之一。全镇 2 万人，外来高阶移民就有 2,000 多人，此间的咖啡农场主人英语、欧语说写流利，颇具世界观，而且拥有博士或硕士学历的比率，高居各咖啡产地之冠。

正因如此，巴拿马咖啡农决定不加入 COE 组织，自己的命运自己掌握，自己的比赛自己办，无须看人脸色，肥水流入外人田。1996 年巴拿马精品咖啡协会（Specialty Coffee Association of Panama，简称 SCAP）成立后，即规划 BOP 赛事。2004 年艺伎初吐傲世奇香，全球惊艳，BOP 声名大噪，足与 Coty、COE 分庭抗礼，成为国际瞩目的杯测赛，寻豆师与精品咖啡买家络绎于途，好不热闹。

● 上帝吻过的橘香基因

多亏博克特的高素质移民，否则艺伎被上帝亲吻过的橘香蜜味基因，恐永远暗藏在防风林里，孤芳自赏了。这要从拥有神经化学博士学位的翡翠庄园主人普莱斯以及他的高学历儿子丹尼尔·彼得森（Daniel Peterson）说起。

早期的翡翠庄园只有一座农场，位于博克特地区的帕米拉（Palmira），主要饲养乳牛，直到 1980 年才开始种咖啡，普莱斯引进卡杜拉和卡杜阿伊品种，1994 年设立水洗处理厂。1996 年普莱斯听说邻近的哈拉蜜幽（Jaramillo）

有座庄园的咖啡不错，带有浓浓柑橘味，于是买下哈拉蜜幽咖啡园，并入翡翠庄园。

彼得森家族初期是把两座庄园的咖啡混合后贩售，但总觉得有一股若隐若现的橘香蜜味与花韵，此味谱迥异于中美洲咖啡的莓果味。2002 年某天，普莱斯的儿子丹尼尔福至心灵，认为此味谱应该来自某一栽植区的单一品种，有必要查个清楚，不能再浑水摸鱼下去。于是逐一杯测哈拉蜜幽与翡翠庄园不同海拔栽植区的所有品种，以找出到底是何方神圣暗藏稀世奇香。

● 防风林韬光养晦

杯测结果出炉，万人迷的花香蜜味与柑橘韵居然出自哈拉蜜幽边陲的防风林。这一带的海拔最高，有1,500～2,000 米，但咖啡树瘦高叶稀，其貌不扬，各分枝的垂直间距比一般咖啡树大，而且各树枝开花结果的每个芽结（结间）距离，长达 3 英寸（7.62 厘米），这表示同一树枝单位，可供开花结果的"生财区"不够密集，属于低产品种，经济价值低。可能因此才被前任庄主贬到最偏僻、风势最强劲的地区，充当防风树，为其他结间较短且紧密的高产品种遮挡强风。

　　普莱斯和丹尼尔还发现，这些长相怪异的低产咖啡树，亦星散在哈拉蜜幽 1,400 米以下的较低海拔处，但味谱却差很多，不但橘香蜜味不见了，苦味也更强。两人的结论是，防风林里不知名咖啡树拥有独特基因，必须在 1,500 米以上的高海拔区，接受冷月寒风与山气的淬炼，方能孕育惊世味谱。一般咖啡树种在哈拉蜜幽防风林都无法存活，因为风势太强，温度太低，但这些瘦高咖啡树却怡然自得，咖啡果子也比一般品种肥硕，而且不易被劲风吹落，虽然产果量稀少，只有卡杜拉的 25%～35%，但橘香蜜味十分迷人，于是请教附近农友，这究竟是什么品种。

● 艺伎教父引进

　　巴拿马栽种这款怪胎咖啡的人很少，很多农友跑来看也搞不清楚，几经折腾才得到正解，此品种叫作 Geisha，1963 年由任职巴拿马农业部的意大利裔唐·巴契·弗朗西斯科·赛拉钦（Don Pachi Francisco Serracin）向哥斯达黎加知名的"热带农业研究与高等教育中心"（CATIE）引进的抗病品种，并分赠给巴拿马农友。过去均种在 1,200 米的低海拔区，产量低、豆粒瘦小且风味不佳，早已被巴拿马农友弃种，不过，唐·巴契的自营庄园 Don Pachi Estate

仍有一些 Geisha 存活，但 2004 年以前，不曾用来参加比赛。至今业界仍尊封唐·巴契为"巴拿马艺伎教父"。

● 伯乐相马识真味

虽然艺伎不是由普莱斯与丹尼尔引进的，但父子俩却最先发觉艺伎必须种在高海拔、冷风凄凄处的秘密，于是扮演"伯乐"，将防风林里的艺伎咖啡豆独立出来，并以哈拉蜜幽精选（Jaramillo Special）参加 2004 年 BOP 杯测赛，由国际评审敏锐的感官，检测艺伎的香气、滋味与口感。果然，这支咖啡豆迷倒评审团，一战成名，拍卖会创下每磅 21 美元的破纪录天价。在此之前，巴拿马咖啡不曾有此身价，精品界为之沸腾。

● 评审团也疯狂

2004 年，知识分子的生豆采购专家杰夫恰巧担任 BOP 评审，他回忆这段往事说："共有 25 支巴拿马精品进入决赛，但其中有一支颇令评审团困惑，她散发的柑橘味、莱姆酸香、甘蔗甜、茉莉香……弥漫屋内。啜吸入口，犹如百花盛开，嘴里放烟火般绚丽，比赛进行一半，冠军已经决出……但我们都是老手，杯测过的中美洲咖啡，岂止千百杯，却不曾喝过如此迷人的味谱。评审团担心主办单位在搞鬼，故意摆一款埃塞俄比亚精品豆，来测试大家能否挑出非巴拿马的咖啡。可是耶加雪菲也不可能有这么浓郁的橘香蜜味……乖乖，究竟是何方奇豆？大伙儿满脸狐疑地评分。结果揭晓，翡翠庄园压倒性胜出。"

庄主普莱斯向大家解释说，这支豆子是 Geisha 品种，已在博克特存活数十载，是地道的巴拿马咖啡。艺伎声名大噪后，2005 年，唐·巴契依样画葫芦，将自家庄园不受正视的艺伎独立出来，参加 BOP。虽败给翡翠艺伎，但唐·巴契艺伎赢得亚军，更确立艺伎绝非昙花一现，而是可长可久的奇香品种。

接下来几年，翡翠艺伎无往不利，在 SCAA 与 BOP 杯测赛中连年痛宰波旁、帕卡玛拉、铁比卡、卡杜拉、卡杜阿伊与埃塞俄比亚古优品种大军，夺冠如探囊取物，艺伎成为常胜军、人气王。大家都在问："Geisha 到底来自何方，为何如此美味？"

● 艺伎的身世寻根

就连杯测界也不敢相信中美洲能种出"橘香四溢、花韵浓"的咖啡，根据经验法则，这应该是"旧世界"埃塞俄比亚古优品种独有味谱，为何会出现在巴拿马？普莱斯也为艺伎身世伤透脑筋，于是请教他的好友，法国国际农业发展研究中心（CIRAD）的咖啡育种专家让 - 皮埃尔·拉布伊斯（Jean-Pierre Labouisse）。巧合的是，2004—2006 年，拉布伊斯正好在埃塞俄比亚西南部的金玛农业研究中心工作，他顺便查阅埃塞俄比亚官方文件，终于找出蛛丝马迹，并整理出艺伎从咖法森林移植出境，周游列国的"一系列监护"过程。

数十年前，埃塞俄比亚英文档案对艺伎品种写法以 Geisha 为主，偶尔也用埃塞俄比亚旧名阿比西尼亚（Abyssinian）称之。档案显示，早在 1931 年、1936 年和 1964—1965 年，联合国粮农组织的植物学家，在英国公使协助下，三度深入咖法森林，采集珍贵的抗病咖啡种子，并与"新世界"的阿拉比卡混血，以改善中南美洲咖啡的基因狭窄化与体弱多病。拉布伊斯考证后认为，目前哥斯达黎加以及巴拿马艺伎的血缘，应该与 1931 年英国公使在埃塞俄比亚艺伎山所采集的种源有关。以下是他根据埃塞俄比亚和哥斯达黎加官方档案，汇整的编年纪事：

· **1931 年**：英国公使深入艺伎山采集几个地区的不同咖啡种子。

种子以 Geisha 和 Abyssinian 之名移植到肯尼亚的基泰尔（Kitale）试种。

·**1936 年**：幼株从肯尼亚移植到乌干达和坦桑尼亚的赖安穆古咖啡研究中心（Lyamungu Research Station）试种。

·**1953 年**：哥斯达黎加的 CATIE，开始多次从坦桑尼亚的赖安穆古，以及其他国家引进 VC496 幼株，母株至今仍种在坦桑尼亚。

·**1963 年**：巴拿马咖啡农唐·巴契，从哥斯达黎加的 CATIE 引进抗病艺伎品种，分赠给巴拿马农友，但产果量小，风味差，并不受欢迎。

·**1965 年**：联合国担心埃塞俄比亚咖法森林滥垦问题会造成阿拉比卡基因严重沦丧，于是指派粮农组织的科学家，远赴艺伎山采集种源数千，分送到肯尼亚和中南美洲进行保育或进一步研究，但并未流出。因此今日哥斯达黎加与巴拿马艺伎的血缘，应该和 1931 年英国公使所采集的种源有关。

埃塞俄比亚官方档案还记载："这些抗病种源，是 1931 年采集自西南部艺伎山，海拔 5,500 ～ 6,500 英尺（1,676.4 ～ 1,981.2 米），年降水量 50 ～ 70 英寸（1,270 ～ 1,778 毫米）。咖啡树的主枝下垂且长，分枝增生蔓延，顶端嫩叶呈古铜色，叶片狭小……先送到肯尼亚的基泰尔农业中心试种，并选拔出五种不同形态的 Geisha 1, Geisha 9, Geisha 10, Geisha 11, Geisha 12。1936 年，移植到坦桑尼亚的赖安穆古咖啡中心试栽，又选拔出 VC496—VC500 五种形态，其中的 VC496 和 VC497，于 1953 年混血。坦桑尼亚的赖安穆古艺伎系列（Lyamungu Geishas）后来又移植到肯尼业的鲁伊鲁。"

● 原生艺伎味谱差

埃塞俄比亚官方文件最有意思的一段话是："1931 年英国公使采集的咖啡种子，并非高产品种，豆貌尖瘦，也非农友喜欢的豆形，而且泡成饮料的品质不佳，但对叶锈病有强大抵抗力，可供混血使用。"由此可知，埃塞俄比亚在种子送出国前，做过检测，评价是豆相很差，味谱也糟，所以才安心放行。如果豆貌佳、风味好，埃塞俄比亚农业单位恐怕不会随便送出国，来打击自己的咖啡农。

哥斯达黎加是中美诸国最先引进艺伎的国家，但埃塞俄比亚官方档案并未记载哥斯达黎如何时引进艺伎。拉布伊斯后来又在哥伦比亚知名咖啡研究机构 CATIE 的档案中找到重要资料，哥斯达黎加早在 1953 年，就从坦桑尼亚引进 VC496，后来又多次从其他国家引进同款艺伎。1963年，CATIE 同意赠送抗病艺伎给巴拿马咖啡农唐·巴契，并种植在博克特。因此，巴拿马艺伎来自哥斯达黎加，殆无疑义。

● 新旧艺伎演化百变形态

从以上资料可看出，今日巴拿马称霸杯测赛的艺伎，早在 40 多年前，引种自哥斯达黎加，而哥伦比亚的艺伎是 50 多年前从坦桑尼亚引进的。这看似一脉相承，不过，普莱斯却认为翡翠庄园的艺伎应该与历史档案中的艺伎不同。光是哈拉蜜幽就有两种艺伎，一种为绿色嫩叶，果子成熟较慢，但风味极优；另一种为古铜色嫩叶，果子成熟较快，风味稍逊。另外，埃塞俄比亚文献指出，艺伎抵抗叶锈病的能力很强，但风味不佳。有趣的是，今日的巴拿马艺伎恰好相反，也就是抗病力不佳，但味谱优美、风味绝佳。

因此，普莱斯认为，艺伎有新旧品种之分，移植到中南美洲的，可称为"新艺伎"。说她是百变艺伎绝不为过，半世纪来，她到底衍生出多少种形态，无人知晓，有待基因鉴定来厘清。普莱斯敢这么说是有所本的。他指出，2006年2月，拉布伊斯曾发来一封电子邮件，写道："1931年涉险进入艺伎山采集咖啡种子的那位英国公使，很可能把采集自不同地区的不同品种的咖啡种子混在一起，事先未做好分类，事后又以艺伎品种一笔带过，这使得艺伎的血缘更为复杂，混沌未明。"

● 形态不同，味谱各殊

如果再加上艺伎种子被送到肯尼亚和坦桑尼亚等国，进行一系列品种选拔，艺伎的形态就更难细数了。而且巴拿马和埃塞俄比亚的咖啡育种专家皆不排除艺伎移植到巴拿马后，又与当地阿拉比卡发生种内混血的可能性。换言之，这批源自艺伎山，有着不同基因特质与味谱的品种，不管是在埃塞俄比亚、坦桑尼亚、肯尼亚，还是在中美洲，皆被称为Geisha。

我对艺伎乱局，亦有深刻体验。巴拿马艺伎，豆貌尖长肥硕，饶富橘香蜜味；埃塞俄比亚的75227号品种亦称Geisha，但豆相尖长瘦小，风味普通；至于哥斯达黎加、肯尼亚与马拉维的艺伎，豆貌短圆，味谱犹如稀释版的巴拿马艺伎。面对这么多基因有别的艺伎，消费者选购时务必先问清楚栽种国并留意豆貌形态，以免买到"上帝尚未亲吻过"的清淡版艺伎。

即使产自巴拿马翡翠庄园的艺伎，品质也不尽相同，会因栽植区的海拔与采收期不同，而有不小差异。基本上海拔越高的小产区，身价越贵，近年迭创新高价的艺伎几乎均出自哈拉蜜幽、海拔区间在 1,500～1,650 米的马里奥艺伎（Geisha Mario），采收期是每年 2 月。但 2011 年，翡翠庄园海拔高达 1,700～1,800 米的新产区卡尼亚维蝶（Cañas Verdes）所生产的蒙塔尼亚艺伎（Geisha Montaña）异军突起，在翡翠自办的拍卖会上，以每磅生豆 53.5 美元成交，超越马里奥艺伎的 51.5 美元，引人注目。至于海拔在 1,500 米以下的小产区，身价较低，每磅十几美元就买得到，橘香蜜味淡薄许多，杂苦若隐若现。

● 翡翠艺伎年产仅百袋

近年，翡翠庄园虽不断垦地增产，但艺伎产量仍有限，从最初年产 50～100 袋，增加到目前的 100～200 袋，年产量不超过 12 吨，遇到气候不佳的歹年，甚至只产 3 吨。最值钱的竞赛版顶级艺伎年产 200～300 千克而已。翡翠庄园除了艺伎外，还有铁比卡、卡杜拉和卡杜阿伊，咖啡每年总产量约 4,000 袋，也就是说艺伎只占翡翠庄园咖啡总产量的 2.5% ～ 5%。

2011 年 5 月，翡翠庄园的水洗艺伎在 BOP 杯测赛上，以些微差距，败给新近崛起的瓦伦提娜庄园（Finca La Valentina）"农业锋芒艺伎"（Geisha Arista Agrario），这是翡翠艺伎 8 年来第二次在巴拿马杯测赛中失利。不禁令人纳闷：究竟是彼得森家族的艺伎退步了，还是其他庄园的艺伎进步了？

● 亚军比冠军贵

但耐人寻味的是，最后 BOP 拍卖价，翡翠水洗艺伎还是贵气逼人，以每磅 75.25 美元的价格成交。虽然未刷新 2010 年 170.2 美元纪录，却创下亚军豆比冠军豆更高贵的"反常"纪录，冠军豆"农业锋芒艺伎"每磅只卖到 70.25 美元，足见翡翠庄园的招牌有多硬。

2011 年 BOP 赛事另一劲爆点是，古早味的日晒艺伎初试啼声，与水洗艺伎一较高下。唐·巴契的日晒艺伎虽以 89.15 分赢得第 4 名，却以每磅 111.5 美元成交，比冠军"农业锋芒艺伎"还要贵，成为 2011 年身价最高的艺伎，而翡翠日晒艺伎则以 87.42 分赢得第 10 名，却以每磅

88.5 美元的第二高价售出。

　　显见日晒艺伎的身价高于水洗，但为何杯测分数低于水洗？这不难理解，日晒豆多少有点杂香，振幅较大，干净度稍差，并非所有的人都喜爱，可能因此被扣分，但是迷恋古早味的人却不惜千金抢标。

　　然而，翡翠艺伎连年征战，参加国际大小杯测赛事，难免出现弹性疲乏，卫冕失利。毕竟翡翠庄园最精锐的一军艺伎有限，很难照料所有赛事，而且气候、病虫害、后制处理以及基因退化等诸多变量，非常复杂，要做到年年皆佳酿，强人所难。翡翠庄园已是近 8 年来，全球获奖频率最高的传奇庄园，所缔造的傲世纪录，短期内不易被超越，咖啡迷无须苛责。

● 打破巴拿马垄断局面

　　2004 年翡翠艺伎初吐惊世奇香，大幅拓展咖啡新味域。接下来几年间，巴拿马、哥斯达黎加、危地马拉、尼加拉瓜、玻利维亚、哥伦比亚和马拉维，掀起艺伎抢种热潮，但橘香蜜味与花韵均不如巴拿马艺伎浓郁。巴拿马因而垄断顶级艺伎市场多年，非产自巴拿马的艺伎，均被视为次级品。

　　然而，2011 年 SCAA"年度最佳咖啡"优胜金榜公布，冠军竟然是名不见经传的哥伦比亚艺伎，创下非巴拿马艺伎击败巴拿马艺伎的首例，精品界哗然。更不可思议的是，翡翠艺伎居然未挤进前 10 名金榜内，也创下 2005 年参加 SCAA 杯测赛以来，头一次落榜的纪录。这究竟是气候还是其他因素造成的？令人费疑猜。其实，2010 年 Coty 赛事，翡翠艺伎已退步到第 6 名，似已发出警报了。

　　哥伦比亚也曾以卡杜拉与波旁联军，三次击败翡翠艺伎，但今年是首次以哥伦比亚独特水土栽种的艺伎，单挑翡翠艺伎，并夺下冠军，更确立哥伦比亚在"新世界"精品咖啡的"一哥"地位。哥伦比亚与巴拿马的"双伎"对决方兴未艾，料将成为未来 Coty 争霸赛的压轴好戏，咖啡迷拭目以待。

哥伦比亚：山高水好出"豆王"

　　哥伦比亚与巴西均是重量级咖啡生产国，但两者对比强烈。巴西地貌单调、气候干燥、海拔偏低、土壤贫瘠，并非种咖啡好地方，全靠土质改造、品种改良和高科技灌溉弥补先天不足，成就今日最大咖啡生产国美誉。但哥伦比亚坐拥老天恩赐的好山好水，地貌丰富、火山成群、土肥雨沛，是天造地设的咖啡仙境，若说哥伦比亚是冠军豆产房，恰如其分。2004年以来，哥伦比亚的品种联军，已连夺四届SCAA杯测赛冠军，比巴拿马艺伎连霸三届更抢眼。

哥伦比亚跨越南北半球，咖啡园主要分布于北纬2～8度。从北到南，各产区因雨季不同，有两大采收期，主收获期在10月至来年2月，次收成期在4～9月。换言之，哥伦比亚一年四季皆有咖啡采收。

哥伦比亚以崇山峻岭与高原著称，首都波哥大位处2,600～3,000米海拔区。我记得10年前参访哥伦比亚庄园，还需从波哥大开车下山，到海拔1,300～2,000米，才看得到咖啡园，这与一般上山看咖啡的感觉很不一样。此行更见识到哥伦比亚峻岭、山谷、雨林与高原交错天成的庞杂地貌与微型气候，是古柯树与咖啡宝地。哥伦比亚2008年、2009年、2010年、2011年，连续四载拿下SCAA"年度最佳咖啡"榜首，我不觉意外。

● 精品豆高占三成

任何难照料的咖啡品种，到了哥伦比亚乐土，都怡然自得，难怪咖啡豆明显比其他生产国的肥硕。此间的咖啡品种极为多元，铁比卡、波旁、卡杜拉、象豆、帕卡玛拉、卡帝汶、艺伎、摩卡、尖身波旁，应有尽有。由于土质肥沃，昼夜温差大，在巴西养不活的卡杜拉，到了哥伦比亚如鱼得水，结果茂盛，成为哥伦比亚主力品种。另外，1980 年哥伦比亚培育出多代回交的卡帝汶改良品种，被尊贵地冠上国名"哥伦比亚"，并与卡杜拉形成双主力品种。

势力庞大的哥伦比亚国家咖啡生产者协会（FNC）向来在改良品种上不遗余力。哥伦比亚采行双主力品种，卡杜拉带有波旁基因，主攻精品；"哥伦比亚"带有罗布斯塔基因，产量高、抗病力强，主攻商业豆。一般庄园均以这两大品种为主力，再搭配少量铁比卡与波旁。但 FNC 希望，在 2015 年以前，将咖啡产量拉升至 80 万吨以上，近年又推出第二代"哥伦比亚"，名为卡斯提优，强力倡导农民改种新品种。

哥伦比亚是世界第二大阿拉比卡生产国，过去以商业豆为主，1990—2000 年，精品豆仅占哥伦比亚咖啡产量的5%。2000 年后，FNC 嗅出精品商机与潜力，强力辅导农民转进更有利可图的精品豆栽植业。目前，FNC 认证的精品咖啡已高占哥伦比亚咖啡总产量的 30%，足见当局推展精品豆的万丈雄心。

● 中部主产商用豆

哥伦比亚以高海拔著称，但北部的布卡拉曼加（Bucaramanga）产区，海拔较低，约 1,000 米，所产咖啡低酸醇厚，甜感不错，味谱近似印尼曼特宁，很有特色但产量不多，已打进欧美精品市场。中部为哥伦比亚大宗商业咖啡产区，即俗称的"MAM"，第一个"M"是指安蒂奥基亚省（Antioquia）的首府麦德林（Medillin），"A"是指金迪奥省（Departamento del Quindío）首府亚美尼亚（Armenia），最后一个"M"是指卡尔达斯省（Caldas）首府马尼萨莱斯（Manizales）。中部这三大城市是大宗平价咖啡集散地，哥伦比亚栽植条件较平庸或处理较粗糙的商用豆，均在这三大区集中混合后销售，是哥伦比亚最大咖啡产区。

● 中南部主产精品豆

中南部地区，则为哥伦比亚高价位精品咖啡专区，同时也是游击队出没最多、为祸最烈的地方。历届"超凡杯"以及 SCAA"年度最佳咖啡"胜出者，几乎全出自中南部产区，包括托利马省（Tolima）、梅塔省（Meta）、考

卡山谷省 (Valle del Cauca)、考卡省 (Departamento del Cauca)、薇拉省 (Huila)、娜玲珑省 (Narino)。[1]

　　哥伦比亚中南部火山林立，是卧虎藏龙的精品产区。2008年托利马省，2009年与2010年薇拉省，联手精选卡杜拉和波旁混合豆，三度力擒巴拿马艺伎，赢得2008年、2009年和2010年SCAA"年度最佳咖啡"冠军。2011年考卡山谷省更出人意料地推出秘密武器"尖身绿顶"艺伎，击败同门师姐巴拿马翡翠艺伎，哥伦比亚第4次赢得SCAA"年度最佳咖啡"冠军殊荣。当今只有哥伦比亚拥有傲世的四连霸纪录。

　　换言之，2005年、2006年和2007年三度蝉联SCAA杯测赛冠军，并创下每磅130美元天价的巴拿马艺伎，自2008年起，连续四年都栽在哥伦比亚的卡杜拉、波旁和艺伎联军手下，虽败犹荣。哥伦比亚不愧为SCAA冠军豆产房。

　　我统计一下，艺伎品种自从2005年参加SCAA国际杯测赛事，至今7年以来，共拿下4次冠军，分别是2005

---

[1] 台湾地区惯称 Huila 为薇拉省，但西班牙发音应为乌伊拉，大陆译为乌伊拉省。另外，台湾地区习称 Nariño 为娜玲珑省，但西班牙发音为娜玲妞，大陆译为纳里尼奥省。

年、2006 年和 2007 年的巴拿马翡翠艺伎，以及 2011 年的哥伦比亚艺伎，夺冠概率将近 60%，堪称最有冠军相的竞赛品种。哥伦比亚不但延续艺伎常胜的传奇，更打破只有巴拿马才种得出绝品艺伎的神话。然而，哥伦比亚赢得很辛苦，经过 6 年操兵演练与巨额投资，才种出冠军艺伎。

● 哥伦比亚艺伎偷师巴拿马

哥伦比亚艺伎产自考卡山谷省，整个栽植过程谍影幢幢，相当有趣。早在 2005 年，哥伦比亚的希望庄园（La Esperanza）就先在巴拿马翡翠庄园的哈拉蜜幽附近租了一块地，就近"学习"彼得森家族如何种艺伎，并掌握正确品种——"绿顶尖身"艺伎，以及高海拔、冷月凄风与多施有机肥的秘诀。2007 年，希望庄园从巴拿马自营的卡列达庄园（La Carleida）移植 3.5 万株小艺伎，到哥伦比亚考卡山谷省希望庄园新购进的蓝色山峦庄园（Cerro Azul）试种，开启该省的艺伎栽种热潮。

蓝色山峦庄园占地 2 公顷，位于西部山脉楚吉尤（Trujillo）地貌多变处，微型气候丰富，是希望庄园专门侍候艺伎的宝地，海拔达 1,700～1,950 米，昼夜温差大，亦有凉风吹拂。可喜的是，希望庄园在巴拿马的"分身"卡列达庄园练兵试种的艺伎，参加 2008 年 BOP，很争气地以 91 高分赢得冠军，每磅生豆拍卖价 47 美元，更增强哥伦比亚种艺伎的信心。

吊诡的是，2008 年 BOP 优胜名单并无翡翠庄园的名字。她有出赛吗？耐人寻味。

希望庄园总经理米格尔·希梅内斯 (Miguel Jimenez) 指出，几年前先在巴拿马练兵学经验，对艺伎品种有了深入了解，决定移植回哥伦比亚，相信在考卡山谷省的气候与风土加持下，艺伎味谱会更优。他还透露哥伦比亚艺伎水洗后，如果采全日晒干燥，很容易引出迷人薄荷味，这是哥、巴"双伎"味谱最大不同处。但是艺伎收获时节的后制处理，恰逢考卡山谷省的雨季，全日晒不易完成，需仰赖电力烘干，减损了薄荷味，大伙儿须想办法突显哥伦比亚艺伎的薄荷味，以别于巴拿马艺伎的橘味，让咖啡迷一喝就知道这是哥伦比亚艺伎的地域之味。

● 哥伦比亚艺伎惊吐陈皮梅韵

"艺伎双娇"的味谱果真有别吗？这确实是个趣点。2011 年 6 月，我手边恰好有翡翠庄园马里奥艺伎和哥伦比亚蓝色山峦庄园这两支艺伎，于是与黄纬纶来一场"艺伎双娇"杯测 PK 赛。

结论是"双伎"味谱果然有别。哥伦比亚艺伎以莓香蜜味为主轴，是我第一次喝到具有浓郁陈皮梅辛香韵的咖啡，而且蜜糖香气厚实，一入口就有惊喜感，我和黄纬纶给了 88～89 分。我不知陈皮梅味是否就是希梅内斯所称的薄荷味，有可能每人感受有别，描述不尽相同吧。不过，碧利进口的第三批蓝色山峦庄园艺伎，味谱又变，以橘香蜜味为主调，神似翡翠艺伎。乖乖，不同批的哥伦比亚艺伎居然呈现不同味谱。

● 翡翠艺伎品质下滑

但我对 2011 年翡翠艺伎就很失望，经典的橘香蜜味不见了，只剩下剔透的酸香味，可喜的是花韵犹存，有点像黄箭口香糖的香水味，但强度比往常衰减许多。究竟发生了什么事，只有天知道。我和黄纬纶只给 83 分，虽然还是精品级，但离金榜门槛还有段差距，难怪翡翠艺伎会在 2011 年 Coty 惨遭滑铁卢。

如果以翡翠艺伎全盛时期浓郁的橘香蜜味与花韵，对上今日哥伦比亚艺伎的莓香蜜味与辛香韵，各有千秋，就有得拼了。简单地说，翡翠艺伎以橘韵见长，哥伦比亚艺伎以莓韵突出，相当有趣。

艺伎品种开创新味域的能耐果然不同凡响，未来"双娇"对决，势所难免。我认为"双娇"同属"绿顶尖身"形态，芳香基因相同，输赢关键在于栽种地的 terroir（风土），即气候、土质与风雨变量，当然，后制过程是否细腻，亦是决胜要因。

哥伦比亚艺伎尚在啼声初试阶段，产量极微，论精品咖啡，必须再往南看，尤其是薇拉省与娜玲珑省，是哥伦比亚精品主力产区。

● 火山灰增香提醇

考卡山谷省往南，可抵考卡省，再往东南可抵哥伦比亚第二大咖啡产区薇拉省，也是最大精品豆产地。这几年薇拉咖啡"爆香"全球，可能与沉寂 400 年的薇拉火山（Nevado del Huila）复活有关。2008 年该火山喷出大量泥浆和泥灰，当局疏散了一万多居民，CNN 还连线报道，所幸未喷出热岩浆，灾情不严重。薇拉火山至今仍间歇喷出泥灰，但咖啡农却不担心，还巴望继续喷不要停，因为火山灰富含矿物质，滋补咖啡田，有助于咖啡孕育百香。甚至有农友认为，薇拉省在 2008 年后频频夺下杯测赛首奖，火山灰功不可没。

有趣的是，位于考卡省与薇拉省之南的精品产区娜玲珑省也有一座加勒拉斯火山（Nevado del Galeras）最近不断喷出肥沃的泥灰，加上薇拉火山南飘的火山灰，也让此间咖啡农喜出望外。

薇拉与娜玲珑是哥伦比亚南部最著名产区，但产季不同，薇拉省一年有两获，主产季在 10 月到来年 2 月，次产季在夏季但品质稍差。而更南边的娜玲珑每年只有一获，收成期在春夏季。此二产区所产咖啡风味相似，皆以酸甜水果调见称。薇拉占哥伦比亚咖啡产量的 10%～20%，娜玲珑占 3%～5%。

既生"娜"，何生"薇"

娜玲珑与薇拉几乎每隔一年，轮流包揽哥伦比亚"超凡杯"大赛前 20 名金榜。因为薇拉主产季在秋冬的 10 月至来年 2 月，而娜玲珑在春夏的 4～9 月，哥伦比亚"超凡杯"主办单位为了公平起见，杯测赛今年如果在夏天举行，明年就在冬天举行，因此出现两强每隔一年，轮流囊括金榜的有趣现象。不过，SCAA"年度最佳咖啡"均在每年 4 月中旬开赛，竞赛豆 3 月就要寄达，正中薇拉省的产期，而娜玲珑产期在夏季，无缘参赛。这是 SCAA "年度最佳咖啡"只见薇拉得奖，不见娜玲珑胜出的原因，更加深两强的芥蒂。

● 品种更替，青黄不接

哥伦比亚咖啡近年频频在国际杯测赛夺冠，但 2009 年却只生产了 750 万袋，跌破 1,000 万袋大关，创下 1976 年以来新低纪录，造成哥伦比亚咖啡大缺货，烘焙业者倍感压力。主因是气候不稳定，有些产区闹水灾，有些则闹旱灾，另外，哥伦比亚咖啡田近年进行一场品种转换工程，将饱受抨击的"哥伦比亚"换成较先进的卡斯提优，青黄不接，折损产能，亦难辞其咎。

哥伦比亚咖啡品种的世代交替相当有趣，从最早 18 世纪的铁比卡流行到波旁，但 19 世纪后，农友觉得波旁产量虽高于铁比卡，但豆粒较短小，卖相不如肥大的铁比卡，于是回头栽种铁比卡。这是波旁在哥伦比亚较少见的原因。但铁比卡产量太少，1950 年后，在经济考量下，又从巴西引进波旁变种卡杜拉，生长情况极佳，至今仍是哥伦比亚主力品种。

但卡杜拉抗病力差，1980 年后哥伦比亚再引进高抗病力与高产能的卡帝汶，并改名为"哥伦比亚"，试图替换滋味美但易染病的铁比卡与卡杜拉，却招致精品界抨击。早期的"哥伦比亚"风味不佳，农民栽种意愿不高，但经过20多年驯化，风味逐年改进，甚至打进"超凡杯"金榜，是仅次于卡杜拉的哥伦比亚第2号量产品种。不过，FNC仍对两大主力品种卡杜拉与"哥伦比亚"的产能不满意。2008年，当局宣称，植物学家将"哥伦比亚"与卡杜拉回交，培育出多产、耐旱、抗病力强又美味的新品种卡斯提优，完全洗净罗布斯塔的魔鬼尾韵，而且抵抗叶锈病的能力优于"哥伦比亚"。但薇拉与娜玲珑精品产区兴趣缺缺，就连美国知名咖啡专家乔治·豪厄尔也为文看衰卡斯提优。近年，FNC大力倡导农民转种卡斯提优，希望2015年以前，能够提高产量一倍至1,400万袋，约84万吨，但品种转换工程并不顺利，因为农民对卡斯提优仍有疑虑，担心风味不如旧品种。

● **拉抬卡斯提优，"超凡杯"爆丑闻**

2005年加入"超凡杯"以来，哥伦比亚历届杯测赛打入优胜金榜的品种，卡杜拉占比最高，其次是"哥伦比亚"和铁比卡。但2010年却大爆冷门，"超凡杯"冠军豆居然是新品种卡斯提优，而且杯测分数高达94.92分，创下哥伦比亚"超凡杯"最高分纪录。咖啡农与欧美精品界哗然，为何"名不见经传的混血杂种"，能击败卡杜拉，而且拿下破纪录高分？

接着，娜玲珑产区传出栽种这支冠军豆的拉诺玛庄园（La Loma），其实是以卡杜拉为主力，卡斯提优仅少量栽种，甚至有内幕消息指出，拉诺玛庄园的参赛豆是100%的卡杜拉。还有消息说，拉诺玛的参赛豆并未出具品种资料，直到夺下冠军后，哥伦比亚势力庞大的FNC才为拉诺玛补送品种资料，居然在品种栏填入100%的卡斯提优。很多人质疑FNC造假，旨在拉抬新品种卡斯提优的声势，以冠军品种的威望，提升农民对卡斯提优的信心，加快汰换"哥伦比亚"和卡杜拉的速度。

此事件闹得很大，"超凡杯"主办单位也发表声明，要请专家为冠军豆验明正身。其实，只需使用近红外线光谱（near-infrared spectroscopy）即可分析卡杜拉与卡斯提优的不同化学组成，从而真相大白。但稽查人员并未这么做，而是跑到娜玲珑省的拉诺玛庄园，统计咖啡树的品种，结果卡斯提优只占30%，终于揭穿FNC白色谎言。一般认为，稽查人员已顾及FNC颜面，未当场分析冠军豆化学组成，因为很可能是100%的卡杜拉，却改而统计该庄园的品种占比。近年在当局强力推广下，各庄园或多或少都会栽种一些卡斯提优。调查结果出炉，虽然推翻FNC 所称冠军豆是 100% 的卡斯提优，但拉诺玛确实种有一些卡斯提优，这也让 FNC 保住了些许颜面。

所幸，2011 年哥伦比亚"超凡杯"竞赛结果 5 月底揭晓，品种丑闻不再，薇拉省咖啡农阿努尔福·莱吉萨莫（Arnulfo Leguizamo）栽种的 100% 卡杜拉以 94.05 分夺冠。但他却很上道地说："我已开始育苗新品种——卡斯提优，过几年可投产！"显然，冠军咖啡农也不忘为 FNC 苦心培育的新品种卡斯提优做宣传。

Chapter

8

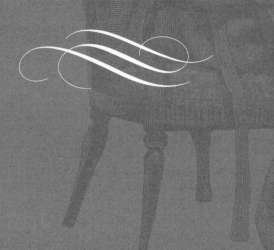

第八章

量少质精，汪洋中的海岛味：夏威夷、牙买加、古巴、波多黎各、多米尼加、波旁、圣赫勒拿

　　"海岛型"咖啡是"新世界"的分枝，同样崛起于 18 世纪与 19 世纪，却孤悬于汪洋中，未与陆地联结。中国台湾地区、波旁岛、圣赫勒拿、夏威夷、牙买加、波多黎各、多米尼加、海地和古巴等地的咖啡，均属柔香软调的海岛味，可归类为"海岛型"。

　　海岛咖啡虽属于柔香软调，却有不容小觑的硬底子。其中，夏威夷新近崛起的咖雾新产区，频频赢得国际杯测赛大奖，堪称"海岛型"新霸主。

海岛型咖啡
大放异彩抢进SCAA

　　长久以来，"海岛型"的地域之味，被界定为柔香淡雅，厚实度稍薄，不若印尼曼特宁醇厚，亦欠缺肯尼亚多变酸质，但海岛豆却极贵，引起不小争议。有人嫌她清淡乏味，贵得无理，但有人就爱她淡雅幽香，贵得有理。全球十大最昂贵咖啡排行榜，海岛咖啡亦占数席，包括波旁岛的半低因咖啡、夏威夷柯娜与咖雾、圣赫勒拿，以及牙买加蓝山，"海岛型"的分量，可见一斑。

　　"海岛型"的品种、后制处理法，栽植面积、地貌、海拔，均不如"新世界"和"旧世界"那么壮阔与多元，致使地域之味较为淡雅。就品种而言，波旁岛与圣赫勒拿岛以绿顶波旁为主，其余海岛则以红顶铁比卡为主力，这两款低产的古老品种，是海岛咖啡量稀味美的要因。

　　另外，海岛土地面积狭小，生产与人工成本较高，售价偏高。而且海岛的后制处理极为保守，除了夏威夷新近崛起的咖雾产区，以及台湾地区李松源牧师打破传统，改采日晒、半水洗或蜜处理法外，"海岛型"仍以传统水洗为主。从正面看，水洗法保住了海岛豆的淡雅味谱；从负面看，则不利于新味域的开拓与进化。

　　夏威夷咖雾是近年崛起的新产区，从 2007 年起，已连续 5 年荣入 SCAA "年度最佳咖啡"优胜金榜，并于 2008 年、2009 年、2010 年、2011 年，四度击败赫赫有名的夏威夷柯娜，较之"新世界"与"旧世界"知名产区，不遑多让。反观被日本人捧得高高的牙买加蓝山，从未在国际杯测赛胜出过，说蓝山是沽名钓誉的"花瓶"并不为过。台湾咖啡虽远不如蓝山出名，但李高明栽种的阿里山咖啡，曾在 2009 年赛事中"扮猪吃老虎"，击败 100 多个庄园，入选 SCAA "年度最佳咖啡"第 11 名，又为海岛味争口气，连美国评审团也大呼"Stunning result！"

海岛味新霸主：夏威夷咖雾传奇

　　最美味的"海岛型"咖啡，应数夏威夷的柯娜[1]与咖雾。夏威夷群岛由 8 座主要岛屿构成，但只有可爱岛（Kauai）、欧胡岛（Oahu）、莫洛凯岛（Molokai）、茂宜岛（Maui）和夏威夷岛（Hawaii）产咖啡。咖雾与柯娜位于群岛最南端的面积最大的夏威夷岛，该岛广达 10458 平方公里，俗称大岛。柯娜产区在大岛的西侧与西南一带。从柯娜再往东南 40 公里可抵达咖雾新产区，也就是大岛最南端，介于北纬 19.1～19.4 度，称得上美国最南隅的国土。

　　世界最大火山冒纳罗亚隆起于大岛中央，所在地区气候形态极为多元。专家指出，全球 13 种气候，有 11 种可在柯娜和咖雾周遭找到。大岛有沙漠、雨林、季风和高山等气候形态，相互影响。云雾时起，细雨霏霏；入夜气温

---

[1] 夏威夷农业当局对柯娜咖啡有严格规范，唯有大岛的柯娜产区，也就是大岛西侧冒纳罗亚火山（Mauna Loa）与华拉莱火山（Hualalai）之间，北起凯鲁亚-柯娜（Kailua-Kona），南至宏努努（Honaunau）的 1,200～1,600 公顷狭长地带，所产的咖啡才可以 100% 柯娜之名营销。产于夏威夷其他各岛的咖啡，则不能冠上柯娜名称营销。另外，当局对柯娜风味综合咖啡（Kona style）亦有规定，必须明示综合豆里添加柯娜豆的百分比，而且不能以 100% 纯柯娜之名销售。

骤降，中午回温，昼夜温差大。大岛最特别的是干湿季分明，短暂旱季后，进入雨季。巧合的是，降水量随着咖啡果子逐渐成熟而增多，到了准备采收时节，降水量开始减少，又进入旱季。此一降雨形态最适合咖啡增香提味，也孕育出大岛独特的咖啡风味。

柯娜与咖雾分别位于冒纳罗亚火山的西侧与南侧，栽植海拔虽只有 200～800 米，但年均温不到 20℃，午后又有厚云飘来，为咖啡提供最佳荫蔽。大岛的凉爽气候与干湿季分明，是其他各岛所不及。欧胡岛、可爱岛和茂宜岛气候单调，年均温偏高，可达 25℃，咖啡风味远逊于大岛。近年，咖雾在杯测赛中青出于蓝，抢尽柯娜风头，但论及辈分、面积与产量，咖雾算是柯娜的后生晚辈。柯娜咖啡的栽种面积及产量是咖雾的 10 倍（见表 8-1）。

● **咖雾咖啡一战成名**

从以上资料看，咖雾怎么看都不是老大哥柯娜的对手。柯娜从 1828 年开始栽种咖啡至今已有 180 多年历史；但咖雾 100 多年来，都以种植甘蔗为主，1990 年以后，甘蔗丧失竞争力，咖雾甘蔗农流离失所，生计困难，在美国农业单位辅导下，1996 年有 30 多名甘蔗农开始转种咖啡。

表 8-1 柯娜与咖雾比较		
	柯娜	咖雾
面积	1,200 ~ 1,600 公顷	130 ~ 180 公顷
海拔	200 ~ 600 米	600 ~ 750 米
农户	600 ~ 700 户	30 ~ 45 户
产量	1,500 ~ 2,500 吨	150 ~ 300 吨
品种	主力：危地马拉铁比卡	主力：巴西与危地马拉铁比卡
二线品种	卡杜拉	卡杜拉、波旁
处理	水洗为主	水洗为主，日晒、半水洗为辅，另有可乐与海水处理法
历史	1828 年至今	1996 年甘蔗园转型咖啡园
区域	冒纳罗亚火山西侧	冒纳罗亚火山南侧

虽然距离知名的柯娜产区仅 40 多公里远，专家建议咖雾咖啡农不妨挂上柯娜商标，有利营销，但农友却不想沾柯娜光彩，坚持采用咖雾名称。

辛苦转种 10 年，咖雾咖啡终于闯出名堂。2007 年 SCAA "年度最佳咖啡" 杯测赛，咖雾新产区的威尔与格蕾丝庄园（又称 "升阳庄园"，Will & Grace Farm/Rising Sun）以及阿罗玛庄园（Aroma Farm）击败全球 100 多个农庄，分别赢得 "年度最佳咖啡" 第 6 名与第 9 名。优胜金榜中，咖雾产区就高占两名；反观更有名气的柯娜产区，

咖雾的美味秘密

COFFEE
BOX

　　升阳庄园由日裔的威尔·塔比欧（Will Tabios）经营，该庄园于
2007 年与 2010 年，两度荣入金榜。

　　升阳庄园位于咖雾地势较高处，约海拔 600 米的小镇帕哈拉
（Pahala），品种以危地马拉铁比卡、巴西铁比卡以及波旁为主。

　　塔比欧 2010 年以蜜处理法参赛。近年，咖啡专家发觉咖雾咖啡比
柯娜多了一股淡淡的花香味，且果酸更为明亮，甜感尤佳，难怪连年
在杯测赛大吃柯娜豆腐。而咖雾似隐若现的花香从何而来？有人认为
是水土关系，也有人说是神秘的巴西铁比卡所致，更有专家咬定是多
元的处理法所赐。

付之阙如。美国媒体大肆炒作，盛赞名不见经传的菜鸟产
区咖雾，小兵立大功，并揶揄："大名鼎鼎的柯娜躲到哪
里？惧赛就是浪得虚名……"精品界才开始了解美国最南
端的国土——咖雾，所产咖啡已胜柯娜。

◌ 柯娜立志雪耻

　　有趣的是，柯娜咖啡农不甘受辱，认为 2007 年赛事
咖雾在金榜中囊括两席，是因为运气好，而是巧逢柯娜缺
席未赛。尽管不少柯娜农友认为名气已够大了，无须靠比
赛争名取宠，但为了堵悠悠众口，证明实力，2008 年柯娜

一定赴赛雪耻。

2008年，柯娜产区果然精锐尽出，初赛一路挺进，柯娜在太平洋产区组仅次于巴布亚新几内亚，以第2名之姿打进决赛，咖雾在该组以第8名进入决赛。柯娜咖啡农见雪耻有望，乐不可支。但吊诡的是，危地马拉早就看好咖雾产区，并以转投资的咖雾森林咖啡（Ka'u Forest Coffee）、菲利普卡斯塔尼达（Felipe Castaneda）两支咖雾"佣兵"，转战中美洲组，也进入决赛。换言之，打进决赛的50支精品豆，咖雾地区就包办3支，这也是历来首见。

几经分组淘汰，决赛成绩揭晓。柯娜产区的洋槐咖啡园（Koa Coffee Plantation）以83.62高分，赢得2008年SCAA"年度最佳咖啡"前13名金榜的第12名，虽证明了实力，但危地马拉投资的咖雾森林咖啡却魔高一丈，以84.23分险胜柯娜，赢得第11名荣衔。柯娜还是栽在咖雾裙摆下，雪耻失败。

● 咖雾五度进榜，四度凌迟柯娜

2009年，咖雾再下一城，凯利阿瓦庄园（Kailiawa Coffee Farm）水洗豆赢得SCAA"年度最佳咖啡"第7名，柯娜不幸二连败。2010年赛事更为激烈，夏威夷各岛有18支精品豆报名角逐SCAA"年度最佳咖啡"金榜，其中有10支夏威夷咖啡的初赛成绩在84分以上，进入决赛，而咖雾占了6支，将与全球进入决赛的74支精品豆一较高下。最后，咖雾的升阳庄园以87.5高分赢得SCAA"年度最佳咖啡"第7名，柯娜再度落榜。这是咖雾新产区2007年以来第4次打进金榜，也是2008年以来，连续3年凌迟老大哥柯娜。

2011年，咖雾继续写传奇，2009年进过榜的凯利阿瓦庄园，这一年再以86.17分挤进SCAA"年度最佳咖啡"金榜第10名，柯娜依旧无缘进榜。这是咖雾第5次荣入"年度最佳咖啡"金榜，也是第4次睥睨老大哥柯娜。有趣的是，咖雾胜出的庄园均坐落于海拔较高的"云憩"（Cloud Rest）一带，两度进榜的升阳庄园与凯利阿瓦庄园皆为此山区的模范庄园。

● 咖雾神秘品种

咖雾咖啡农认为，频频得奖是早年种甘蔗的善果，甘蔗美味成分已渗入土壤，滋养咖啡。但专家指出，土质不同是制胜要因。咖雾土壤的酸碱值大于柯娜产区，即咖雾土壤的酸性较低，种出的咖啡比柯娜更甜美。但咖雾土壤中的矿物质，尤其是硫，已被甘蔗田耗尽，近年积极以有机肥弥补土力，对咖雾咖啡的增香亦有贡献。

不过，亦有专家认为，咖雾神秘的老丛扮演着重要角色。早在 1825 年，英国园艺家约翰·威尔金森 (John Wilkinson) 从巴西引进叶片内卷的老种铁比卡，并种在欧胡岛，但温度偏高，水土不服，几乎夭折。1828 年，塞缪尔·拉格尔斯 (Samuel Ruggles) 牧师又将欧胡岛奄奄一息的巴西铁比卡，移植到大岛西侧气候凉爽的柯娜、东侧的普纳 (Puna)、哈玛库亚 (Hamakua)，以及大岛南端的咖雾地区，生长情况不错，从而开启大岛的咖啡栽植业。

● 柯娜曾靠巴西铁比卡闯出名

夏威夷大岛最初引进的就是巴西铁比卡，很适合大岛的水土。1845 年，大岛首次出口 112 千克生豆到加州，品质佳，价格逐年提高。但 1850 年后，大岛咖啡田遭介壳虫害，损失惨重，农民很失望，纷纷转种容易管理且利润更高的甘蔗，可是柯娜高低起伏的狭窄火山坡地形，不适合甘蔗生长，农民只好专心种咖啡。换言之，柯娜是当时夏威夷诸岛唯一坚持种咖啡的地区，咖雾则转种甘蔗。

1873 年，亨利·尼古拉斯·格林韦尔 (Henry

Nicholas Greenwell）栽种的柯娜咖啡，在维也纳万国博览会上获颁"品质优等证书"，一举打响柯娜咖啡的国际知名度。而格林韦尔的住屋，至今仍是大岛名胜古迹，他经营的格林韦尔庄园（Greenwell Farm）目前也是柯娜重量级咖啡园。

柯娜早期栽种的巴西铁比卡虽闯出名号，但农民发觉巴西铁比卡有两大缺点：咖啡果子成熟后，稍遇风雨很容易脱落，给农民造成损失；而且产量有周期性起伏，多产一年，隔年产量锐减。1892年，夏威夷王国的德籍法官威德曼（Hermann Adam Widemann）引进危地马拉改良的铁比卡，农友试种后，发觉果子不易脱落，而且每年产量稳定，生长情况优于巴西铁比卡。于是，柯娜咖啡农的"旧爱"巴西铁比卡，很快被"新欢"危地马拉铁比卡取而代之。

● 咖雾仍保有少量巴西铁比卡

危地马拉铁比卡也就是今日所称的柯娜铁比卡（Kona Typica）。至于被遗弃的巴西铁比卡，也就是俗称的"夏威夷老种铁比卡"（Old Hawaiian Typica）。后者虽已在柯娜绝迹了，但仍存活在咖雾甘蔗园的四周，任其自生自灭100

认识老种铁比卡

COFFEE BOX

叶片内卷的巴西铁比卡值得一提。根据巴西铁比卡族谱,最早在1706年,荷兰东印度公司将爪哇的铁比卡树苗移植到阿姆斯特丹的暖房;1714年,阿姆斯特丹市长赠送一株铁比卡苗给法国国王路易十四;1715年,法国又将其移植到中南美洲的属地圭亚那;1727年,圭亚那总督夫人与巴西外交官帕西塔产生情愫,厚赠他铁比卡苗,帕西塔返回巴西后种在帕拉州,从而开启巴西咖啡栽培业。巴西铁比卡继承爪哇铁比卡的基因,特色是叶子有内卷现象,风味佳,但抗病力差。

在第9章中还会有更详细的编年纪事,详列铁比卡传播路径。

年。直到1996年,咖雾蔗农转种咖啡,才发觉甘蔗园周边的咖啡,叶片明显内卷,形态与柯娜铁比卡不相同,经鉴定才确认是最早期引进的巴西铁比卡,未料竟仍存活在咖雾。

夏威夷知名咖啡顾问米格尔·梅扎(Miguel Meza)[1]认为,咖雾咖啡的花香味来自夏威夷老种铁比卡,也就是巴西铁比卡,由于咖雾混种柯娜铁比卡与巴西铁比卡,才会出现若隐若现的神秘花香味。没想到100年前被柯娜摒弃的巴西老种,今日竟成为咖雾凌迟柯娜的秘密武器。

---

[1] 2011年年初,梅扎曾应邀来台湾地区讲习后制处理,并宣传促销咖雾咖啡。

　　咖雾咖啡短短 10 年能有今日荣景，梅扎功不可没。梅扎曾在家族知名的天堂烘焙厂（Paradise Roasters，位于明尼苏达州）担任首席烘焙师及咖啡采购师。2007 年咖雾咖啡大放异彩后，他转进夏威夷大岛发展。目前担任柯娜颇负盛名的草裙舞老爹庄园（Hula Daddy Farm）首席烘焙师，并辅导咖雾农友尝试更多元的处理法，包括古早日晒、巴西半水洗、中美洲蜜处理法、印尼湿刨法，以及另类的百事可乐和海水处理法。

　　可乐与海水发酵法：咖雾甘蔗农改种咖啡后，较能抛开传统水洗的包袱，在梅扎协助下，大胆尝试日晒或另类水洗法，扩大与柯娜风味的区隔。咖雾农友甚至拿海水、百事可乐来做水洗发酵实验。梅扎家族的天堂烘焙厂与咖雾农友合作，破天荒开发出可乐水洗发酵法：咖啡果去皮后，在百事可乐中浸泡 12 小时，除去果胶层，再取出晒干。天堂烘焙厂杯测给予 93 高分，评语为："干净、柔顺、甜美，带有草本的清香与巧克力和可乐味。酸香味、厚实感与闷香调，取得完美平衡。几乎喝不出咖雾的调性。"

　　另外，梅扎还和夏威夷咖啡协会杯测赛常胜军露丝蒂夏威夷庄园（Rusty's Hawaiian）合作，发明了以太平洋海

可乐水洗法洗出什么风味？

COFFEE
BOX

在好奇心驱使下，笔者也向天堂烘焙厂买了 1/4 磅可乐水洗法的咖雾熟豆试喝。

初入口觉得钝钝的，香气与滋味不甚明显，数秒后"开花"了；贮藏在油脂里的气化焦糖香气，徐徐入鼻腔，甜感极佳，尾韵有巧克力与可可滋味，果酸适中不霸道，香味振幅不错，比一般水洗柯娜和咖雾更有个性。

这支咖啡史上首创的可乐发酵咖啡在 2009 年问世，制作成本高，每 4 盎司（约 113 克）熟豆售价 22 美元，仍属实验性质，天堂烘焙厂目前似已停产。

水取代淡水的发酵法。咖啡风味非常干净，果酸佳、黏稠度高，略带海味，每 250 克熟豆售价 19.95 美元。

作怪不落人后的梅扎，甚至大胆采用印尼曼特宁的湿刨法来处理咖雾咖啡，也就是带壳豆含水率仍高达 30% 时，即以机械力刨除种壳再日晒，居然打造出低果酸，带有药草味与闷香调的曼特宁风味。换言之，采用湿刨法亦可喝到类似曼特宁味的咖雾咖啡，为精品咖啡增添趣味，但不便宜，每 100 克售价 25 美元。

◯ 柯娜摆脱水洗窠臼

过去柯娜咖啡农墨守水洗法，近年已采纳梅扎的建议，尝试新处理法，开拓柯娜新味域。2008年赢得SCAA"年度最佳咖啡"第12名的洋槐咖啡园，就是采用巴西半水洗法。梅扎甚至为柯娜的草裙舞老爹庄园，以及咖雾的升阳庄园和露丝蒂夏威夷庄园，开发出高架网床的日晒豆，赶搭近年复古流行风。

近年，咖雾与柯娜不再死守铁比卡，已引进波旁、黄波旁、卡杜阿伊和卡杜拉等品种，将有助开拓更多元味域。以卡杜拉而言，种在大岛的水土上，香酸劲道与律动感超乎内敛的铁比卡，是不错的尝试。

● 茂宜岛的混血摩卡

夏威夷当局近年积极开发其他地势平坦岛屿种咖啡的潜力。柯娜铁比卡若栽种在茂宜岛或可爱岛等海拔低又闷热的地区，生长情况不佳，风味亦差，但夏威夷农业研究中心（Hawaii Agriculture Research Center）经多年努力，以矮株摩卡与铁比卡混血，成功培育高株摩卡，很适合种在这两座岛屿上。豆粒虽然比铁比卡瘦小，但风味不差，正在大力推广中。可喜的是，茂宜岛的高株摩卡这几年已打进夏威夷咖啡协会杯测赛前十名榜单，逐渐受精品界重视。

选购柯娜与咖雾要诀

柯娜产区有 600 ~ 700 户咖啡农，咖雾也有 40 户，但切勿以为买到此二产区的生豆或熟豆，就有品质保证；至少有七成，贵而不惠，喝来口味普通。这涉及庄园位置、后制处理精致度、咖啡园管理等复杂问题。花大钱选购前最好多试喝比较，要不干脆选择雄心万丈、种咖啡旨在参赛得奖的庄园[1]，品质反而更有保障。

就笔者经验，咖雾咖啡喝来确实与柯娜有别，不论是酸香、甜感，还是厚实度，均优于柯娜。但选购咖雾咖啡，最好以"云憩"一带的庄园为佳，得奖者几乎出自此一较高海拔区，午前阳光普照，午后时而雨飘，时而雾起，因而得名。

100% 的柯娜或咖雾熟豆，每磅在 25 美元以上，甚至高达 60 美元。如果仅售十几美元，肯定是柯娜风味的综合豆，仅含 10% 的柯娜或咖雾。大岛的柯娜与咖雾咖啡产区，位于山麓处，地势起伏较大，无法以机械采收，全靠昂贵的人工采收。反观可爱岛、茂宜岛、莫洛凯等地势平坦的岛屿，多半以机械采收，生产成本比大岛低廉许多，因此售价也比柯娜和咖雾便宜一半以上。但别以为柯娜或咖雾咖啡农赚翻了，其实扣掉生产成本，农友的利润甚薄。

近年全球气候异常，夏威夷各岛的降水量亦有减少趋势，大岛2009—2010 年产季降水量创下数十年来新低，许多咖啡树枯死，势必影响新产季品质与产量。更糟的是，今年钻果虫肆虐夏威夷产区，灾情严重。柯娜 2008—2009 年生产 1,818 吨生豆，其他四岛生产 2,090 吨生豆，专家预料，这几年新产季，因天灾虫祸，产量只会少不会多。此信息值得柯娜和咖雾迷留意。

---

[1] 大岛得奖庄园中，属柯娜产区的有：Onouli Farm、Greenwell Farm、Kowali Farm、Kuaiwi Farm、Brazen Hazen Farm、Hula Daddy、The Kona Coffee & Tea、Heavenly Hawaiian Farm、Koa Coffee Plantation 等；属咖雾产区的有：R&G Farm、Pavaraga Coffee、Rusty's Hawaiian、Kailiawa Coffee Farm、Will & Grace Farm、Rising Sun 等。

笔者试喝后，印象深刻，高株摩卡属于闷香调的咖啡，酸味低、甜感佳，蛮适合日晒处理，厚实度佳，略带杂香，做浓缩咖啡比滤泡更有味。不过，柯娜与咖雾目前仍未引进矮株与高株摩卡，可能与水土有关。

大岛南部的咖雾产区扬名国际后，大岛东南部的普纳与东岸的哈玛库亚的蔗农也见贤思齐，卷起衣袖改种咖啡，并引进柯娜铁比卡、巴西铁比卡、卡杜拉和摩卡品种。能否复制咖雾传奇？拭目以待。

● 第三波加持夏威夷咖啡

拜高科技栽培所赐，夏威夷平均每公顷咖啡农地可产2～2.4 吨生豆，远高出 1.2 吨的世界平均水平。夏威夷各岛的咖啡总产量约 4,000 吨，大岛约占总量之半，另一半由其余四岛贡献。近年，柯娜与咖雾盛行新处理法并引进新品种，恰好体现美国精品咖啡第三波的精髓，也就是重视品种与处理法，以开拓新味域。此现象无异说明，产业链末端的消费面亦能牵动产业链前端的生产方式，第三波的深远影响，不可言喻。

牙买加蓝山：香消味殒风华老

中国人和日本人对牙买加蓝山存有浪漫情怀，迷恋她如诗如梦的美名，迷恋她的幽香与清甜，但此番迷情已成云烟。

在竞争激烈的精品咖啡业中，蓝山品质每况愈下，出状况频率高于佳酿。售价居高不下，但口碑江河日下，不知伊于胡底。夏威夷柯娜或咖雾身价虽高，但经得起考验，频频荣入 SCAA "年度最佳咖啡"金榜；反观身价更高的蓝山咖啡，不曾在国际杯测赛胜出，说她浪得虚名并不为过。与其花大钱买蓝山，不如选购柯娜或咖雾，更物超所值。

牙买加蓝山与夏威夷柯娜或咖雾，有许多神似处。品种同属铁比卡，皆孤悬汪洋中，生产成本也同样高，但牙买加蓝山位处北纬 18 度，比夏威夷大岛的纬度略低，也更接近赤道，因此蓝山栽种海拔更高，在 1,000 米以上，高于大岛的 200～800 米，显见阿拉比卡的种植海拔恰与纬度成反比。

经常试喝比较夏威夷与牙买加咖啡的玩家，会发觉柯娜或咖雾明显比蓝山厚实够味，品质也较稳定。这应该仍与蓝山近年风灾虫害频发有关，加上牙买加几座颇负盛名的水洗处理厂财务吃紧，品管松动难辞其咎。最近如果看到虫蛀的蓝山，或喝到香消味殒又有朽木味的蓝山，不要惊讶，要忍痛接受幽香清甜的古早蓝山味越来越遥远的事实。

● 新旧铁比卡重演

除了天灾虫祸以及后制处理问题外，这与品种的淘汰选拔也有关系。目前，众所周知的蓝山铁比卡对某些形态的咖啡炭疽病具有抵抗力，颇受农友欢迎，但此一品种改良自1728年牙买加总督劳斯（Sir Nicholas Lawes）从马提尼克岛引进的铁比卡老树种。

早期的老种与后来改良的蓝山铁比卡最大的不同是，老种的叶片内卷，风味佳但抗病力差；改良后的蓝山铁比卡，叶片较平坦，抗病力较强但风味变差了。在利润挂帅下，叶片内卷的老树种早被蓝山产区淘汰，但在牙买加较低海拔产区仍有栽种。换言之，无法冠上蓝山商标的次等级牙买加咖啡，或许还喝得出早期的古优风味。这类似柯娜与咖雾的新旧铁比卡，相当有趣。

● **占地大但农技差**

经认证的蓝山咖啡地带[1]，占地约 6,000 公顷，虽比柯娜的咖啡农地大 4 倍，但比起中南美洲就小巫见大巫了。巴西一座稍具规模的庄园面积就比蓝山大，以巴西知名的达特拉庄园为例，总面积就达 6,000 公顷，虽然其中有 3,000 公顷是保护区。蓝山咖啡的栽植面积虽比柯娜大，且同为铁比卡品种，但农艺科技以及农民素质远不如美国，因此产能远逊于柯娜。

● **高价反映成本**

牙买加咖啡年产量维持在 1,200 ～ 2,400 吨，但正宗蓝山只有 600 ～ 1,000 吨，产量少，加上 90% 被日本垄断，

---

[1] 正宗蓝山与柯娜一样，皆有官方认证与规范的栽种区域，蓝山位于牙买加东部，唯有圣安德鲁（St. Andrew）、圣托马斯（St. Thomas）、圣玛丽（St. Mary）与波特兰（Portland）四大行政区内，海拔 1,000 ～ 1,700 米地区所种的咖啡才可冠上官方认证的蓝山标志。换言之，即使栽种在蓝山，但海拔只有 500 ～ 1,000 米，就不得冠上蓝山标志，只能以牙买加高山咖啡（Jamaica High Mountain）之名营销；低于 500 米则为牙买加上选咖啡（Jamaica Supreme）。

牙买加认证的蓝山品牌

COFFEE
BOX

牙买加当局认证的蓝山品牌包括：

1.Mavis Bank（属于 Jablum Group）

2.Wallenford（前身为牙买加咖啡管理局的商业部门）

3.Moy Hall（该国唯一的咖啡合作社）

4.Clydedale（近年蹿出，与 Mavis Bank 同为牙买加蓝山大型出口公司）

5.Clifton Mount Estate（产量仍少）

6. RSW Estate（是由三大庄园 Resource Estate、Sherwood Forest Estate、Whitfield Hall Estate 合组而成）

7. 老客栈

造就今日高身价。蓝山熟豆每磅至少 530 元人民币，并不是她有多香醇、味谱有多华丽，充其量只反映出"海岛型"产量稀、成本高的残酷现实。牙买加咖啡农与水洗处理厂并未因蓝山昂贵而赚翻，至今仍惨淡经营，苦撑待变。

常有人问，到底哪个蓝山品牌较佳？这就难了，每座庄园、处理厂或合作社都有自己的咖啡来源，有些是自家庄园栽种，但大部分是与蓝山地带的小农签有供货合约，品质起伏甚大，加上天灾虫祸，没有一家敢保证年年有佳酿。购买前先试喝样品豆，才是最佳保证。有趣的是，笔者发觉有些较便宜的牙买加高山咖啡，味谱甚至优于蓝山，是不是被踢下蓝山的老种铁比卡暗中加持提味？尚待更多证据支持此论点，却可为细品牙买加咖啡增添不少话题。

当然，幽香清甜的蓝山调并未绝迹，这涉及更妥善的后制处理、庄园管理与挑除瑕疵豆，而这些全会反映在豆价上。笔者喝过每千克生豆至少 60 美元的日本独卖极品蓝山，就保有幽香清甜的蓝山古早味，可谓一分钱一分货。蓝山迷不妨试试蓝山小圆豆，甜感、酸质与味谱均优于一般扁平豆，值得细品。柯娜小圆豆就不如蓝山小圆豆甜美。近年不少产地也引进蓝山铁比卡栽种，包括台湾地区，但结果不理想，风味单调贫乏，台湾蓝山甚至还有土腥与朽木味，可能与水土有关，或是水洗不当所致。

古巴咖啡：洗净铅华归平淡

1720 年，法国军官德·克利（Gabriel Mathieu de Clieu）在加勒比海东部的法属马提尼克岛种下中美洲第一株铁比卡母树，邻近的牙买加、古巴、波多黎各、海地和多米尼加，因地利之便，很快燃起咖啡栽种热，且悉数销往欧洲宗主国，坐享长达 200 年的咖啡黄金岁月。然而，20 世纪中叶之后，政治板块大挪移，牵扯到复杂的政治经济情势，目前仅剩牙买加与多米尼加的咖啡栽植业尚能苦撑，未被崛起的"新世界"生产国击倒，但已沦为二线生

古巴咖啡分 9 级

COFFEE
BOX

依序如下：

1. 水晶山（Crystal Mountain）
2. 顶级图尔基诺峰（Extraturquino）
3. 图尔基诺峰（Turquino，古巴最高峰）
4. 顶级（Altura）
5. 高山（Montana）
6. 小型豆（Cumbre）
7. 高级山峦（Serrano Superior）
8. 中级山峦（Serrano Corriente）
9. 小圆豆（Caracolillo）

产国。至于古巴、海地与波多黎各，则已气息奄奄，沦为三流生产国，咖啡农地大幅萎缩，产值锐减。昔日人声鼎沸的咖啡业从绚烂归于平淡，咖啡品质亦受波及，从早期的华丽香醇，衰变为呆板乏味，令人唏嘘。

古巴的名字源自西印度群岛一支已绝种的印第安人的语言——泰诺族语（Taino），意指"遍地是沃土"。提到古巴咖啡，就会想到古巴水晶山（Sierra Cristal，海拔 900～1,200 米），好美的名字。由于豆貌与风味神似蓝山，但其成本仅为蓝山的 1/3，国内业者常以之取代蓝山咖啡，称为古巴蓝山或大蓝山，更增添古巴水晶山的话题性。

水晶山位于古巴东北部，是古巴第二高山系，并与东南部最高的马埃斯特拉山（Sierra Maestra）以及中南部的艾斯堪布雷山（Sierra Escambray）并列为古巴三大咖啡产区，但古巴并无火山。市面上买到的水晶山并非全数出自该山区，其实水晶山只是古巴咖啡最高等级的名称。换言之，水晶山咖啡也有可能来自中南部艾斯堪布雷山或东南部马埃斯特拉山，只要符合分级标准即可。水晶山是日本人基于营销考量，为最高等级的古巴咖啡所取的"雅名"，代表颗粒最大又工整的古巴咖啡，主要外销日本、法国、意大利和德国，古巴人反而喝不到。

古巴咖啡品种以铁比卡为主，采水洗和半水洗处理。遗憾的是，水晶山贵为最高等级，却浪得虚名，笔者近几年多次细品，印象不佳，缺香乏醇，屡试"不爽"，喝来空空如也。蓝山虽然不如昔日香醇，但起码还保有几许令人愉悦的滋味与内涵，不过，古巴水晶山除了干香还可唬唬人外，入口的滋味呆滞平窄，如一潭死水，跟速溶咖啡没两样，很难相信这是最高等级的咖啡。或许以"海岛型"天生平淡无奇来自我安慰，会舒畅点，但我不甘受气，做了些研究与考证，终于找出水晶山风味大退化的曲折原委。

○ 强人恶搞，菜鸟种咖啡

18 世纪中叶之后，古巴咖啡主要输往西班牙，甚至供不应求。1790 年，法属海地大革命，动乱不安，海地大批有经验的咖啡农转进古巴，助使古巴咖啡品质大跃进。1820 年以后，咖啡对古巴经济贡献度已超越甘蔗，直到 1956 年古巴革命之前，每年咖啡出口量在 2 万吨以上。古巴是当时举足轻重的咖啡大国。

然而，1959 年，卡斯特罗革命成功，取得政权后，亟思整顿咖啡业。但古巴咖啡主要分布于中南部、东北部与东南部偏远山区，交通不便，增产有限，卡斯特罗决定在首都哈瓦纳近郊，也就是古巴较先进的西北部建立大规模咖啡带，并组织一支咖啡志愿军。然而，这批大军皆是咖啡菜鸟，毫无栽种经验，致使劣币驱良币，东部老练咖啡农反而被淘汰，菜鸟恶搞数十年，咖啡品质一落千丈。

1990 年之后，又碰到最大金主苏联解体，古巴经济陷入困境，农民纷纷迁往市区谋生。咖啡田乏人照料，任其荒芜，当局只好找不支薪的初高中学生，义务照料咖啡

田，这些学生根本不懂农艺，更无咖啡常识，古巴咖啡业
万劫不复。

◯ 产量暴跌，回升无望

早年全盛时期（1940—1970 年），古巴咖啡年产量在
2 万到 6 万吨，但 2000 年后，已跌破 1 万吨，2009 年产
量更是跌到 5,500 吨，创下历来新低。除了人祸外，与美
国交恶也是要因。美国从 1960 年就对古巴实施禁运，古
巴咖啡无法与全球最大咖啡市场联结，在可预见的未来，
不必奢望品质提升。

有趣的是，佛罗里达州有许多餐饮店贩售古巴咖啡
（加糖的 Espresso），以解大批古巴移民思乡之苦。高挂
Cuba Coffee 大招牌，却没有半颗咖啡豆来自古巴，而是
巴西、哥伦比亚或尼加拉瓜的综合配方。这件事惹恼古巴
当局，几年前一状告到世界贸易组织，指控美国挂羊头卖
狗肉，严重侵犯古巴咖啡的知识产权，想借此逼迫美国进
口古巴咖啡，但此案缠讼至今，仍无结果。

古巴咖啡在美国长达半世纪的禁运，以及菜鸟种咖啡
的恶搞下，品质大崩落，但为了赚取外汇，古巴所产咖啡
精选一部分供外销。所幸日本对清淡无个性的海岛豆存有

浪漫情怀，成了古巴水晶山最大"恩公"。但古巴咖啡品
质不佳，以及国内需求量大，古巴咖啡出口量节节下滑，
从 2004 年的 1,490 吨剧降到 2008 年的 231 吨。古巴为了
满足国内每年约 13,000 吨的咖啡需求，改从越南进口更低
廉的罗布斯塔或阿拉比卡。

精品咖啡玩家理应规避咖啡田乏人照料、栽种技术大
倒退的生产国，免得花钱买气受。古巴水晶山虽有美名加
持，但距离精品殿堂越来越远，不妨等古巴咖啡业恢复生
机再采买也不迟。

 波多黎各咖啡：日薄西山难回神

波多黎各与古巴皆是咖啡业的难兄难弟，面临往日盛
况成追忆的困境。

昔日咖啡王

19 世纪是波多黎各咖啡鼎盛时期，品种以铁比卡为
主，年产量 1.5 万～2.8 万吨，是当时全球第六大生产国，
赫赫有名的尤科精选咖啡（Yauco Selecto AA）果酸温和，
黏稠度极佳，一改海岛豆清淡如水之讥，且坚果味浓，曾

经被誉为"海岛咖啡之王",也成为各海岛生产国竞相学习的对象。然而,百年后因人工成本高涨及风灾频繁,波多黎各咖啡农难抵物美价廉的"新世界"咖啡竞争,产量及品质剧降,沦为三流产地。

波多黎各原先是西班牙殖民地,1898年美西战争,西班牙战败,割让波多黎各给美国;1917年,美国国会通过法案,赋予波多黎各人美国公民权,可参加各政党初选,但不得选美国总统。目前波多黎各是美国自由邦,享有高度自治权,而且雇主必须遵守美国劳工法,劳工待遇比照美国,这大幅提升咖啡生产成本,庄园纷纷弃作或转作收益更高的甘蔗。

波多黎各咖啡田主要分布于西南部山区,尤科一带品质最佳,但咖啡农多半是法国移民。命运转折点发生在1926—1928年,连遭超级台风侵袭,咖啡田破坏殆尽,农民破产。低廉的巴西咖啡乘虚而入,取代波多黎各咖啡在美国的市场。随着美国对波多黎各的投资增加,波多黎各从昔日的农业经济转为工业经济,咖啡栽培业没落,乃大势所趋。目前尤科产区年产量仅200吨,品质亦大不如前,昔日荣景不复,走向夕阳话当年!

多米尼加：加勒比海之星，偶有佳酿

1492年12月，哥伦布的舰队驶离加勒比海的巴哈马群岛和古巴，踏上一座不知名小岛，赞叹道："这是人眼所见最美丽的景物！"于是为该岛取名为"西班牙岛"（La Española），这正是今日的多米尼加。当年，哥伦布为寻找珍宝、丝绸和香料而来，未料几百年后，多米尼加咖啡成了"加勒比海瑰宝"。2008年，多米尼加过关斩将，赢得SCAA"年度最佳咖啡"金榜第13名，这是加勒比海诸岛的咖啡生产国历来最佳成绩。昔日的"西班牙岛"，今日分属多米尼加（东边）与海地（西边）。

 品种古老未经改良

多米尼加的咖啡品种90%是铁比卡，据称全是法国军官德·克利当年在马提尼克岛种下的铁比卡的后代，至今仍旺盛繁衍，并未被品种改良或淘汰。另外的10%则为卡杜拉、波旁和卡杜阿伊。

多米尼加咖啡产区主要分布于北中南平行走向的四个山系，依序为北部山脉（Cordillera Septentrional）、中部山脉（Cordillera Central）、中南部奈巴山脉（Sierra de

Neyba)、西南部巴赫鲁科山脉（Sierra de Bahoruco）。

较有名的产区，北部以奇宝区（Cibao）为主，此区的印第安语名字意指"山岩围绕"；中部有两区很有名，一为拉维加省（La Vega），以康斯坦札市（Constaza）为集散地，另一个为阿朱亚省（Azua）的拉加古纳（Las Gagunas）；中南部则以圣荷西欧柯瓦省（San José de Ocoa）的欧柯瓦市（Ocoa）为中心；南部则以培拉维亚省（Peravia）的首府班尼市（Bani）为中心；西南部以巴拉宏纳省（Barahona）的山城波洛（Polo）为中心。

因此，奇宝、康斯坦札、拉维加、阿朱亚、欧柯瓦、班尼、巴拉宏纳和波洛等名称，常出现在多米尼加咖啡麻布袋上。一般以中部的拉维加和阿朱亚，中南部的欧柯瓦，南部的班尼，以及西南的巴拉宏纳品质最佳。

2008年多米尼加打进SCAA杯则赛第13名的咖啡，产自中部山脉拉维加省的康斯坦札一带。另外，近年名气响亮的金色多米尼加庄园（Oro Dominicano Estate）位于中部阿朱亚省的拉加古纳，以铁比卡、波旁和卡杜拉的综合配方豆见称。酸香活泼，有明显太妃糖、巧克力与坚果香味，略带花香，价钱虽只有蓝山的1/3，味谱却更为精彩华丽，可谓惠而不费。

多米尼加咖啡虽为"海岛型",但喝来却不空洞、平淡或乏味,她的味谱厚实多变,优于牙买加蓝山、古巴和海地,亦不输早期的波多黎各,堪称物美价廉的海岛味。而其咖啡味谱之所以能在加勒比海诸岛中,成为最厚实、有深度者,应该和地貌多元有关。

中部山区的杜阿尔特峰(Pico Duarte)海拔 3,175 米,是加勒比海岛国最高峰,而西部的恩里奎罗盐水湖(Enriquillo)则低于海平面 40 多米,亦有雨林与沙漠。更特别的是,多米尼加土质不属火山岩,而是石灰岩与花岗岩,矿物质丰富,土质与中南美洲产区不同,因而打造出独特的味谱。

近 10 年来,多米尼加咖啡年产量维持在 2 万~3 万吨,相当稳定,该国是加勒比海地区的最大生产国,也是少数未受美俄角力影响的国家。邻国海地年产量在 1 万~2 万吨,但喝来清淡乏味,是典型的海岛味,且品质远逊于多米尼加。因此,加封多米尼加为"加勒比海之星",应不为过。

波旁岛、圣赫勒拿岛：飘香万古醇

这是咖啡史上最具话题性的两座咖啡岛，均位于南半球，波旁岛（南纬 20.9 度）在非洲东岸的印度洋，圣赫勒拿岛（南纬 16 度）位于非洲西岸的南大西洋，皆产量稀少，却不乏万世传颂的故事。

● 名人加持添香

两岛面积虽小，但在咖啡品种的命名上举足轻重。法国人宣称波旁品种源自波旁岛，但圣赫勒拿岛却扮演正本清源的实证价值，证明了也门老早就有此品种，揭穿法国的谎言。两岛虽隔着非洲大陆遥遥相望，却也相映成趣。

波旁岛在非洲东岸马达加斯加岛以东 600 多公里处，面积 2,511 平方公里，是座火山岛，古时印度人称之为"毁灭岛"[1]。1635 年，葡萄牙人发现该岛，取名为圣阿波罗

---

[1] 1—13 世纪，印度半岛东南部泰米尔（Tamil）一带的朱罗古国，最早登上目前的波旁岛，发觉火山经常爆发，称之为毁灭岛。波旁岛与毛里求斯岛（Mauritius）、罗德里格斯岛（Rodrigues）共同组成马斯克林群岛（Mascarene）。

尼亚岛（Saint Apollonia）；后来又被法国人占领，于 1649 年改名为波旁岛，以彰显法国波旁王朝的伟业；1792 年法国大革命后，又改名为留尼汪岛（La Réunion），沿用至今，属于法国海外领土，也是欧盟一员。不过，咖啡界至今仍习惯以旧名称之，因为波旁品种就是以波旁岛命名的。

波旁的血缘之争

　　业界提到波旁品种，常误以为源自非洲东岸的波旁岛，足见法国人营销波旁有多成功。如果没有圣赫勒拿岛的比对与验证，法国人的西洋镜恐无揭穿之日。晚近的咖啡学者勘察圣赫勒拿岛的咖啡品种，顶端嫩叶为绿色，经 DNA 鉴定确实为波旁品种，也就是俗称的"绿顶波旁"或"圆身波旁"。

　　然而，根据文献记载，这些波旁品种是 1732 英国东印度公司从也门运来的。意义重大的是，英国并未到法属的波旁岛取种，而是直接到也门引种，由此可见波旁品种早已存在于也门。法国人宣称，也门摩卡移种到波旁岛后才出现新的"圆身"变种，故取名为"圆身波旁"，以兹纪念，此说法显然站不住脚。因此，波旁岛对波旁品种普及化的贡献，显然被夸大了。其实，也门才是铁比卡与波旁从埃塞俄比亚扩散出去的桥头堡。

　　有关波旁传播路径，笔者在第 9 章中，归纳出两个结论：

　　1. 豆身短圆的波旁品种，老早就存在于也门，绝非法国人 1715—1717 年移植也门摩卡到波旁岛后，才出现的新变种。好大喜功的法国人只是抢到波旁的命名先机罢了。

　　2. 1810 年圆身波旁出现变种，豆身从短圆变成尖瘦，也就是晚近所称的尖身波旁，树身更矮小，咖啡因减半，叶片也缩小了，很像月桂叶，因此尖身波旁的学名为 *Coffea laurina*。

　　波旁岛有两个波旁品种，一为 1715—1717 年从也门引进的圆身豆，也就是法国人所称的"圆身波旁"，另一为 1810 年发现的圆身波旁新变种尖身波旁。目前巴西等中南美洲国家，以及肯尼亚、坦桑尼亚大规模栽种的波旁，皆属一般圆身波旁或其嫡系。至于她的变种尖身波旁原以为绝种了，但 2000 年后发现仍残存在波旁岛，法国与日本科学家正鼎力复育珍稀的尖身波旁。

　　法国文豪巴尔扎克正是尖身波旁的死忠，迷恋她的水果酸甜味。大师宣称，一生至少灌下 3 万杯咖啡，笔者认为这可能跟尖身波旁咖啡因含量较低有关，才能如此狂饮。原来，在当时的科技条件下，人们并不知道这支突变新品种的咖啡因含量仅为豆重的 0.4%～0.7%，比传统波旁的咖啡因低了 50%。另外，英国前首相丘吉尔与法国前总统希拉克也是尖身波旁的死忠粉，更为尖身波旁增添传奇色彩。

　　然而，波旁岛咖啡业好景不长，19 世纪中叶以后，因竞争不过物美价廉的巴西咖啡，波旁咖啡农纷纷转种甘蔗，最后一批尖身波旁在 1950 年运抵法国后就销声匿迹了。直到 1999 年，日本上岛咖啡（UCC）的专家川岛良彰前往波旁岛寻找传说中"多喝亦能好眠"的"尖身波旁",才开启了日法联手的复育计划。

● 圣赫勒拿"绿顶波旁",拿破仑的绝品

位于南大西洋上的圣赫勒拿岛,是18世纪末英国用来囚禁要犯的海上堡垒。法国军事家拿破仑在滑铁卢一役被英国和普鲁士联军击溃,1815—1821年,拿破仑遭软禁于此,与世隔离。

不知是天意还是巧合,英国早在1732年从也门运来摩卡树苗(绿顶波旁),种在这座占地仅412平方公里的小岛,咖啡树熬过数十载的冷风苦雨,竟然成为拿破仑虎落平阳,唯一的美味与精神慰藉。6年后,他气绝前不忘讨喝一小匙圣赫勒拿咖啡,传为美谈。圣赫勒拿也因拿破仑的加持而万古飘香。

1996年,英国人大卫·亨利(David R.Henry)受到拿破仑与圣赫勒拿咖啡"生死缘"的感召,决定营销美味的圣赫勒拿,并设有专属网页。然而,2006年以后品质不稳定,这与该岛气候善变有关。大卫的圣赫勒拿网页近年突然关闭了,市面上很难买到他的咖啡,是否经营出现问题,不得而知。

就笔者所知，目前在美国明尼苏达州老牌的"咖啡与茶"（Coffee & Tea LTD）烘焙厂[1]仍买得到正宗圣赫勒拿咖啡，身价不菲，每磅熟豆 89 美元，半磅 46 美元，1/4 磅 24 美元。虽然贵，但比起半低因的尖身波旁还是便宜多了。

● 波旁前景胜过圣赫勒拿

波旁岛与圣赫勒拿岛虽有不少神似处，但两岛的咖啡前景，仍以波旁较佳。因为半低因的尖身波旁是咖啡栽培业的新宠，2000 年后已获得日本、法国和欧盟接济，正大力复育中。反观圣赫勒拿咖啡，则日走下坡，原因出在该岛的"绿顶波旁"并无特异功能，与一般精品波旁并无二致。或许咖啡迷可寄望圣赫勒拿尽快出现变种的半低因咖啡，如此欧美日才能投以关爱眼神，否则光靠拿破仑的威名，终有用尽之时。

---

[1] "咖啡与茶"烘焙厂的网址为 https://coffeeandtealtd.com/。

海岛型品种差异

COFFEE
BOX

不同的海岛咖啡生产国，咖啡也有不同的表现。

以加勒比群岛来说，因地利之便，咖啡品种皆以 1720—1723 年法国军官德·克利在马提尼克岛栽下的铁比卡所衍生的品种为主。

印度洋上的波旁岛与南大西洋上的圣赫勒拿岛，出于历史因素，咖啡品种则以波旁为主，而非加勒比群岛常见的铁比卡。

这两大古老品种，味谱各殊。铁比卡的风味较平衡，中规中矩；波旁的果酸与莓果味，强过铁比卡，酸质更为华丽，甜感更庞杂，多了一股奶油糖的香气，令欧洲骚人墨客、政要与军事家魂牵梦萦。

Chapter

9

1300 年的阿拉比卡大观（上）：
族谱、品种、基因与迁徙历史

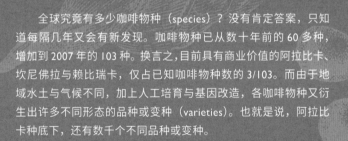

　　全球究竟有多少咖啡物种（species）？没有肯定答案，只知道每隔几年又会有新发现。咖啡物种已从数十年前的 60 多种，增加到 2007 年的 103 种。换言之，目前具有商业价值的阿拉比卡、坎尼佛拉与赖比瑞卡，仅占已知咖啡物种数的 3/103。而由于地域水土与气候不同，加上人工培育与基因改造，各咖啡物种又衍生出许多不同形态的品种或变种（varieties）。也就是说，阿拉比卡种底下，还有数千个不同品种或变种。

　　光是阿拉比卡种的原产地埃塞俄比亚，就至少有 2,500 个品种，这还不包括中南美洲培育的数百个新品种。最近波旁岛和埃塞俄比亚还发现了阿拉比卡麾下的半低因新品种，更是震惊咖啡界。

品种数千的阿拉比卡

常喝咖啡一定听过阿拉比卡种、坎尼佛拉种与赖比瑞卡种。其中，原产于埃塞俄比亚的阿拉比卡，风味温和优雅，是精品咖啡主力，而且咖啡因含量也较低，占咖啡豆重量的 0.9%～1.5%，商业价值最高，是当今咖啡产业的主要物种，占全球咖啡产销量的 60%～70%。

第二号咖啡物种坎尼佛拉，看似陌生，但讲到她底下知名品种罗布斯塔就不会陌生。罗布斯塔原产于中非和西非，占全球咖啡产销量的 30%～40%，仅次于阿拉比卡。但罗布斯塔杂苦味重，咖啡因含量高，占豆重的 1.8%～4.2%，主攻速溶、三合一或罐装咖啡等低价市场。

第三号咖啡物种赖比瑞卡，原产于西非的利比里亚，呛骚味更重，仅占全球咖啡产销量的 1%～2%，经济价值不高，但西非、马来西亚、菲律宾、印尼和越南独沽此味。欧美、日本和中国台湾地区则敬谢不敏。

除了这三种具商业栽培价值的咖啡外，还有两种鲜为人知的咖啡物种值得介绍——生长于中非和东非的刚果西斯与尤更尼欧狄。虽然几无商业栽培，但遗传学研究有重大发现，科学家认为尤更尼欧狄是阿拉比卡的母源，而坎尼佛拉或刚果西斯很可能是阿拉比卡的父源。

很多人误把阿拉比卡视为单一品种，其实，"阿拉比卡"并不是品种名，而是更高一阶的物种名，是个集合名词。阿拉比卡与坎尼佛拉、赖比瑞卡、尤更尼欧狄与刚果西斯等103个咖啡物种，位阶相等，皆是咖啡属（Coffea）底下的物种名，而这103个物种底下还有不胜枚举的品种与变种。植物分类学的位阶排序为界、门、纲、目、科、属、种。而种的底下有数不清的品种、变种或栽培品种。

● 四套染色体，稀罕咖啡物种

然而，阿拉比卡却是咖啡属底下103个物种中最特殊的一个。目前所知，阿拉比卡是咖啡属底下唯一的四倍体植物（有4套染色体），且为自花授粉，特色是咖啡因含量较低，味谱干净。其余的 102 个咖啡物种，均为二倍体植物（有 2 套染色体），且为异花授粉。因此，阿拉比卡是咖啡属中弥足珍贵的物种。

阿拉比卡旗下知名品种

　　阿拉比卡种麾下，品种浩繁如星辰，以下是"新世界"耳熟能详的品种或变种：

- 铁比卡（Typica）
- 玛拉哥吉培（Maragogype，象豆）
- 帕卡斯（Pacas）
- 帕卡玛拉（Pacamara）
- 波旁（Bourbon）
- 黄波旁（Yellow Bourbon）
- 尖身波旁（Bourbon Pointu）
- 卡杜拉（Caturra）
- 新世界（Mundo Novo）
- 卡杜阿伊（Catuai）
- 艺伎（Geisha）
- 卡帝汶（Catimor）
- 帝汶混血（Timor）
- SL28
- SL34

 认识品种刻不容缓

　　国人买咖啡只问生产国，不问品种，常以生产国作为衡量咖啡好坏的标准，这失之粗糙且很不专业。即使你买到知名生产国的阿拉比卡，也不表示买对了品种。因为各生产国或庄园不可能只栽种阿拉比卡旗下的单一品种，至少会同时栽培 3 ～ 4 个品种甚至更多。而不同品种的前驱芳香成分，也会随着庄园水土、海拔高低、有无遮阴树、降水量、温度、微型气候，以及日晒、水洗、半水洗或湿刨法等处理方式，而有优劣表现。若能多充实咖啡物种与品种常识，不但可提升喝咖啡乐趣，对日后采购亦是一大保障。

美国新近崛起的第三波精品咖啡馆，如波特兰的树墩城、芝加哥知识分子、北卡罗来纳反文化咖啡等业者，非常重视精品咖啡的品种与水土。除了在包装袋上标示出该咖啡的生产国、庄园、栽种海拔和处理方式外，还标明这支豆子是阿拉比卡所属的哪个品种，让消费者了解买到的是波旁、黄波旁、橘波旁、铁比卡、卡杜拉、卡杜阿伊、帕卡玛拉、玛拉卡杜拉、SL28、S795 或伊卡图等，以满足饕客求知欲，增加喝咖啡乐趣。

● 认明品种，免做冤大头

选购咖啡前，对品种多一层了解，即多一份保障。比方说，买夏威夷咖啡，如果买到小粒品种摩卡、大粒混血摩卡、卡杜拉或卡杜阿伊等品种，多半出自茂宜岛或欧胡岛，论风味与身价，皆远逊大岛的柯娜或咖雾产区的柯娜铁比卡。

另外，肯尼亚咖啡迷人的莓果酸香与蔗香，系波旁育种选拔的 SL28 与 SL34 独有的地域之味，如果在肯尼亚买到从牙买加移植来的蓝山铁比卡，因肯尼亚水土关系，风味反而贫乏无奇。更糟的是买到阿拉比卡与罗布斯塔跨种杂交的鲁伊鲁 11，喝来有魔鬼的尾韵，岂不成了冤大头？

再看看最火红的巴拿马翡翠庄园的艺伎，豆貌比蓝山、柯娜更为尖长，如果不察，买到另一较圆身形态的艺伎，或巴拿马铁比卡、波旁，花了冤枉钱也喝不到艺伎独有的橘香与直冲脑门的焦糖香气。

● 咖啡饕客自保铁则

另外，国人颇爱的苏拉威西托拉贾，选购时也要明辨买到的是古老铁比卡（优）、20 世纪 70 年代大量移入的 S795（良），还是 1990 年以后引进的跨种混血卡帝汶（劣）。原则上越古老的品种，产果量越少，风味越优雅。切记，购买精品咖啡，除了要看产地庄园外，更要了解该庄园口碑最佳的是哪些品种，以及生豆的处理方式。平常多积累品种的常识，不但能为咖啡美学加分，亦是自保之道。

大师错认阿拉比卡发源地

然而拥有最多美味咖啡的阿拉比卡种，学名到底是如何制定出来的呢？这美丽的错误为咖啡史增添了一页浪漫。

咖啡原产于非洲，但古埃及、罗马、希腊史料乃至《古兰经》和《圣经》，却对咖啡只字未提，直到公元9世纪，波斯名医拉齐（al-Razi，865—925）才在《医学全集》（*Kitab al-Hawi fi al-tibb*）中提到治疗头疼的"布恩"（Bun），这是人类史上最早描述咖啡特性的用语，也是咖啡的古早音。埃塞俄比亚至今仍称咖啡为"布纳"（Buna），称咖啡馆的发音为"Bunna bet"，"咖啡是我们的面包"（Buna dabo naw）更是埃塞俄比亚家喻户晓的古谚。

埃塞俄比亚的"布纳"主产于西南部的咖法森林，学者认为，Kaffa 是后来 Coffee 的字源。不过，另有学者认为土耳其人将阿拉伯"美酒"的语音 Qahwa 转成较顺口的土耳其发音 Kahvé，并借用美酒来形容咖啡。因此，咖啡的字源有可能是 Kaffa 或 Qahwa。直到 1601 年，Coffee 才出现在英文字典里。

到了 17 世纪中叶，欧洲才有咖啡馆。18 世纪，荷兰、法国、英国等欧洲列强惊觉咖啡庞大商机，靠着船坚炮利，盗取也门咖啡树，移植至印度、印尼和中南美洲殖民地，并强征非洲黑奴到殖民地种咖啡，一举打破伊斯兰教徒垄断咖啡栽植业局面。然而，这种可提神醒脑、制造快乐的植物，迟至 1753 年才有了举世通用的学名——*Coffea arabica* L.，也就是大家耳熟能详的阿拉比卡种咖啡树。

这要归功瑞典知名博物学家卡尔·林耐（Carolus Linnaeus，1707—1778），在 1753 年大作《植物种志》（*Species Plantarum*）中首创二名法分类系统，为 7,300 种植物命名。

● 美丽的错误

林耐误以为咖啡原产于阿拉伯半岛南部，也就是当时欧洲人惯称的"快乐的阿拉伯"（Arabia Felix，即今日也门），遂以拉丁文 Arabica，也就是"阿拉伯的"作为种名。阿拉比卡学名 *Coffea arabica* L.（咖啡属底下，阿拉伯的种，林耐命名），彰显咖啡产自阿拉伯。

其实，咖啡属底下，何止阿拉比卡种。但阿拉比卡风味佳，是最早被人类饮用的咖啡物种，因此最先被学术界定出学名。至于坎尼佛拉种底下的品种罗布斯塔，由于风味差，足足比阿拉比卡晚了100多年，直到19世纪中叶才被发现，这不难理解。

集万千宠爱于一身的阿拉比卡，虽然是最早被命名的咖啡物种，但林耐却弄错了，阿拉比卡并非原产于阿拉伯半岛南部的也门，而是起源于埃塞俄比亚西南部咖法森林与苏丹东南的博马高原（Boma plateau），以及肯尼亚西北部的原始森林地带。但这不能怪林耐，因为18世纪的非洲，是蛮荒野地的黑暗大陆，欧洲人不敢贸然进入，不可能知道东非高地是阿拉比卡发源地。反观阿拉伯半岛南部，也就是今日也门，因地利之便，是欧洲商船驶往印度和亚洲必经之地。

16—17世纪，欧洲人最早在阿拉伯半岛之南的也门发现咖啡树，因此误以为"快乐的阿拉伯"是咖啡发源地。然而，早在7—8世纪，东非红海滨的阿克苏姆帝国（Kingdom of Aksum），也就是今日的埃塞俄比亚，与阿拉伯半岛的部族发生战争，互有输赢。当时阿克苏姆的官兵或奴隶，将埃塞俄比亚高地的咖啡种子带到也门，因而开启了也门咖啡栽植业。

可以这么说，阿拉比卡学名是在美丽的误会中诞生的。事后诸葛亮，咖啡的种名阿拉比卡，如果改为埃塞俄比卡（Ethiopica）或许更能反映她的真实发源地。

上帝错造的香醇

就连上帝也阴错阳差创造了阿拉比卡。咖啡属里的103个物种中，唯独阿拉比卡是"异源四倍体"，其他咖啡物种皆为二倍体。所以四倍体阿拉比卡的遗传基因、生长环境、化学组成、习性及香醇度，迥异于其他102个二倍体咖啡物种。[1]

虽然阿拉比卡的学名比其他二倍体咖啡物种早了100多年制定出来，但近代遗传学研究却发现，阿拉比卡是较晚近才有的物种，也就是出现年代晚于其他二倍体咖啡树，因为阿拉比卡的父源与母源，皆来自二倍体的祖先。

---

[1] 所谓的二倍体是指染色体有两套，从父系及母系处各继承一套，每套11个染色体，共22个，即2n＝22。四倍体是指染色体有四套，从父母处各继承两套，每套11个，共44个染色体，即4n＝44。换言之，阿拉比卡的染色体，较其他咖啡物种多出两套，即多出22个染色体。

异源四倍体的阿拉比卡，是由两个不同源的二倍体咖啡物种，在罕见的因缘下杂交，又在极低的概率下，额外增生两套染色体，且四套染色体皆能配对，才能产出有生育力的四倍体新物种，因此阿拉比卡堪称自然界的奇迹。基本上，不同种的二倍体植物杂交产出的下一代，因父系与母系的染色体不同源，生殖细胞在减速分裂中都会因无法配对而失去生育力。但二倍体在阴错阳差下亦有可能再增生两套染色体，也就是四套染色体，解决无法配对的问题，而产出有生育力的稳定四倍体新物种。若说阿拉比卡是上帝错造的香醇，并不为过。

● 阿拉比卡的父源与母源

有趣的是，1930—1940 年，植物学家道蒂（I. R. Doughty）在坦桑尼亚乞力马扎罗山脚下的赖安穆古咖啡研究中心，以二倍体咖啡物种坎尼佛拉（俗称罗布斯塔）与尤更尼欧狄杂交，虽产出近似阿拉比卡的新品种，却无生育力。但老天有眼，居然有一株在上帝旨意下，奇迹般地额外增加两套染色体，而且彼此能配对，产出有生育力的异源四倍体新物种，且习性与罗布斯塔或尤更尼欧狄完全不同，却很近似于阿拉比卡。

可惜第二次世界大战爆发，实验室混血成功且近似于阿拉比卡的苗株已遗失。不过，此实例呼应了近年遗传学家认为，二倍体的罗布斯塔与尤更尼欧狄，可能是阿拉比卡先祖的论述。

近年遗传学家利用分子生物学科技，分析咖啡属底下二倍体物种与唯一的四倍体阿拉比卡的亲缘关系，终于找出罗布斯塔是阿拉比卡的父源。但亦有学者怀疑刚果西斯（刚果咖啡，类似罗布斯塔）也可能是父源。至于母源，则确定为尤更尼欧狄，她的基因不但与阿拉比卡最接近，就连黄酮类化合物（flavonoid compounds）也几乎相同。

此结果并不令人意外，因为阿拉比卡虽然是咖啡属里唯一的四倍体，但她与尤更尼欧狄、罗布斯塔和刚果西斯均为"真咖啡亚属"的成员（稍后详述），基因歧异不致太大，跨种杂交，产出有繁殖力的后代并非不可能。

○ 乌干达，阿拉比卡滥觞地

从地缘关系来看四倍体阿拉比卡与二倍体罗布斯塔、尤更尼欧狄，亦有耐人寻味的发现。阿拉比卡的父源罗布斯塔，性喜高温潮湿，主要分布于西非和中非一带，海拔较高、气候干凉的东非高地，就不太适合罗布斯塔生长。乌干达是罗布斯塔往东部非洲蔓延的界限，过了乌干达再往东的肯尼亚或东北的埃塞俄比亚，就看不到罗布斯塔了。

至于阿拉比卡的母源尤更尼欧狄，则分布于东非的肯尼亚、坦桑尼亚、莫桑比克、马达加斯加和乌干达一带。因此阿拉比卡的父源罗布斯塔与母源尤更尼欧狄，最可能是在乌干达结连理，合体产下四倍体"怪胎"。

● 埃塞俄比亚，阿拉比卡基因库

加拿大知名植物学家拉奥·罗宾森认为，乌干达最可能是阿拉比卡的诞生地，但阿拉比卡不适应乌干达高温潮湿气候以及病虫害，经由古代部族的移植或鸟兽播种，才落户到邻近较干爽的肯尼亚西北、苏丹东南和埃塞俄比亚西南部交界处的高地，顺利繁衍。

其中以埃塞俄比亚水土最适合，因而成为阿拉比卡基因仓库。有趣的是，埃塞俄比亚的咖啡物种全为四倍体，科学家至今仍未在埃塞俄比亚找到二倍体的咖啡物种，反观中非与西非的咖啡物种则全为二倍体。

千百年来，阿拉比卡在埃塞俄比亚高原独霸繁衍，孕育出举世无双的四倍体阿拉比卡基因。仅埃塞俄比亚研究单位归类的阿拉比卡的野生品种、变种或栽培品种，就接近 1,000 个，欧美学者则预估阿拉比卡底下还有许多品种未被发现，埃塞俄比亚至少有 2,500 个品种。由于埃塞俄比亚阿拉比卡基因形态庞杂，有些品种对叶锈病和咖啡炭疽病具有抵抗力，这与中南美洲和亚洲的阿拉比卡抗病力极低，有天壤之别。

◯ 自花授粉的怪胎

四倍体阿拉比卡是 103 个咖啡物种中唯一的雌雄同株，以自花授粉繁衍，二倍体咖啡物种则为雌雄异株，采异花授粉。研究显示，巴西和哥伦比亚的阿拉比卡，自花授粉率为 80%～90%，而异花授粉率仅为 10%；但埃塞俄比亚野生阿拉比卡的自花授粉率稍低，约为 60%，异花授粉率为 30%～40%，这也是埃塞俄比亚阿拉比卡基因最丰富的要因之一。基本上，阿拉比卡以自花授粉为常态，异花授粉较少见。这造成阿拉比卡遗传多样性不如二倍体庞杂。

自花授粉的好处是不易杂交，基因来自同株，容易维持本身优良性状，代代传承下去，但缺点是族群的基因变异性减低了，相对无法适应新环境。反观异花授粉，好处是染色体的基因可以重新组合，增加遗传多样性，物种容易随着环境变迁而进化出更强的适应力与抗病力。

罗布斯塔等二倍体咖啡物种均属自花不孕，必须以异花授粉繁衍，因此体质较阿拉比卡更为强悍。这也是二倍体咖啡树与四倍体阿拉比卡最大不同处。若说阿拉比卡是体弱的贵妇，罗布斯塔是粗犷的壮汉，并不为过。

● 阿拉比卡富含前驱芳香物

阿拉比卡的染色体较其他咖啡物种多出两套或 22 个，除了反映在习性、授粉与分布地域上的不同外，也表现在前驱芳香物占比上的不同，这是阿拉比卡较二倍体咖啡物种更香醇美味的原因。

表 9-1　阿拉比卡指标化学成分占生豆重量百分比（%）

化学成分	偏低	中等	偏高
咖啡因	<0.9	0.9 — 1.2	>1.2
蔗糖	<7.0	7.0 — 9.0	>9.0
绿原酸	<4.5	4.5 — 6	>6.0
葫芦巴碱	<1.0	1.0 — 1.8	>1.8
咖啡白醇	<0.1	0.1 — 0.3	>0.3

从上表可看出，阿拉比卡咖啡因占豆重百分比低于0.9%则为偏低，这在阿拉比卡中并不多见，最普遍的占比为0.9%～1.2%，高出1.2%则超出标准值，亦不多见。

科学家最关注的是蔗糖与葫芦巴碱两大前驱芳香物的占比，蔗糖在烘焙过程中会衍生更多酸香物，并促成焦糖化的甘苦味和梅纳反应的奶油甜香[1]；葫芦巴碱则会降解成烟草酸、吡咯、吡啶等芳香物，增加咖啡厚实度。阿拉比卡的咖啡因虽不及罗布斯塔，但蔗糖与葫芦巴碱占比却明显高于所有的二倍体咖啡物种，因此风味最甜美香醇。

从表9-2可看出，罗布斯塔的咖啡因占比明显高于阿拉比卡，但蔗糖与葫芦巴碱的前驱芳香物远逊于四倍体的阿拉比卡。因此，罗布斯塔等二倍体咖啡物种的整体风味表现较差。

---

[1] 梅纳反应是咖啡烘焙的主要造香反应，远比焦糖化复杂。焦糖化是指糖类受热脱水的褐变反应，会产生甜香与苦味。梅纳反应是指碳水化合物与氨基酸结合的反应，会生成奶油甜香、巧克力味、坚果味、甘苦味等，是食品工业最重要的提香增味反应。本套书实务篇会有详细论述。

表 9-2　罗布斯塔指标化学成分占生豆重量百分比（%）

化学成分	偏低	中等	偏高
咖啡因	<1.8	1.8 — 2.5	>2.5
蔗糖	<4.5	4.5 — 7.0	>7.0
绿原酸	<7.0	7.0 — 8.0	>8.0
葫芦巴碱	<0.6	0.6 — 1.2	>1.2
咖啡白醇	<0.01		

＊ 以上数据参考自
11th International Scientific Colloquium on Coffee-ASIC.Vol.1,pp. 252-262.
Plant Science,149:115-123.

● 豆貌、豆色有别

阿拉比卡的细胞染色体是 44 条，比罗布斯塔的 22 条多出两倍，这种基因的差别也反映在两物种的豆貌上。基本上，阿拉比卡的豆粒大于罗布斯塔，以便容纳更多的遗传物质与化学成分。就连豆色也有别，阿拉比卡一般种在海拔 1,000 米以上，空气较稀薄，气温较低，成长较慢，硬度高，豆色偏蓝绿；反观罗布斯塔，多半种在平地或海拔 500 米以下，空气较充足，气温较高，成长较快，硬度低，豆色偏黄。

阿拉比卡的健康饮用法

　　值得留意的是，阿拉比卡所含油溶性二萜类化合物咖啡白醇（kahweol）占豆重 0.1%～0.3%，是罗布斯塔的 10～30 倍，因此咖啡白醇是常用来区别此二物种的重要化学物。

　　从阿拉比卡中萃出的咖啡白醇和咖啡醇（cafestol）均多于罗布斯塔，因此更易提高血液胆固醇浓度，不利健康。

　　虽说香醇的阿拉比卡暗藏"邪恶"，但不用担心，泡煮时只需加一张滤纸即可挡掉咖啡醇与咖啡白醇，喝出健康与香醇。

 阿拉比卡的诞生

　　了解阿拉比卡的亲缘、可能诞生地与芳香物占比后，我们可以继续探讨她的出世年代。

● 公元 7 世纪诞生

　　乌干达、埃塞俄比亚和也门虽与阿拉比卡关系匪浅，但这三国不曾有史料记述她出现的年代。目前所知最早论及咖啡的文献，是公元 9 世纪波斯名医拉齐的《医学全集》，但这只能推论阿拉比卡的诞生年代不会晚于 9 世纪。至于比 9 世纪早多久，仍无确切证据。

不过，加拿大植物学家罗宾森在《恢复抵抗力：培育抗病作物，减少对杀虫剂的依赖》（*Return to Resistance：Breeding Crops to Reduce Pesticide Dependence*）第 21 章中，对此问题有精辟分析。他认为香料贸易（spice trade）兴盛了数百年，于公元 476 年随着西罗马帝国灭亡而瓦解，然而，香料贸易却不曾提及咖啡，因此阿拉比卡诞生年代，应在公元 476 年香料贸易之后，9 世纪《医学全集》问世之前，也就是 5—9 世纪。罗宾森大胆推断：7 世纪是阿拉比卡现身的年代。

● 香料贸易的启示

此话怎讲？香料贸易最早可追溯到西罗马帝国时代，即公元前 27 年至公元 476 年。活跃于东南亚的南岛民族，包括中国台湾地区土著居民、印尼人、马来西亚人、波利尼西亚人、菲律宾和马达加斯加土著居民，利用印度洋季风，以船只运送东南亚的肉桂、姜黄等香料至非洲东岸的马达加斯加岛，再抵目前的肯尼亚。北上进入埃塞俄比亚后，兵分两路：西路溯蓝尼罗河至埃及的亚历山大港，再搭船驶抵罗马；东路则由埃塞俄比亚抵红海滨，乘船抵苏伊士，短暂路程可抵地中海，再乘船直抵罗马。

这就是公元前 27 年至公元 476 年知名的香料贸易路径。庞大香料商队在埃塞俄比亚整装，沿路还大肆采购奴隶、野兽与珍贵香料，一起运抵罗马，供富豪享用或竞技场搏斗之用，如同电影《角斗士》里的场景。

重点是，埃塞俄比亚位处香料贸易路线的分支点。如果公元 476 年香料贸易瓦解之前，阿拉比卡早已存在于埃塞俄比亚，那么香料贸易中不可能没有咖啡，西罗马帝国的文献更不可能没有关于咖啡的记录。因此，植物学家认为合理的解释是，公元 476 年之前，阿拉比卡根本不存在，或当时埃塞俄比亚尚无咖啡树。

虽然罗布斯塔、赖比瑞卡和尤更尼欧狄等二倍体物种早已在西非和中非兴盛繁衍，但并不在东非的香料贸易路径上，不易被发觉。再者，这些咖啡物种风味不佳，即使有人知道，亦不可能被纳入香料商队的采购单。因此，早期香料贸易文献与西罗马帝国史料，均无有关咖啡的只言片语。一直拖到 9 世纪，咖啡古音 Bun 才首度出现在拉齐的《医学全集》中。

但罗宾森等知名学者认为，从新植物的诞生到被人类发现，再进入实际运用，其间酝酿期，至少要 1 个世纪。因此从公元 9 世纪往前推到公元 7 世纪，作为二倍体咖啡物种杂交，造出美味四倍体新物种阿拉比卡的年代，较为

合理。阿拉比卡诞生地就在乌干达，再转进到更凉爽的埃
塞俄比亚，生生不息。

 经典品种：铁比卡与波旁的传播地图

7世纪阿拉比卡在埃塞俄比亚扎根繁衍后，直到9世纪间的200年，阿拉比卡随着阿克苏姆帝国（埃塞俄比亚）与阿拉伯半岛的民族战争，被阿兵哥移植到目前的也门。两种不同形态的阿拉比卡在也门生根落户。其中之一顶端嫩叶为古铜褐色（红顶），树体较高、叶片窄狭、豆貌尖长，也就是今日的铁比卡，学名为 *Coffea arabica* L. var. *typica* Cramer；另一个移植到也门的品种，形态与铁比卡不同，顶端嫩叶为青绿色（绿顶），叶片较宽，豆貌短圆，也就是今日所称的波旁，学名为 *Coffea arabica* L. var. *bourbon* Rodr. Ex Choussy。

换言之，也门是铁比卡与波旁离开埃塞俄比亚的第一站，这两大古老品种又被称为产量低、风味佳的古优品种。然而，铁比卡是在1913年后才被命名的，早期的欧洲人直接称之为阿拉比卡或阿比西尼亚。后来学术界认为铁比卡是阿拉比卡的典型品种，倒也顺理成章。

　　至于波旁就有更有意思了，她是铁比卡的变种，但过去大家都听信法国人的说法，误以为法国人移植铁比卡到波旁岛后，才出现波旁变种。

　　非也！在法国人移植之前，此品种早就存在于也门与埃塞俄比亚。法国人好大喜功，1715—1718年移植也门咖啡苗到马达加斯加以东的属地波旁岛后，发觉长出的咖啡豆较为短圆，有别于一般长身的阿拉比卡咖啡豆，故取名为"圆身波旁"，以夸示波旁王朝的伟业。这就是今日波旁品种名称的由来，明明取之也门，却冠上法国味的名字，不知也门人气不气。

　　法国人抢到先机，为阿拉比卡另一形态的圆身豆取名为"波旁"，让人误以为所有的波旁品种皆源自波旁岛。最先揭穿法国西洋镜的是英国人。1732年，英国东印度公司赶搭咖啡栽种热，到也门取得咖啡苗，种在南大西洋上的圣赫勒拿岛。这批也门咖啡树的形态与波旁相同，顶端嫩叶为翠绿色，豆身椭圆，但重点是英国人并未通过波旁岛取种，径自从也门进口，无异于证明了也门早有法国人夸耀的圆身波旁，法国西洋镜不攻自破。但圣赫勒拿岛至今仍称这批老丛咖啡为"绿顶波旁"，也成了1815—1821

世界第一贵的咖啡

圆身波旁或绿顶波旁皆是源自也门的品种，却被法国人张冠李戴，吃足也门豆腐。但另一个更为珍稀的品种——尖身波旁，才是波旁岛衍生出来的变种，也是当今最昂贵的咖啡，学名为 *Coffea arabica* L. var. *laurina* P. J. S. Cramer（咖啡属底下，阿拉伯的种，林耐命名，其变种萝芮娜，克拉默命名）。

正常的波旁品种，豆身短圆，但 1810 年波旁岛的咖啡农勒罗伊（Le Roy）发现园里有株矮个儿咖啡，叶子更小，状似月桂叶，咖啡豆也更为尖瘦，产量比一般波旁更少，经当时植物学家证实是新变种。由于豆体两端很尖，因此俗称为"尖身波旁"，以区别一般圆身波旁。但克拉默博士于 20 世纪初发觉此变种的叶片像极了月桂叶，因此以拉丁文 laurina，也就是英文的 laurel（月桂叶）作为变种名，不过业界仍习惯以"尖身波旁"称之。

波旁岛雨水不丰，使得圆身波旁的基因突变，出现更矮身、叶小、果稀的抗旱品种，相对的咖啡因也减半，占豆重的 0.4% ～ 0.7%，也就是半低因咖啡，但香醇未减，饶富水果调，是巴尔扎克等法国文豪魂牵梦萦的"千杯亦能好眠"的美味咖啡。

然而，20 世纪中叶，波旁岛农民舍弃咖啡，抢种更赚钱的甘蔗，圆身波旁与尖身几近绝迹。直到 2000 年后，日本上岛咖啡的专家川岛良彰考察该岛后，登高一呼，与法国国际农业发展研究中心的植物学家，联手复育半低因尖身波旁。2006 年产出 700 千克尖身豆，精选 240 千克运抵日本，由上岛咖啡烘焙后包装成每单位 100 克的袖珍包，要价 7,350 日元，一天就被抢光。2011 年更涨价到每 100 克 8,400 日元，比艺伎和麝香猫咖啡更贵，是当今最高贵的咖啡。

法国当局非常重视尖身波旁，因为她是波旁岛独有的半低因变种，至于圆身波旁豆则不稀奇，也门老早就有了，且已传遍世界。

年法国军事家拿破仑被英国软禁该岛，临终前不忘喝一口
的绝品咖啡。

● 从也门辐射出去

了解了铁比卡、波旁在 7—9 世纪从埃塞俄比亚传播
到也门的历程，接着我们以编年纪事，铺陈两大古优品种
以也门为跳板，开枝散叶到全球的路径。

铁比卡路径

· **1500—1554 年**：伊斯兰教徒试图将也门咖啡移植到
叙利亚和土耳其，因水土、气候不合而失败。

· **1600 年左右**：印度伊斯兰教徒巴巴布丹在麦加朝圣
的回途中，带走 7 颗也门咖啡种子，返回印度西南部的卡
纳塔克邦，并栽种在他修行的山区。由于气候水土适宜，
成功繁衍，属于红顶咖啡树（铁比卡），带动了印度西南
部的咖啡栽植业。

· **1658 年**：荷兰人从印度移植铁比卡到今斯里兰卡，
但斯里兰卡人栽种意愿不高。

· **1690—1696 年**：荷兰人占领印度西南的马拉巴，并
将巴巴布丹从也门引进印度的铁比卡移植到印尼爪哇，却

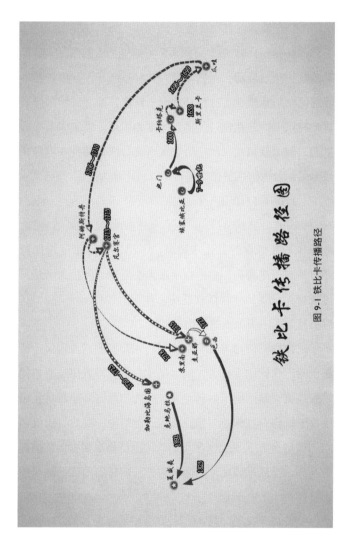

铁比卡传播路径图

图 9-1　铁比卡传播路径

遇到地震与海啸，首尝失败。

· **1696—1699 年**：荷兰人又将斯里兰卡的铁比卡移植至爪哇，相当成功，而且印尼人栽种意愿高，开启荷兰在印尼的咖啡栽植业，这也是欧洲人首度在海外试种咖啡成功。铁比卡因此从也门传播到印度和印尼，也主宰了亚洲早期的咖啡栽植业，此一历史因素使得波旁品种在亚洲相当罕见。台湾地区的咖啡品种亦以铁比卡为主。

· **1706—1710 年**：荷兰东印度公司总督范宏（Joan van Hoorn，1653—1711）为了夸耀在印尼种咖啡告捷，将一株爪哇培育的铁比卡树苗，千里迢迢运抵阿姆斯特丹，并盖一座暖房，由植物学家悉心照料。阿拉比卡是自花授粉，只要一株存活就能传宗接代。1713 年开花结果，后来竟成了中南美洲的铁比卡母树。

· **1713—1715 年**：阿姆斯特丹市市长赠送法国国王路易十四一株铁比卡树苗，以彰显荷兰在咖啡栽植竞赛中的领先地位。法国国王如获至宝，在凡尔赛宫兴建暖房，由植物学家侍奉这株小祖宗，顺利开花结果，叶片有内卷倾向。1715 年法国又将暖房里的铁比卡苗移植到南美的属地圭亚那。圭亚那因此成为南美最先种咖啡的地区，后来成为巴西铁比卡的来源。

· **1718 年**：荷兰人看到法国人在南美种咖啡成功，

奋起直追，移植阿姆斯特丹暖房里的树苗到南美属地苏里南。

· 1720—1723 年：法国海军军官德·克利以美人计迷惑凡尔赛宫植物园里的植物学家，并盗走铁比卡苗株，搭船护送小树苗至加勒比海的法属马提尼克岛，试种成功，并将种子和树苗分赠牙买加、多米尼加、古巴、海地、危地马拉等中美洲国家。换言之，1706 年荷兰人在阿姆斯特丹暖房培育的那株爪哇铁比卡母树，成了今日中美洲海岛国铁比卡的小祖宗。这也显示了中美洲铁比卡一脉单传、遗传多样性严重不足的毛病。

· 1727 年：法国早在 1715 年抢先在南美属地圭亚那栽种铁比卡，但圭亚那与荷兰的苏里南爆发争端，濒临战争。巴西指派一表人才的陆军军官帕西塔前往调停，却与法国圭亚那总督夫人产生情愫，并获夫人赠送铁比卡苗。帕西塔返回巴西后辞官，1727 年在西北部的帕拉州种下铁比卡，开启巴西的咖啡栽植业。18 世纪的巴西咖啡全为铁比卡，叶片亦有内卷倾向，巴西直到 1869 年才引进产量更大的波旁。

· 1825 年：夏威夷王国的英国园艺家约翰·威尔金森，从巴西引进叶片内卷的老种铁比卡，并种在欧胡岛，但水土不服。1828 年由一位牧师移植到夏威夷群岛较凉爽的大岛，并种在柯娜、咖雾、普纳和哈玛库亚。

· **1892 年**：夏威夷又引进产量更稳定的危地马拉改良铁比卡，种在大岛的柯娜，也就是今日的柯娜铁比卡。

波旁路径

· **1715—1727 年**：18 世纪，法国人大力扩展中南美洲属地的咖啡栽植业，也同时经营非洲。1715 年，法国东印度公司参考荷兰一本植物画册，到也门盗取 60 株咖啡树，运抵法属波旁岛，但这批树苗最后只存活 2 株。由于豆形较圆，与荷兰人种植的红顶长身豆（1913 年被命名为铁比卡）明显不同，因此法国人率先取名为圆身波旁以便区别。1717 年法国人格雷尼尔（Fougerais Grenier）又从也门运来一批圆身波旁咖啡苗，扩大波旁岛的咖啡栽植业，1727 年收获 10 万磅咖啡豆。

· **1732 年**：英国东印度公司抢搭咖啡栽植热，取得也门咖啡苗，运至英属圣赫勒拿岛。由于顶端嫩叶为绿色，豆身短圆，形态与波旁相同，岛上咖啡农至今仍称绿顶波旁。但重点是英国人并未通过法属波旁岛，而是直接从也门取苗，运至圣赫勒拿岛，这也证明了也门早就有绿顶或圆身的品种。

· **1810 年**：波旁岛的圆身波旁出现变种，树株与叶

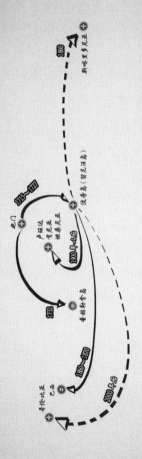

波旁传播路径图

图 9-2 波旁传播路径

注：实线为圆身波旁的传播路径，虚线为尖身波旁的传播路径。

片更小，豆粒更尖瘦，咖啡因也较低，形态迥异于一般波旁，被誉为半低因尖身波旁。这是波旁岛独有的变种，但近年植物学家怀疑埃塞俄比亚应该也有半低因的波旁变种。

· **1860 年：**法国人移植尖身波旁至澳大利亚东部，南太平洋上的法属小岛新喀里多尼亚（New Caledonia），至今仍有少量栽种，但产量极稀。

· **1860—1870 年：**巴西发觉 1727 年栽种的红顶铁比卡产量少且易生病，直到 1860 年后引进另一个古优品种波旁，增加阿拉比卡基因的庞杂度。由于波旁产果量高出铁比卡 30%，深受农民喜欢，逐渐取代铁比卡。波旁品种开始在中南美洲扎根。巴西的波旁品种究竟是从也门还是从波旁岛引进，已不可考，以引自波旁岛较为可靠。

· **1900 年以后：**法国传教士从波旁岛引种至肯尼亚、坦桑尼亚和卢旺达等国。因此，东非生产国除了埃塞俄比亚外，至今仍以绿顶波旁或波旁嫡系 SL28、SL34 为主，这与亚洲以铁比卡为主大异其趣。

· **2000 年以后：**笔者考证发现，除了新喀里多尼亚外，目前哥伦比亚与巴西亦有少量尖身波旁。

从以上的传播路径可看出，铁比卡最先染指印度、印尼和东南亚其他国家，接着进军中美南洲。可以这么说，

19 世纪中叶以前，中南美洲是铁比卡的天下。1860 年后，巴西惊觉铁比卡体弱多病，产量又少，于是引进另一个古优品种波旁，以增加拉丁美洲咖啡基因的丰富度。然而，亚洲至今仍以红顶铁比卡为主，波旁相当少见，反而是阿拉比卡与罗布斯塔的杂交品种横行亚洲。东非一直到 20 世纪初，才由法国传教士引进波旁品种。

● 基因鉴定，认祖归宗

从文献看，今日亚洲和中南美洲的铁比卡与波旁，皆源自也门与埃塞俄比亚，这有科学依据吗？

2002 年，欧盟及法国的发展暨研究组织资助一项研究计划，以生物分子学的基因指纹鉴定技术"扩增片段长度多态性"（AFLP），以及"简单序列重复区间"，探索拉丁美洲和亚洲铁比卡与波旁的遗传关系。结果与文献所载不谋而合，铁比卡与波旁的亲缘，皆指向也门，而非波旁岛，显然波旁岛在咖啡基因传播的重要性上被过度渲染了，也门才是最重要的跳板。

另外，该研究也比较了也门咖啡与埃塞俄比亚的亲缘关系，结果发现也门的遗传多样性远逊于埃塞俄比亚，也门咖啡的形态皆能在埃塞俄比亚的原生咖啡中找到，而埃塞俄比亚咖啡基因庞杂的形态，却无法在也门发现。

● 咖法森林是基因库

接着还比较了也门咖啡与埃塞俄比亚西南部咖法森林以及东部哈拉高地，咖啡基因的遗传距离。结果出乎意料，也门的遗传距离竟然与更遥远的咖法森林野生咖啡最接近，这也颠覆过去以为也门咖啡源自埃塞俄比亚东部哈拉高地的看法。换言之，铁比卡与波旁是由咖法森林传到哈拉高地，再由哈拉扩散到也门，哈拉只是个中继站而非发源地。此研究也证实了咖法森林是阿拉比卡的基因仓库。

● 遗传多样性与多态性沦丧

此研究另一重大发现是，阿拉比卡的遗传多样性与多态性随着不断移植而不停流失。阿拉比卡主要以自花授粉繁衍，单株树苗即可在异域繁殖，加上各生产国一系列的淘汰与筛种，使得遗传多样性与多态性沦丧，更趋同质化与单纯化。

难怪亚洲与中南美洲的铁比卡和波旁体弱多病，反观阿拉比卡原产地埃塞俄比亚,有些品种对叶锈病和咖啡炭疽病已有抗病基因。因此,中南美洲、印度和印尼等咖啡生产国,近半世纪在联合国协助下,不时引进埃塞俄比亚的多样性咖啡基因,以改善咖啡体质,增强抗病力。

请参考图 9-3,即可明了阿拉比卡移植出埃塞俄比亚后,面临基因狭窄化的难题。

阿拉比卡的科学位置

要进一步认识咖啡品种,不妨进阶探索阿拉比卡、坎尼佛拉、赖比瑞卡、尤更尼欧狄和刚果西斯在植物分类学上的位置。晚近学界根据林耐[1]的二名法分类系统,将阿

---

[1] 18 世纪之前,世界数以万计的植物没有统一名称,往往同一种植物有几个名称,或几种植物共享同一称谓,给研究工作带来莫大困扰。瑞典植物学家林耐终结此乱局,在 1753 年大作《植物种志》中首创二名法分类系统,为 7,300 种植物命名,将植物细分到属名与种名。
林耐一生收集的植物标本达 1.4 万种,他根据植物雄蕊、雌蕊特征,把植物分成 24 纲、116 目、1,000 多个属和 10,000 以上的种。如此繁复工程由他一人肩挑完成,为界、门、纲、目、科、属、种的物种分类学奠定基石。虽然这套分类系统经过各世代植物学家补充,但世人仍尊封林耐为"植物学之王"或"分类学之父"。

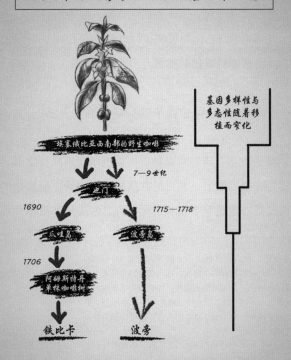

铁比卡与波旁移植路径及基因窄化图

基因多样性与多态性随着移植而窄化

埃塞俄比亚西南部的野生咖啡

7—9世纪

也门

1690　1715—1718

爪哇岛　波旁岛

1706

阿姆斯特丹单株咖啡树

铁比卡　波旁

＊从此图可看出，7—9世纪，阿拉比卡移植也门；17—18世纪，也门的铁比卡与波旁传进亚洲、波旁岛、圣赫勒拿岛和中南美洲后，咖啡基因多态性越来越窄狭化。

图9-3 铁比卡与波旁移植路径及基因窄化

拉比卡、坎尼佛拉、赖比瑞卡、尤更尼欧狄和刚果西斯等
103个原种咖啡在界、门、纲、目、科、属、种的分类位
阶划分如下：

表 9-3　阿拉比卡种的位阶

植物界 →	被子（开花）植物门 →	双子叶植物纲 →	龙胆目 →	茜草科 →	咖啡属 → → →	阿拉比卡种
					→ 金鸡纳属	坎尼佛拉种
					→ 钩藤属	赖比瑞卡种
					↓	刚果西斯种
					↓	↓
					650 个属	共 103 个种

在植物分类系统里，茜草科（Rubiaceae）下面有650
个属，其中不少具有药用价值，譬如金鸡纳属、钩藤属和
咖啡属等，又以咖啡属经济价值最高、名气最响亮。咖啡
属底下就目前所知至少有103个咖啡物种，而阿拉比卡、
坎尼佛拉与赖比瑞卡只是其中3个最具商业价值的咖啡物
种。至于金鸡纳属、钩藤属底下亦有许多物种，由于与咖
啡无关，不予列出。

然而，二名法只能看到属名与种名，至于种名底下的
变种、品种或栽培品种则需以三名法表现。

从表9-4可看出阿拉比卡、坎尼佛拉、赖比瑞卡、刚
果西斯与尤更尼欧狄的原种，再延伸到底下的品种名称。

何谓二名法

上述图表细分到植物的属名与种名，学术界则以林耐的二名法来呈现植物的属名与种名。写法很简单，属名在前，以大写斜体的拉丁文为之，而种名在后，以斜体小写为之，基本上种名为形容词，以描述该物种的产地、形态、色香味等特征。最后再标出命名者姓氏。因此阿拉比卡的学名 *Coffea arabica* L. 可解析如下：

二名法＝属名＋种名＋命名者姓氏

    ＝ *Coffea*（属名）*arabica*（种名）L.（林耐姓氏缩写）

    ＝咖啡属／阿拉伯的种／林耐命名

    ＝咖啡属底下，阿拉比卡种，林耐命名

咖啡属里另外两个重要原种——坎尼佛拉与赖比瑞卡的二名法学名为：

    Coffea（属名）*canephora*（种名）Pierre ex A. Froehner

    ＝咖啡属底下，坎尼佛拉的种，由皮埃尔与佛纳命名

    Coffea（属名）*liberica*（种名）W. Bull. ex Hiern

    ＝咖啡属底下，赖比瑞卡的种，由布尔与海恩命名

表 9-4　咖啡原种与品种的位阶

茜草科 →	咖啡属 →	阿拉比卡种 →	铁比卡、波旁、卡杜拉、卡杜阿伊等成百上千个品种
		→ 坎尼佛拉种 →	罗布斯塔、恩干达、库威洛等许多品种
		→ 赖比瑞卡种 →	伊克赛尔撒等许多变种与品种
		→ 刚果西斯种 →	夏洛提等许多变种与品种
		→ 尤更尼欧狄种 →	基芙安西斯等变种与品种

从学名上可了解铁比卡与波旁并不是种名，而是阿拉比卡原种下面的变种名或品种名。罗布斯塔亦非原种，而是坎尼佛拉原种底下的变种，可别搞错了。只是大家为了方便，常把罗布斯塔视为原种。

有了二名法与三名法，原种与品种名称有了清楚位阶与统一名称，而且从学名就能知道两种植物是否有亲戚关系。例如，铁比卡与波旁就同属阿拉比卡底下的变种，因此两者有血缘关系；而罗布斯塔则是坎尼佛拉种的变种，与铁比卡和波旁分属不同物种。

因此"种"是生物分类的基础，也是生物繁殖的基本单元。同种源自共同祖先，有极近似的形态特征，且分布在一定区域，同种间能自然交配并繁衍有生育力的后代；不同种的个体杂交，一般不能产出有生育力的后代，也就是所谓的生殖隔离。然而植物界的生殖隔离现象不如动物界明显，同一属的异种，在天时地利的巧合下，亦可自然混血产出有生育力的稳定后代。因此，咖啡属底下跨种间的混血，比如说阿拉比卡与赖比瑞卡，并非不可能，但产出有生育力的后代，概率很低。

COFFEE BOX

三名法的学名写法

欲细究原种底下的亚种、变种或栽培品种，就必须用三名法。阿拉比卡底下的品种铁比卡、波旁，以及坎尼佛拉底下的品种罗布斯塔，就得以三名法来表现。

先以铁比卡的学名 *Coffea arabica* L. var. *typica* Cramer 来解释。根据二名法，只能看到属名与种名，也就是 *Coffea arabica* L.，因此必须再加入第三项的变种名（或品种名），才能呈现出铁比卡的位置。

三名法＝属名＋种名＋命名者＋变种（亚种或品种名）＋命名者缩写

举例说明：

I. 铁比卡学名 *Coffea arabica* L. var. *typica* Cramer，解析如下：

Coffea（属名）*arabica*（种名）L.（林耐缩写）var.（变种）*typica*（铁比卡）Cramer

Var. 为变种 variety 的缩写，Cramer 为命名者姓氏。

翻译过来是：咖啡属底下，阿拉比卡种，林耐命名，其变种铁比卡，克拉默命名。

但方便起见，常省略命名者，可简化为 *Coffea arabica* var. *typica*。

※ 拉丁文 typica 等同英文的 typical，中文意指"典型的、有代表性的"，植物学家认为铁比卡最接近阿拉比卡的原种。从学名可知，铁比卡是阿拉比卡的代表及典型树种，阿拉比卡麾下的无数变种或品种皆衍生自铁比卡。学界已将铁比卡视同阿拉比卡的代言人了，所有的基因或品种比较，均以铁比卡为标准。

※ 欧洲人是在也门发现咖啡树的，故以拉丁文 arabica，即"阿拉伯的"为种名，彰显她与阿拉伯的渊源。中国惯称为阿拉比卡，是很传神的拉丁文音译，很容易让人联想到阿拉伯也门。

COFFEE BOX

2. 波旁学名：*Coffea arabica* L. var. *bourbon* Rodr. Ex Choussy。

翻译过来是：咖啡属底下，阿拉伯的种，由林耐命名，其变种波旁，由罗德尔与舒西共同命名。

可简化为：*Coffea arabica* var. *bourbon*。

3. 坎尼佛拉变种罗布斯塔学名：*Coffea canephora* Pierre ex A. Froehner var. *robusta* (Linden) A. Chev,1947。

翻译过来是：咖啡属底下，坎尼佛拉种，皮埃尔与佛纳命名，其变种罗布斯塔，由林登与谢瓦利埃于 1947 年命名。

可简化为：*Coffea canephora* var. *Robusta*。

4. 坎尼佛拉另一变种恩干达学名为 *Coffea canephora* var. *nganda* Haarer,1962。

翻译过来是：咖啡属底下，坎尼佛拉种，其变种恩干达，1962 年由哈雷尔命名。

5. 肯尼亚知名的培育品种 SL28 和混血品种鲁伊鲁 11 的简化学名为 *Coffea arabica* cv. *SL28*（cv 为 cultivar 缩写）和 *Coffea arabica* cv. *Ruiru 11*。

 咖啡物种最新分类

随着咖啡物种的分类越来越精确，也能更清楚界定各物种间的亲缘关系。1930—1950 年，法国知名植物学家奥古斯特·谢瓦利埃（Auguste Chevalier，1873—1956）在非洲埋首研究咖啡物种，1947 年完成了 200 年来最详尽的咖啡物种分类系统。

他在咖啡属下，加列四个咖啡亚属（Coffea subgenus）：

1. 真咖啡亚属（Eucoffea）；

2. 马达加斯加咖啡亚属（Mascarocoffea）；

3. 帕拉咖啡亚属（Paracoffea）；

4. 阿葛咖啡亚属（Argocoffea）。

为了更明确地分门别类，他又在真咖啡亚属下增设 5 个咖啡组（sections）：

1. 红果咖啡组（Erythrocoffea）；

2. 厚皮咖啡组（Pachycoffea）；

3. 莫桑比克咖啡组（Mozambicoffea）；

4. 黑果咖啡组（Melanocoffea）；

5. 侏儒咖啡组（Nanocoffea）。

这五组更清楚界定各原种的亲缘。此一新分类与排序沿用至今。请留意真咖啡亚属底下的红果咖啡组，目前具有商业栽培价值的咖啡尽在其内。

表 9 - 5 增设咖啡亚属与咖啡组排序

植物界 ➔ 被子（开花）植物门 ➔ 双子叶植物纲 ➔ 龙胆目 ➔ 茜草科 ➔ 咖啡属 ➔ 咖啡亚属 ➔ 咖啡组 ➔ 原种 ➔ 变种（品种）

表 9-6 四个咖啡亚属与五个咖啡组排序

植物界 → 被子（开花）植物门 → 双子叶植物纲 → 龙胆目 → 茜草科 →
咖啡属 →

1. 真咖啡亚属 41 种
→ → 1. 红果咖啡组（阿拉比卡、坎尼佛拉、刚果西斯……）
→ → 2. 厚皮咖啡组（赖比瑞卡……）
→ → 3. 莫桑比克咖啡组（尤更尼欧狄、蕾丝摩莎……）
→ → 4. 黑果咖啡组（史坦诺菲雅……）
→ → 5. 侏儒咖啡组（观赏用布列维普斯……）

2. 马达加斯加咖啡亚属 54 种 → (略)

3. 帕拉咖啡亚属 8 种 → (略)

4. 阿葛咖啡亚属 → (略)

＊说明：真咖啡亚属底下有 41 个原种咖啡分布在红果、厚皮、莫桑比克、黑果和侏儒咖啡组内。
其中以红果咖啡组最受重视，商业栽培量最大的阿拉比卡与坎尼佛拉，皆在里面。

表 9-7 红果咖啡组底下的重要原种与品种

红果咖啡组 → 阿拉比卡种 → 铁比卡、波旁等数千个变种或品种
→ 坎尼佛拉种 → 罗布斯塔、恩干达等变种与品种
→ 刚果西斯种 → 夏洛提……变种与品种

● 咖啡物种知多少

咖啡属底下究竟有多少咖啡物种？ 1985 植物学家贝
尔托（Berthaud J.）与沙里耶（Charrier A.）等人，根据
1947 年谢瓦利埃以上的分类系统，再进行一次非洲乡野调
查，初步估计咖啡属共有 66 个咖啡物种，而真咖啡亚属

占了 24 个原种。

但 2006 年美国知名植物学家艾伦·戴维斯（Aaron Davis）的最新研究指出，咖啡属底下已增加到 103 个咖啡原种。其中的 41 种在西非、中非和东非的埃塞俄比亚被发现，被归入真咖啡亚属；另有 51 种居然在东非外海、印度洋上的马达加斯加岛被发现；有 3 种在马斯克林群岛（Mascarene，波旁岛隶属此群岛）找到，被归入马达加斯加咖啡亚属；另有 8 种在印度发现，被归入帕拉咖啡亚属；至于原本在西非的阿葛咖啡亚属，似乎已灭绝了。

● 真咖啡亚属商业价值高

谢瓦利埃研究西非、中非、东非和印度洋上的马达加斯加岛、马斯克林群岛的咖啡物种，发现她们的形态极为复杂，除了含有咖啡因的西非、中非和东非咖啡外，另有不含咖啡因的马达加斯加咖啡，再加上地域、形态、花果颜色、构造上的区别，有必要在咖啡属底下加设真咖啡亚属、马达加斯加咖啡亚属、帕拉咖啡亚属、阿葛咖啡亚属共四大咖啡亚属。

其中最重要的是真咖啡亚属，分布区域在埃塞俄比亚、肯尼亚、苏丹、西非和中非。顾名思义，该亚属的经

济价值高于其他三亚属，因此谢瓦利埃才以"真咖啡"名
之。另外，阿拉比卡的父源坎尼佛拉或刚果西斯，以及母
源尤更尼欧狄，均在此亚属内。

● 红果咖啡组最火红

由于真咖啡亚属很重要且较为复杂，谢瓦利埃又将其
细分为红果咖啡组、厚皮咖啡组、莫桑比克咖啡组、黑果
咖啡组、侏儒咖啡组五大组。各组物种的形态皆不同：

果子成熟后会变红的，归入红果咖啡组，包括阿拉比
卡、坎尼佛拉与刚果西斯三大原种。

果皮肥厚、树高4～20米的，则归入厚皮咖啡组，
包括赖比瑞卡、阿贝欧库戴（*Coffea abeokutae*）等原种。

原产中非、东非和马达加斯加岛，咖啡果子较小、
树身矮，且咖啡因低的，归入莫桑比克咖啡组，包括
阿拉比卡的母源尤更尼欧狄，以及蕾丝摩莎（*Coffea racemosa*）等原种。几年前巴西以蕾丝摩莎与阿拉比卡混
血成功，产出半低因的阿拉摩莎，知名的达特庄园有栽种
生产。

咖啡果子呈紫黑色的物种则归入黑果咖啡组，原产于
西非塞拉利昂的史坦诺菲雅咖啡（*Coffea stenophylla*）是

代表。她对叶锈病有抵抗力，风味尚可，数十年前曾有试种，但要 9 年才可成熟结果，因不符经济效益而被弃种。

最后是矮小的侏儒咖啡，归入侏儒咖啡组，可供园艺观赏用，*Coffea Humilis* 与 *Coffea togoensis* 为代表物种。

以上五组中，以红果咖啡组最火红，因为里面的阿拉比卡、坎尼佛拉和刚果西斯，三大原种最具商业价值。

● 阿拉比卡最吃香

阿拉比卡种底下的铁比卡、波旁、卡杜拉等数千个亲缘最近的品种均在红果咖啡组。虽然黄波旁与橘波旁的果皮不是红色，却是由红波旁变种而来。阿拉比卡是咖啡属里的怪胎，是唯一的四套染色体和自花授粉的物种，含有最丰富的前驱芳香物，高占全球咖啡产销量六至七成。

● 坎尼佛拉两大形态

1857 年英国探险家理查德·波顿（Richard Burton）以及约翰·斯皮克（John Speake）在乌干达的维多利亚湖畔发现一种有别于阿拉比卡形态的咖啡树，但并未命名。1897 年植物学家在西非加蓬发现新形态咖啡树，取名为坎尼佛拉。1898 年中非刚果发现一种强壮且风味更浓烈的咖啡，比利时一家园艺公司取名为罗布斯塔。经专家鉴定，罗布斯塔是坎尼佛拉的一个变种，因此学名为 *Coffea canephora* var. *robusta*。

坎尼佛拉的商业价值次于阿拉比卡，坎尼佛拉底下的品种有两大形态：

其一为罗布斯塔，主产于中非乌干达、刚果，是坎尼佛拉的典型品种，产量高占全球坎尼佛拉种的 90%，因此业界常以罗布斯塔代表坎尼佛拉。

另一形态为恩干达，主产于乌干达，树体、豆粒稍小，抗病力不如罗布斯塔。

罗布斯塔树身高大，叶片、纹路粗犷，一般豆粒也较大，且抗病力最佳，是坎尼佛拉种底下最受欢迎的品种。罗布斯塔在西非刚果与加蓬，常被称为库威洛。

两套染色体的坎尼佛拉以异花授粉繁殖，因此品种形态远较阿拉比卡庞杂，也更强壮。基本上，坎尼佛拉的杂苦味重，不若阿拉比卡优雅。不过，印度和印尼亦有精品级的罗布斯塔，栽种海拔约 1,000 米，甚至更高，全采用精致水洗，呵护之情，较之阿拉比卡有过之无不及。精品罗布斯塔喝来像麦茶或玄米茶，亦有股奶油花生的香气，低酸无呛苦味，但咖啡因含量仍高，喝多了会头痛。

印度近年以红果咖啡组的另一成员刚果西斯，与罗布斯塔杂交成功，也就是 Congensis×Robusta，甜感佳亦有股花生香，低酸，适合做浓缩咖啡。刚果西斯与罗布斯塔很可能是阿拉比卡的父源，近来备受重视。

◯ 马达加斯加亚属，低因却苦口

在真咖啡亚属之外，另一个渐受重视的是马达加斯加咖啡亚属。令科学家吃惊的是，目前所知的 103 个咖啡原种中，有 54 种是在东非外海的马达加斯加列岛发现的，换言之，马达加斯加列岛的咖啡物种超过埃塞俄比亚、西非和中非的总和。

马达加斯加亚属最大特色是几乎不含咖啡因，但苦味特重难以入口，至今仍无商业栽培价值。该亚属常见诸学术报告的物种包括 *C. kianjavatensis*, *C. lancifolia*, *C. mauritiana*, *C. macrocarpa* 和 *C. myrtifolia* 等，均为天然低因咖啡树种。

十多年前，科学家曾以马达加斯加咖啡亚属的低咖啡因物种与真咖啡亚属里的阿拉比卡混血，试图打造出风味优雅又低因的明日之星，但血缘横跨两个亚属，差距太大，出现无法繁衍的生殖隔离，终告失败。巴西科学家近年改以血缘较近，同为真咖啡亚属的阿拉比卡种与蕾丝摩莎种混血，成功培育出咖啡因含量较低的品种。由此可见咖啡物种分类系统的重要性。

另两个亚属帕拉咖啡亚属和阿葛咖啡亚属较不重要。前者主要分布于印度、斯里兰卡干燥贫瘠地区，风味粗俗，无商业价值；后者阿葛咖啡主要分布于西非，似乎已绝迹了。

● 半低因咖啡的"种马"

真咖啡亚属旗下的红果咖啡组与莫桑比克咖啡组，近年成为植物学家培育半低因咖啡的取种仓库。因为红果咖啡组的阿拉比卡种，味谱最干净优雅，而莫桑比克咖啡组的蕾丝摩莎与尤更尼欧狄，咖啡因含量只有阿拉比卡之半，味谱也不差。

更重要的是，两组咖啡物种的血缘与基因差异不致太悬殊，混血成功机会较大，是打造半低因咖啡的热门"种马"，相关研究被列为商业机密。如何种出低因又美味的咖啡，已成为各生产国提高竞争力的关键。

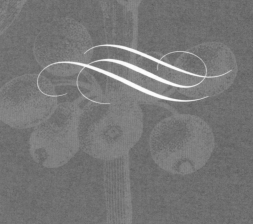

Chapter

10

1300 年的阿拉比卡大观（下）：
铁比卡、波旁……古今品种点将录

1,300 年前的 7 世纪，阿拉比卡旗下古优品种——铁比卡与波旁，从埃塞俄比亚传抵也门。17 世纪后，通过荷兰、法国、英国、葡萄牙和西班牙等殖民帝国力量，开枝散叶到亚洲、中南美洲、大洋洲和东非，或变种或混血，生成许多咖啡栽培史上的经典品种。

不过，本章仅介绍"新世界"最具代表性的咖啡品种，不包括"旧世界"。因为阿拉比卡故乡埃塞俄比亚至少有 2,500 个品种，极为庞杂，至今欧美学术界仍无从分门别类！

古今咖啡英雄榜

铁比卡与波旁这两大古老品种在"新世界"不同水土，繁衍淬炼三百年，产出名堂万千的变种与混血品种。笔者归类为"铁比卡系列""波旁系列""种内混血系列"与"种间混血系列"。

所谓的种内混血，即同种混血，也就是同为阿拉比卡麾下的品种混血产出新品种。至于种间混血，即异种或跨种混血，也就是阿拉比卡与坎尼佛拉、赖比瑞卡、刚果西斯或蕾丝摩莎等异种混血，产出新品种。恶名昭彰的抗病品种卡帝汶与初试啼声的半低因咖啡阿拉摩莎，皆是跨种杂交的杰作。

从咖啡品种的血统来认识古今咖啡名种，虽然是非常新的归类方式，却是相当有效且最科学的归纳法。

铁比卡系列

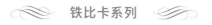

茜草科→咖啡属→真咖啡亚属→红果咖啡组→阿拉比卡种→铁比卡品种

外观：瘦高 ◆产果量：低 ◆顶端嫩叶：红褐色 ◆风味：均衡优雅 ◆抗病力：差

铁比卡是拉丁文 Typica 的中文音译，意指"典型的"，她是阿拉比卡种的代表或标准品种，也是最早从也门移植到印度、印尼和中南美洲的遍地开花的品种，与稍后的波旁并列为两大古老又美味品种。

1690—1699 年，荷兰人将印度西南部的马拉巴尔以及斯里兰卡的铁比卡移植到印尼爪哇，开启印尼咖啡栽植业；1706 年荷兰人又将爪哇铁比卡移植至阿姆斯特丹暖房；1715 年又移植到法国国王路易十四的凡尔赛宫暖房；1723 年，法国军官德·克利历尽千辛万苦将其移植到加勒比海的法属马提尼克岛，铁比卡终于扩散到"新世界"。

铁比卡咖啡树的顶端嫩叶为红褐色而非青绿色，叶子较狭长，分枝长而松散，与主干成 60～70 度角，几乎和主干成 90 度垂直状，枝叶下垂，树体的锥状轮廓明显，且树枝节间距离较长，因此产果量不多。

古老铁比卡的特色是豆粒较大且豆身较尖长，但移植到"新世界"亦衍生许多不同形态，也有较椭圆与小粒的铁比卡。研究指出，80% 的铁比卡的豆宽超出 6.75 毫米，也就是大于 17 目，反观波旁豆只有 65% 超出 17 目。

⬬ 味谱温和柔顺

铁比卡咖啡豆的酸甜苦咸滋味非常平衡，温和柔顺是最大特色，但有时太平衡反而少了个性美。铁比卡的酸香味，基本上不若波旁刁钻多变，蛮适合怕酸族，但铁比卡栽植海拔低于 1,000 米，温度太高，容易有木屑味。荷兰、印度和印尼对铁比卡扩散贡献最大。

⬬ 抗病力差且产能低

这是铁比卡最大的缺点，产量甚至比波旁还低 30%。巴西起初以铁比卡为主力，但因其体弱多病、产果量少，在经济效益考量下，于 1860 年引进产量较高的波旁，全面汰换铁比卡。1950 年以后，铁比卡在中南美洲生产国逐渐被产能较高的波旁、卡杜拉或卡杜阿伊取代，但牙买加蓝山、夏威夷柯娜、多米尼加、古巴和中国台湾地区等海岛型，以及印度马拉巴尔、印尼苏拉威西托拉贾、墨西哥、秘鲁和玻利维亚的精品豆，至今仍以铁比卡口碑最佳。

⊃ 铁比卡变种

　　秘鲁和玻利维亚等中南美洲国家称铁比卡为 Criolla，印尼称之为 Bergendal，这些都是 Typica 同义语。铁比卡基因突变的品种不少，影响到树的高矮、果皮颜色、豆粒大小和抗病力强弱。以下是铁比卡重要变种与栽培品种。

　　· **象豆：** 1870 年在巴西东北部巴伊亚州的玛拉哥吉培（Maragogype）发现的铁比卡变种，豆粒雄壮威武，是一般咖啡豆的三倍大。海拔 1,000 米以上的象豆风味较优雅干净，水果调明显，酸味剔透，但海拔 600～900 的象豆就常有不净的杂味。巴西、哥伦比亚、危地马拉、尼加拉瓜、萨尔瓦多均有少量栽植。象豆产果量少，豆粒硕大，为后制处理增加麻烦，因此栽种国不多。

　　· **侏儒铁比卡：** 有大就有小，侏儒铁比卡相当罕见，原生于埃塞俄比亚，树矮叶小，豆粒玲珑可爱，迥异于一般铁比卡长身豆。19 世纪由荷兰移植到苏拉威西，为数不多但风味比苏拉威西知名的托拉贾更香醇甜蜜，果酸柔顺，带有茉莉花香，极似埃塞俄比亚耶加雪菲的豆貌和韵味。碧利烘焙厂的招牌咖啡"印尼之星"，就属此稀世品种，产出几乎被欧洲精品业买断，但近年品质下滑，原因不明。侏儒铁比卡与中南美洲常见的风味平庸矮种铁比卡——帕切（Pache）和圣雷蒙（San Ramon）基因形态不同，因而更为珍稀，目前只存活在埃塞俄比亚和印尼的苏拉威西深山里。

· 柯娜铁比卡：夏威夷大岛的铁比卡来自危地马拉，由于大岛位于北纬20度的亚热带，气候较凉爽，加上肥沃火山岩土质，虽然栽植海拔只有数百米，却孕育出干净的酸香和甜感，比起海拔更高的蓝山铁比卡有过之无不及。不过，大岛的咖啡农近年也引进卡杜拉和波旁品种，呈现的酸质优于传统铁比卡，嗜酸族将有更多选择，独霸柯娜的铁比卡面临挑战。

· 蓝山铁比卡：1720年，法国海军军官德·克利，历尽千辛万苦将铁比卡树苗护送至加勒比海的马提尼克岛。1725年牙买加的英国总督从马提尼克岛移植7,000株铁比卡苗到牙买加蓝山。经200多年驯化，蓝山铁比卡进化出较佳的抗病力，尤其对咖啡炭疽病的抵抗力优于一般铁比卡。20世纪中叶以后，她曾被移植到巴布亚新几内亚、肯尼亚甚至苏拉威西，试图复制蓝山咖啡清甜幽香的特质，但似乎水土不服，状况不佳。蓝山铁比卡跨出牙买加乐土，好像不灵光了，台湾地区亦有人栽种，豆粒肥大，但有股土腥味。不过，2011 年 3 月，碧利烘焙厂黄董事长从印尼带回的印尼蓝山，我试杯后，觉得味谱比牙买加蓝山厚实，酸味较低，有印尼的地域之味，味道不错。

· **肯特**：英国人对印度咖啡育种贡献很大。1918—1920 年，英国园艺家肯特在印度卡纳塔克邦筛选出能抵抗叶锈病的铁比卡变种 Kent，风味不差，产果量亦多，在 1940—1950 年广受欢迎，曾移植到肯尼亚改良品种。但叶锈病的真菌也进化出其他变种，使得肯特无用武之地，因而失宠。印度至今仍有不少改良品种身怀肯特血缘，纯种肯特在印度不多见，但澳大利亚、肯尼亚仍有商业栽种。

· **K7**：这是法国传教士在肯尼亚培育的抗旱铁比卡变种，对某些真菌造成的叶锈病有抵抗力，最适合在低海拔、灾情严重地区种植，每公顷可产 2 吨生豆，咖啡品质不差，但在肯尼亚却敌不过酸香浓郁的 SL28 和 SL34。K7 反而在干旱的澳大利亚很受欢迎，中国云南也有商业栽植。

· **黄皮波图卡图（Amerelo de Botucatu）**：这是最早在印度发现的铁比卡变种，成熟后果色变黄，产果量稀少，目前在巴西有少量栽种。可别小看她的能耐，巴西杯测赛常胜军黄波旁，就是黄皮波图卡图与红波旁的混血品种。

波旁系列

茜草科→咖啡属→真咖啡亚属→红果咖啡组→阿拉比卡种→波旁品种

外观：中高 ◆产果量：不多 ◆顶端嫩叶：绿色 ◆风味：酸质优 ◆抗病力：差

红波旁是继铁比卡之后，第二个在中南美洲遍地开花的品种，两品种的节间较长，产果量不多，并列为风味优雅、需有遮阴树的古老品种。波旁的树貌较铁比卡"苗条"，树枝与主干成45度仰角，不像铁比卡那么水平状，但产果的枝叶末端亦会下垂，树体的锥状轮廓不如铁比卡明显。

另外，波旁的嫩叶是绿色的，而非铁比卡的红褐色，而且波旁的叶子较铁比卡宽大，叶缘常有波浪状，很容易辨识。两者豆貌明显有别，波旁豆身较铁比卡更短圆，颗粒较小。法国和巴西对波旁的扩散贡献卓著。

● 酸香厚实多变

波旁的莓果酸香味较铁比卡厚实，奶油与香杉味也较铁比卡明显，基本上波旁的味谱振幅大于铁比卡，酸香味较强是杯测界的共识，波旁挺适合嗜酸族，但波旁在亚洲并不多见，这与早期扩散路径有关。

有趣的是，台湾地区咖啡族较怕酸，因此偏爱较温和的铁比卡，难怪印尼曼特宁和牙买加蓝山在台湾地区很受欢迎，反观欧美较偏爱酸香水果调，因此肯尼亚的国宝品种——波旁嫡系 S28 与 S34，成为抢手货。

波旁变种介绍

波旁也有很多变种，既有体形正常的波旁，也有矮株波旁，却没有令人眼界大开的庞然巨种。波旁豆形较小，但尖酸泼辣度更甚于铁比卡，两者相映成趣。虽然波旁的酸香调在台湾地区不太吃香，但我统计近年 SCAA 或 COE 杯测赛的优胜名单中，却是以波旁系列居多。以下为较常见的波旁变种。

萨尔瓦多波旁（Tekisic）

萨尔瓦多以波旁为主力。1949 年萨尔瓦多咖啡研究所（Instituto Salvadoreño de Investigaciones del Café，简称 ISIC）选拔美味的波旁品种，经过多年努力，于 1977 年释出这支产果量低却超美味的改良波旁，取名为 Tekisic。此名很有意思，是由"tekiti"和"isic"组合而成的，前一词在萨尔瓦多西部原住民的纳瓦特尔语（Nāhuatl）中意指"杰作"，后一词则是萨尔瓦多咖啡研究所的缩写，合起来成了"萨尔瓦多咖啡研究所杰作"，颇有纪念价值，又名萨尔瓦多改良波旁。焦糖味比一般波旁浓烈，而且水果调酸质迷人是最大的特色，深受萨尔瓦多农民喜爱。

但此改良品种的节间距离较长，产果量少，豆形也比一般波旁更玲珑。危地马拉与洪都拉斯也引进此品种，与其他品种混合栽种，以提升混合豆的整体风味。但少见大量栽种，可能与产果量少、成本高有关。

● 卡杜拉

Caturra 在葡萄牙语中指"矮小"，也就是侏儒之意。卡杜拉是 1935 年在巴西发现的绿顶矮种波旁，叶片蜡质明显，树枝的节间距离很短，果实成串，产量每公顷至少比波旁多出 200 千克。可采遮阴式或曝晒式密集栽培，且抗病力亦优于波旁，属高产能品种，但似乎不太适应巴西低海拔水土与栽培方式，在巴西容易因结果太多而枯死。不过，卡杜拉移植到哥伦比亚、哥斯达黎加等高海拔地区，如鱼得水，意气风发，一举取代铁比卡与波旁两大古老品种，是目前"新世界"品质兼备的重要品种。

卡杜拉需要大量施肥与用心照料才能结出好咖啡，栽植海拔越高产量越低，但品质越佳。巴西"超凡杯"大赛前 20 名几乎见不到卡杜拉身影，但卡杜拉几乎包揽哥伦比亚、哥斯达黎加和尼加拉瓜杯测赛大奖，耐人寻味，这显然与水土有关。

卡杜拉继承波旁明亮果酸，在 1,000 ～ 1,200 米的中度海拔地区，风味优于波旁；但在 1,500 米以上的高海拔地区，卡杜拉风味与酸质就不如波旁丰富。换言之，以中南美洲而言，波旁的优雅味谱必须在 1,500 米以上的高海拔地区才能呈现出来，到了中低海拔地区，波旁就不是卡杜拉的对手。卡杜拉亦有黄皮的变种。

● 帕卡斯

这是矮种波旁的另一形态，1950 年左右在萨尔瓦多圣塔安娜（Santa Ana）产区，由名叫帕卡斯的农人在咖啡园发现的变种矮株波旁，树体比卡杜拉更矮且更结实。帕卡斯的节间很短，属于高产能品种，风味亦佳，抗旱又耐风，且栽种海拔不必太高，在 600 ～ 1,000 米即可成长良好，因此逐渐取代产果量较低的萨尔瓦多波旁。帕卡斯风味不俗，亦曾打进"超凡杯"大赛前十名。帕卡斯也是近年红火的混血品种帕卡玛拉的爹娘之一。

但亦有学者认为帕卡斯可能不是波旁的变种，而是波旁与卡杜拉的混血，目前仍有争议。

● 薇拉洛柏（Villa Lobos）

在哥斯达黎加知名咖啡家族薇拉洛柏（Rodrigues Villalobos）的庄园发现，因而得名。属于半矮身波旁变种，特色是果实比一般铁比卡或波旁更耐强风，不易被吹落，对贫瘠土质适应力强，产果量不低，果酸味也更温顺，焦糖香气突出，是精品界后起之秀。

过去，欧美很多专家误认薇拉洛柏是矮种铁比卡，但近年在基因指纹鉴定下，确认是波旁的变种。研究还发现薇拉洛柏与薇拉莎奇、尖身波旁以及摩卡的遗传距离很近，属于近亲。

● 薇拉莎奇（Villa Sarchi）

这也是矮种波旁。20世纪50年代，由于是在哥斯达黎加西部山谷的莎奇村（Sarchi）发现的波旁变种矮株咖啡树，故以发现地为名。薇拉莎奇的特质类似波旁，最适合高海拔有机栽培，果酸活泼有劲，焦糖味明显，产量不多却常得奖，后势看俏。

● 尖身波旁

1810年在法属波旁岛发现的波旁矮株，但她与卡杜拉、帕卡斯、薇拉洛柏和薇拉莎奇截然不同，豆貌并非波旁惯有的短圆形，而是尖瘦状，其貌不扬，很容易让人看走眼，误以为是发育不良的瑕疵豆。她的产果量是波旁变种矮株系列最低者，体弱多病，生产成本之高，可想而知。另一特色是咖啡因只有一般阿拉比卡一半，可谓天然半低因咖啡，味谱优美，带有中国荔枝和柑橘的清香雅韵，古今多少文人政要为之神迷，是当今最昂贵的咖啡。

● 摩卡

也门摩卡的树身矮小，咖啡豆也玲珑可爱，一般认为是波旁的变种，咖啡因含量较低，占豆重的 0.9% ～ 1.1%。

最近学术界发觉摩卡与尖身波旁的遗传距离很近，均属矮株且咖啡因含量较低的品种。夏威夷研究单位以摩卡与铁比卡杂交，产出混血摩卡，树株较高，栽种在夏威夷的可爱岛、欧胡岛、莫洛凯岛和茂宜岛，近年也出现在夏威夷杯测赛的优胜名单内，与柯娜铁比卡竞争。

● SL28

1930—1940 年，肯尼亚的斯科特实验室（Scott Laboratories）植物学家，从法国传教会（French Mission）培养的抗旱波旁品种、坦桑尼亚的坦噶尼喀湖周边的耐旱波旁，以及也门铁比卡几个品种中，筛选出抗病力强、产能高又耐旱的新品种，并进行混血，无意中培育出莓果味超浓的品种，并冠上该实验室的英文缩写 SL，而 28 是选拔的序号，一般简称为 S28。

SL28 的顶端嫩叶多半为绿色，少数为铜褐色，可能和她身怀波旁与铁比卡基因有关，严格来说应该是几个不同品种的种内混血，但业界仍以波旁嫡系视之。SL28 产果量不算低，每公顷约产 1.8 吨生豆，抗病力很低，但活泼豪华的莓果酸质与甜感迷倒众生，成为肯尼亚咖啡代表作。如果拿肯尼亚 SL28 与巴西黄波旁、新世界和牙买加蓝山一起杯测，SL28 华丽的味谱与厚实度，很容易一枝独秀，脱颖而出，睥睨其他对比豆。

此混血品种似乎很适应肯尼亚高磷酸土质以及曝晒式栽培，但移植到其他国家就不太灵光，除了萨尔瓦多有不错的 SL28 外，海外并不多见。肯尼亚的斯科特实验室已更名为国家农业研究实验室（NARL）。

 SL34

这也出自斯科特实验室，称得上 SL28 的"学弟"，两者并列为肯尼亚主力品种，每公顷约产 1.35 吨生豆。SL34 顶端嫩叶古铜色比 SL28 明显，亦有铁比卡血统，但业界习惯将该实验室的育种视为波旁系列，风味近似 SL28，甜感佳但莓香味稍淡。SL28 耐旱，但 SL34 耐潮，适合栽于中高海拔的多雨区。

 种内混血系列：阿拉比卡配阿拉比卡

同属阿拉比卡底下的不同品种自然混血，称为种内混血。[1] 阿拉比卡以同株的自花授粉为常态，异株的异花授粉为反常，但不表示无法进行异花授粉，只是风险高，成功概率较低。研究发现，阿拉比卡即使是同一品种的异花授粉，譬如铁比卡与铁比卡，也常因异株花朵的荷尔蒙刺激，容易结出较多的瑕疵果子。至于不同品种的异花授粉，即种内混血，譬如铁比卡与波旁，成功概率会比前者更低。千百年来阿拉比卡出现的许多种内混血新品种如下。

◯ 中美洲艺伎

泛指哥斯达黎加、巴拿马、危地马拉、尼加拉瓜和哥伦比亚栽种的艺伎。早在半世纪前，先从坦桑尼亚移植到哥斯达黎加，1963 年唐·巴契又从哥斯达黎加移植到巴拿马，2007 年，再从巴拿马传抵哥伦比亚。然而，最早引进的哥斯达黎加，并未捞到多大好处，反倒是巴拿马后发先至，出尽风头。我想，这可能和哥斯达黎加与巴拿马两国

---

[1] 异花授粉对雌雄同株、自花授粉的阿拉比卡并非常态，却可增加基因庞杂度。阿拉比卡种内混血，需靠非本性的异花授粉，还需天时地利配合才成，因此成功率不高，这涉及两株树的距离不能太远，两品种开花周期一致，且基因结构不致排斥等诸多变因。

艺伎的形态不同有绝对关系。如第 7 章所述，哥斯达黎加艺伎，豆貌较为短圆，有点像肯尼亚的 S28，而巴拿马艺伎较为肥大尖长，且味谱更优美。

难道 1963 年唐·巴契从哥斯达黎加引进艺伎到巴拿马后，该种又在自然力催化下，与阿拉比卡发生种内混血，而出现豆貌与风味迥异的新艺伎？巴拿马有机农艺专家、艺伎达人马里奥·塞拉钦博士（Dr. Mario Serracin，唐·巴契的儿子）对此提出一针见血的看法，他说："巴拿马艺伎极可能是通过异花授粉，从埃塞俄比亚原生艺伎自我进化成中美洲新品种。异花授粉对阿拉比卡虽不是常态，但自然力总有办法创造混血新品种，提升基因多态性。"

埃塞俄比亚金玛农业研究中心的咖啡育种专家巴叶塔·贝拉丘博士（Dr. Bayetta Bellachew）表示："阿拉比卡异花授粉的成功率较低，要两树株的距离够近、彼此花期一致、基因结构不排斥等诸多条件配合才成。"两国专家均不排除巴拿马艺伎是种内混血进化品种的可能。

中美洲咖啡农认为艺伎有两种形态，一是顶端嫩叶为绿色，此形态的咖啡果成熟较慢；二是古铜色嫩叶，咖啡果成熟较快。贝拉丘博士解释说，这是因为艺伎属于杂合型（heterozygous）品种，即使同株咖啡也会有不同的基因组成，因此艺伎有绿顶与红顶之别。一般咖啡品种为纯合型（homozygous），譬如波旁为绿顶，铁比卡为红顶。艺伎虽为杂合型的"红绿郎君"，但两者的基因有别，论及风味，则以绿顶较优。巴拿马翡翠庄园，以及移植到哥伦比亚的冠军艺伎，皆为"绿顶尖身"形态。

据我观察，中美洲艺伎何止红顶与绿顶两种形态而已，连豆貌也有三大类：第一类豆宽 17 目以上，尖长肥硕，比埃塞俄比亚的长身豆更为壮硕，巴拿马、哥伦比亚艺伎均属于此类；第二类的豆貌也呈尖长状，但豆粒明显较小，危地马拉艺伎即属此类，但风味不如第一类突出；第三类的豆貌神似肯尼亚 S28，较为短圆宽厚，哥斯达黎加艺伎属于此类，堪称清淡版的艺伎味。

在 SCAA "年度最佳咖啡"及"巴拿马最佳咖啡"称王夺冠的艺伎，全属于第一类。至于哥斯达黎加和危地马拉艺伎，虽然仍有橘香蜜味的艺伎韵，但强度较弱，难怪至今无缘夺冠。咖啡迷采购时务必留意艺伎不同形态的天机。

● 埃塞俄比亚艺伎

不要忘了"新世界"艺伎，皆源自"旧世界"。埃塞俄比亚到底有多少艺伎品种，无人知晓。如果说埃塞俄比亚西南部艺伎山原始咖啡森林里的咖啡品种，都可以称为艺伎的话，那么埃塞俄比亚艺伎品种可多了。第 5 章谈到的 Variety 75227，早已是埃塞俄比亚主力品种之一。埃塞俄比亚专家认为她可能是 1931 年移植出国的抗病品种，辗转成为今日的中美洲艺伎。但 Variety 75227 的风味普通，很难与巴拿马翡翠艺伎争锋，要不然早就倾销欧美，平抑物价了。

但埃塞俄比亚当局仍不死心，目前在咖法森林西部的铁比国营栽植场试种另一形态的艺伎，顶端嫩叶有古铜色与青绿色两种，豆貌较翡翠艺伎更短圆，而且节间也较短，属高产品种。但试杯后，一般认为风味远不如翡翠艺伎。

埃塞俄比亚知名咖啡投资家兼出口商塔德莱·阿伯拉哈（Tadele Abraha），2009 年宣称已在艺伎山的玛吉发现味谱优美又能抵抗咖啡炭疽病的野生品种。但他并未送到铁比栽植场，因为担心那里的海拔只有 1,200 米，无助千香万味的养成，改而在咖法森林海拔 1,800 米的彭加咖啡森林，开辟一块栽植场，预计 3 年后收成。欧美咖啡专家无不引颈以待，期盼埃塞俄比亚早日种出风味媲美翡翠艺伎的稀世绝品。

1965年联合国粮农组织人员，冒险考察埃塞俄比亚西南部咖法森林的艺伎山，采集一些抗病的阿拉比卡种源，但山路险峻，收获不丰。后来当地政府补送若干野生品种，均来自该山区人迹罕至的Maji、Tui、Barda、Beru和Giaba等地，这些种子也分送到肯尼亚与中南美洲学术机构保育或研究，但并未流出。因此，一般相信今日的巴拿马或哥伦比亚"绿顶尖身"艺伎，应该和1931年英国公使采集的种源有血缘关系。

巴拿马翡翠艺伎，如果没有埃塞俄比亚橘香蜜味基因的打底，也不可能和中美洲咖啡混血，产出惊世奇香。阿拉比卡的基因仓库埃塞俄比亚，深藏许多尚未被发现的美味品种，以上所举Variety 75227、铁比艺伎、玛吉艺伎只是目前有案可考的埃塞俄比亚艺伎。我大胆预言，埃塞俄比亚不可能让"新世界"专美于前，近年内应该会培育一支能与翡翠艺伎争香斗醇的"旧世界"艺伎。

上述三支埃塞俄比亚艺伎的血缘资料不详，究竟是变种、栽培品种或种内混血，无从得知，但我为了与中美洲艺伎做对照，方便读者比较，故将之归入种内混血系列。

有趣的是，危地马拉知名的接枝庄园，近年引进埃塞俄比亚艺伎试种成功，并在2011年6月自办一场国际拍卖会，以每磅70美元成交，买家是日本银座有名的Royal

Crystal Café，成交价还高于接枝庄园的中美洲艺伎。然而，接枝庄园的埃塞俄比亚艺伎究竟是 Variety 75227、铁比艺伎、玛吉艺伎，还是其他品种，仍不清楚。新旧世界的艺伎势必争霸对决，好戏在后头！

● 黄波旁

1930 年，巴西在圣保罗产区，发现红波旁与铁比卡变种黄皮波图卡图自然混血（Amerelo de Botucatu×Bourbon Vermelho），再经圣保罗州坎皮纳斯的农业研究院育种，1952 年分送给农民栽植。黄波旁似乎比红波旁更适应巴西水土与气候，产果量也比一般红波旁多出 40%，酸甜味也优于红波旁，是近年来巴西热门品种，几乎囊括巴西年度"超凡杯"大赛前五名，成了巴西精品豆的代名词。但要注意的是，黄波旁独钟巴西水土，却很少在别国的 COE 大赛夺魁，也不曾打进 SCAA 杯测赛金榜。

● 新世界

1931 年巴西圣保罗产区筛选品种时，发现红波旁与苏门答腊铁比卡自然混血品种（Sumatra Typica×Bourbon

Vermelho)，树高体健，产果量比红波旁多出 30%～70%，更多出铁比卡 100%～240%。且咖啡风味不差，果酸较低，为巴西咖啡带来新希望，故以"新世界"名之。1950 年后已取代波旁，成为巴西产量最大的主力品种，巴西 40% 咖啡田种植新世界。该混血品种偶尔也出现在"超凡杯"得奖名单内，算是有量也有质的品种。但杯测界认为新世界风味较沉闷，不够明亮，酸味和甜度较低，除了巴西外，并不多见。巴西著名的大宗商用豆桑多士，多半出自此高产品种，而非昔日的老波旁。

● 卡杜阿伊

1950 年巴西以黄皮卡杜拉与新世界混血（Caturra Amarelo×Mundo Novo）产出的矮种咖啡树，顶端嫩叶为古铜色，树枝节间很短，产果量多，比卡拉杜多出 20%～30%，且耐寒抗风，果子不易被强风吹落，树身矮，方便采收，深受中南美洲农民欢迎，是巴西产量第二大的主力品种。此品种亦有红皮和黄皮之别，一般认为黄皮卡杜阿伊杂味稍重，不如红皮干净。卡杜阿伊近年在中南美洲"超凡杯"大赛中捷报频传，颇有渐入佳境之势。

● 阿凯亚

可称为新世界改良品种，即新世界再与红波旁回交
（Mundo Novo×Bourbon Vermelho）。风味优于新世界，
豆粒也较大，近年常出现在"超凡杯"优胜榜内，远景
颇佳。

● 帕卡玛拉

1950—1960 年，萨尔瓦多研究人员以帕卡斯和象豆
配种（Pacas×Maragogype），直到 2004 年在"超凡杯"初
试啼声，扬名天下。多变的水果香酸和甜感，折服全球杯
测师，近两三年频频击败波旁大军，拿下萨尔瓦多、危地
马拉"超凡杯"赛事冠军。危地马拉接枝庄园所产帕卡玛
拉，2008 年曾创下每磅生豆 80.2 美元高贵身价。虽然产
量低，但风味变化莫测。

此豆得自象豆遗传，豆体起码有象豆 70%～80% 大，
17 目以上达 100%，18 目以上亦达 90%，就连小圆豆比例
也高达 12%。豆长平均 1.03 厘米（一般豆 0.80～0.85 厘
米），豆宽平均 0.71 厘米（一般豆 0.60～0.65 厘米），厚
度亦达 0.37 厘米，卖相极佳。最大特色是酸味活泼刁钻，

时而有饼干香，时而有水果味，厚实度与油脂感佳，适合嗜酸族，整体风味远优于象豆。

● 玛拉卡杜拉

这是有趣的组合，象豆配卡杜拉（Maragogype×Caturra）是危地马拉的杰作。这款怪胎豆拿下2008年危地马拉"超凡杯"第四名，一鸣惊人。无独有偶，2009年尼加拉瓜"超凡杯"，玛拉卡杜拉击溃卡杜拉大军，夺下冠军，此新品种的美味度受到更高肯定，她继承象豆丰富的水果味和卡杜拉优雅的酸质，稠度极佳，花香浓，甜味够，风味很性感。这又是象豆混血青出于蓝的实例，后势看俏。

● 巨种玛拉卡帕卡玛拉（Maracapacamara）

咖啡奇闻莫此为甚！玛拉卡帕卡玛拉是象豆与帕卡玛拉混血新品种（Maragogype×Pacamara），每颗生豆重达11克，是当今最大的咖啡，泡一杯咖啡只需1～2颗就够，产量极稀，笔者尚未鉴赏过，无法置评。这种巨无霸咖啡豆，不论是烘焙还是研磨都是大问题。烘得熟吗？研磨前要先敲碎再入磨豆机吗？是超有趣的巨大品种。

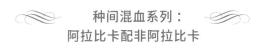

种间混血系列：
阿拉比卡配非阿拉比卡

　　阿拉比卡与非阿拉比卡的杂交混血，叫作种间混血，也就是异种间的混血。由于染色体数目不同，造成生殖隔离，成功繁衍的概率远低于上述种内混血。不过，万能的大地之母，数百年来创造出不少阿拉比卡与罗布斯塔或赖比瑞卡杂交的新品种，并产下有生育力、稳定成长的后代，这些混血品种不但产果量高于阿拉比卡，就连对叶锈病的抵抗能力也有所提高。但缺点是风味粗俗。科学家为了洗刷跨种混血的恶味，不断与优雅的阿拉比卡多代回交，逐代降低罗布斯塔或赖比瑞卡的杂味，成果不错，后势看俏。

⬯ 帝汶混血品种

　　罗布斯塔属于二倍体，染色体22条，素以抗病力强、产量高、风味粗俗著称。阿拉比卡为四倍体，染色体44条，素以体弱多病、产量低、风味优雅出名。两者分属不同物种，混血产下有生殖力的品种，概率极微，但帝汶就出现了此怪胎品种。[1]

印尼 1978 年引进帝汶混血品种，称为 Tim Tim，起初风味不佳未受重视，但经过多年驯化，加之苏门答腊独有的湿刨处理法，风味大幅改善，成了今日曼特宁的主力品种之一。值得留意的是，东帝汶高海拔山区亦有纯种阿拉比卡，称为 Timor Arabica，已打进精品市场，可别与帝汶混血种搞混了。台湾地区也买得到帝汶混血种，一般被当作低价阿拉比卡。

---

[1] 1950—1960 年，葡萄牙植物学家铎利维拉博士（Dr. D'Oliveira）在属地帝汶发现阿拉比卡与罗布斯塔天然杂交且有生育力的稳定品种，取名为帝汶混血品种（Hibrido de Timor 或 Timor Hybrid）。经基因鉴定后，发现她的染色体数竟然与阿拉比卡同为 44 条，而非罗布斯塔的 22 条，且基因组成、习性及风味较近似于阿拉比卡。

科学家指出，这可能是一株罗布斯塔的花粉染色体未减数分裂，致使染色体为 44 条，才能与阿拉比卡混血，产出类似阿拉比卡的混血品种，同时继承罗布斯塔高产能与抗病力强的优点。但缺点是略带罗布斯塔的恶味，所幸杂味比纯种罗布斯塔低。科学家如获至宝，以之为"种马"，再与卡杜拉、新世界、薇拉莎奇等阿拉比卡品种混血，培育出不少新品种，为阿拉比卡注入更丰富的多元基因。

阿拉布斯塔（Arabusta）

表面上看，这和上述的帝汶混血同为阿拉比卡与罗布斯塔配种，但骨子里却不同。阿拉布斯塔并非自然力撮合，而是借助基因工程配种。科学家用秋水仙碱（colchicine）破坏罗布斯塔细胞分裂的纺锤体，使染色体加倍到44条，才能与阿拉比卡产下稳定品种。但阿拉布斯塔的基因、习性、风味却更接近罗布斯塔，风评也比帝汶混血差，比较没价值。

卡帝汶

葡萄牙铎利维拉博士发现帝汶混血品种后，1959年成功培育出卡杜拉与帝汶的种间混血新品种卡帝汶（Caturra×Timor Hybrid，前作《咖啡学》译为卡提摩），虽然带有罗布斯塔的粗俗风味，但产能大、抗病力强。1970—1980年后，各生产国鼓励农民改种卡帝汶，试图取代古老的波旁、铁比卡和卡杜拉，全球咖啡栽培业进入新纪元。巴西、印度、哥斯达黎加的农业研究单位，争相推出不同形态的卡帝汶，如Catimor T5175、T8667、LC1662、H306……卡帝汶成为全球栽植最广的高产品种，各生产国陷入卡帝汶热潮。

但好景不长，农民后来发现卡帝汶产能会逐年递减，寿命也比一般铁比卡或波旁短，要定期更换新树。更糟的是，带有粗壮豆的魔鬼尾韵，只能充当中低价位豆，无法打进精品圈。产量巨大的卡帝汶也成了有量无质的代名词。

但印尼是唯一例外，印尼惯称卡帝汶为"Ateng"，只要把 Ateng 瑕疵豆挑干净，味谱比一般卡帝汶优雅厚实，亦无卡帝汶常有的杂苦韵，Ateng 已成功打进国际精品市场，为种间混血争回颜面。印尼的 Ateng，堪称世界最美味的卡帝汶。近年 SCAA 的咖啡专家深入研究，为何印尼亚齐塔瓦湖与苏北省多巴湖的 Ateng 与 Tim Tim 味谱，优于印尼以外的相同品种。结论是 Ateng 在苏门答腊与阿拉比卡自然回交，加上特殊水土与独有的湿刨处理法，洗净了卡帝汶的魔鬼尾韵。

台湾地区咖啡玩家最爱的曼特宁，其实是 Ateng、Tim Tim 和铁比卡三合一的混豆，加上印尼水土与湿刨法，而呈现柔酸、浓香、低沉、黏稠，带有杉木和草本香的地域之味。

● **鲁伊鲁 11**

1985 年，肯尼亚的鲁伊鲁咖啡研究中心释出帝汶混血与苏丹原生阿拉比卡——鲁米的混血品种，也就是恶名满天下的鲁伊鲁 11（Timor Hybrid×Rume Sudan）。前者能抵抗叶锈病，后者对咖啡炭疽病有很好的免疫力。当局试图打造出百病不侵的超级品种，但鲁伊鲁 11 上市后，恶评如潮，又是个高产量、高杂味的品种。每公顷可生产 4.6 吨生豆，比 SL28 的 1.8 吨高出一大截，但欧美精品界不爱。该研究中心不服，近年再以肯尼亚国宝品种 SL28 与鲁伊鲁 11 回交"净身"，扬言要打造出多产、抗病力强又美味的"超级咖啡"。

● 巴蒂安

果然，2010 年 9 月，位于肯尼亚鲁伊鲁的咖啡研究基金会（Coffee Research Foundation，简称 CRF）宣布已培育出抗病力强、多产又美味的新品种巴蒂安，血缘为 SL28×Ruiru11，于年底前释出给农栽种，以挽救肯尼亚每况愈下的产量。

据悉，巴蒂安栽种两年即可生产，每公顷可产 5 吨生豆，比鲁伊鲁 11 更多产，且对叶锈病和咖啡炭疽病有抵抗力。巴蒂安的顶端嫩叶一般为铜褐色，但亦有少部分为青绿色，树身较高大，近似 SL28，豆粒也比鲁伊鲁 11、

SL28、SL34 大颗，卖相佳。

由于鲁伊鲁 11 推出后风评不佳，该基金会执行长金曼米亚（Joseph Kimemia）表示："经十多年研究，培育出巴蒂安，将取代惹人厌的鲁伊鲁 11。虽然 SL28 是肯尼亚最美味咖啡，但巴蒂安风味更优，故以肯尼亚山的主峰巴蒂安命名。"

● 哥伦比亚（Colombia）

1982 年哥伦比亚释出的混血品种，爹娘仍是卡杜拉与帝汶。但当局坚称她与一般卡帝汶不同，是以卡帝汶与优雅的卡杜拉多代回交混血，逐年洗刷卡帝汶恶味，历经十多年才培育出的无杂味品种，所以才以国名为招牌。但直到今天，精品界仍敬谢不敏，认为风味远逊于哥伦比亚传统铁比卡。

当局近年又推出改良版的哥伦比亚，取名为卡斯提优，是以哥伦比亚与阿拉比卡多代回交混血"净身"，但至今在"超凡杯"大赛仍无斩获，精品界也仍在观望中。哥伦比亚目前仍以卡杜拉、哥伦比亚为主力品种，铁比卡已不多见了。

可喜的是，哥伦比亚的卡杜拉很争气，2009 年和 2010

年击败巴拿马艺伎，蝉联 SCAA"年度最佳咖啡"榜首。

◕ 伊卡图

伊卡图意指"非常好"，这是巴西费时多年以阿拉布斯塔与新世界和卡杜拉多代混血培育的优质品种，血缘为 Arabusta×Caturra×Mundo Novo，可谓超级大杂种。

巴西于 1993 年正式释出给农民栽种，产果量比主力品种新世界还高出 30%～50%，对叶锈病有抵抗力。伊卡图的习性及基因结构近似阿拉比卡，魔鬼的尾韵被洗得一干二净，曾赢得巴西"超凡杯"2006 年第十一名与 2007年第十名，总算洗刷种间混血的污名，后势看俏。伊卡图的豆粒较大，也有黄皮伊卡图，系与黄皮波旁混血，甜度不错。

◔ 欧巴塔

这是巴西科学家以帝汶为"种马"培育出的优良品种，曾一鸣惊人赢得 2006 年巴西"超凡杯"第二名。欧巴塔血统更为复杂，为 Sarchimor（Villa Sarchi×Timor）×Catuai。伊卡图和欧巴塔此二跨种杂交新品种，不但风味佳、产能好，抗病力亦强，渐获精品界重视，栽植者逐年增加。

● 雷苏娜（Rasuna）

印尼苏门答腊 1970 年后的驯化抗病品种，血缘为 Typica×Catimor，但仍有魔鬼尾韵，1990 年后已被亚齐的 Ateng 系列取代。雷苏娜目前已不多见，仅偶尔出现在欧美精品咖啡市场。

● Slection 9

Slection 9 简称 S9，是印度 1979 年培育的优异品种，血统为 S8×Tafarikela。印度的 S8 也就是卡帝汶，而 Tafarikela 于 1975 年引自埃塞俄比亚，与知名的 Geisha 有点关系。

换句话说，S9 是卡帝汶与埃塞俄比亚野生阿拉比卡混血，具有抗病力强、风味佳的特色，曾赢得 2002 年印度杯测大赛首奖，是印度知名的美味品种，喝来有点像巴拿马艺伎。印度当局极力推广此优异品种，已打进精品咖啡界。

● S795（Jember）

此品种身怀赖比瑞卡血缘，是印度 1946 年培育的优异杂交种，血统为 S288×Kent。前者 S288 是 S26 的第一代，而 S26 是印度早期赖比瑞卡与阿拉比卡天然杂交品种（*Coffea Liberica*×*Coffea Arabica*），但 S26 的第一代 S288，豆貌不佳，并带有赖比瑞卡的骚味。

印度科学家回过头再以 S288 与铁比卡变种肯特混血，产出了抗病力强、产量多、豆粒大又美味的 S795。换句话说，S795 有赖比瑞卡与铁比卡血统，基因庞杂度佳，目前是印度精品咖啡的主力品种，近年移植到印尼和中南美洲，极受好评。她也是近年构成苏拉威西托拉贾的主力品种之一。

S795 在印尼被称为 Jember，由东爪哇的任抹咖啡研究中心（Jember Coffee Research Center）从印度引种后发送农民栽种而得名。印尼当局正大力推广此优异品种。

Chapter

11

第十一章

精品咖啡外一章，天然低因咖啡：星巴克、上岛咖啡、意利，咖啡巨擘眼中的新黑金

　　目前商用低因咖啡是以二氯甲烷溶剂或活性炭与水，萃取生豆所含咖啡因，但咖啡的芳香物与油脂会随着咖啡因一起流失。糟糕的是，有害健康的化学溶剂残留在咖啡里，因此人工低因咖啡既不美味也不健康。

　　据估算，全球的低咖啡因市场多年来停滞在 20 亿美元左右，成长不易。如果咖啡农能在土地上种出低因又美味的咖啡，取代久遭诟病的人工低因，即可创造新需求，晋升为精品级低因咖啡，坐享庞大商机。

咖啡巨擘暗恋的
天然半低因咖啡

美国大型咖啡企业卡夫食品、星巴克、毕兹咖啡和唐恩都乐，高度关切天然低因咖啡新发展。第三波赫赫有名的知识分子咖啡采购专家杰夫指出，如果低因咖啡能够种出来，而且和精品咖啡一样，有丰富的香气与滋味，"将是咖啡栽培业一大创举！"

其实，天然低因大作战，已悄悄开打多年。法国、日本、意大利、美国、哥斯达黎加、巴西、马达加斯加、法属波旁岛和埃塞俄比亚，集合顶尖植物学家、基因工程师、农艺家、咖啡农和杯测师，在实验室里、在农场上，选拔美味、多产又低因的新品种，抢推天然低因的"圣杯"，试图为咖啡市场注入新血液。

阿拉比卡的咖啡因约占豆重 1.2%，根据欧美食品暨药物管理单位对低因咖啡豆的规定，咖啡因必须占咖啡豆重量 0.03% 以下，才可冠上低因字样。目前欧美和日本在售的三支天然低因咖啡，仍无法达到此标准，咖啡因含量占豆重的 0.4%～0.9%，大概只有一般阿拉比卡咖啡因含量之半，充其量只能称为天然半低因咖啡，而非低因咖啡。但初试啼声的天然半低因咖啡，已让欧美精咖啡界震惊不已，不过，台湾地区业界对此新领域仍相当陌生。

◌ 真咖啡亚属见真章

早在二十年前，美国与日本科学家试图以基因工程干扰阿拉比卡制造咖啡因的酶，未料牵一发而动全身，影响到咖啡新陈代谢机制，加上反基改团体抗议，而"胎死腹中"。接着，美国夏威夷大学的科学家发现，马达加斯加咖啡亚属的成员不含咖啡因，但有强烈的苦味。于是扮演上帝，以真咖啡亚属底下风味优雅的阿拉比卡与马达加斯加咖啡亚属的物种杂交，盼能产出美味又低因的混血新品种，结果大失所望。因为二者分属不同亚属的成员，跨亚属杂交的基因歧异过大，产出后代无法生殖，前功尽弃。

但研究不曾中断，巴西科学家与知名的达特拉庄园合作，舍弃歧异过大的跨亚属杂交，改而在基因与亲缘较接近的真咖啡亚属找对象，也就是从横跨亚属混血，缩小到在同一亚属内的跨种杂交，成功机会较大。在科学家努力下，同为真咖啡亚属的阿拉比卡种以及蕾丝摩莎种，终于混血成功，[1]产出有生育力且稳定的半低因新品种阿拉摩莎，几年前已在巴西的达特拉庄园贩售。

● 古老变种复育成功

另有些科学家则致力于复育大业，希望"救活"传说中咖啡因含量较低的古老变种尖身波旁。可喜的是，此复育大计有了突破性进展，意大利知名的意利咖啡、哥斯达黎加的铎卡庄园及日本上岛咖啡，近年限量推出天然半低因的尖身波旁，飘香欧美日诸国。

接下来介绍阿拉摩莎与尖身波旁这两支进入商业生产的奇豆，以及当事国大作战的现况和杯测结果。

---

[1] 阿拉比卡是真咖啡亚属麾下红果咖啡组的成员，而蕾丝摩莎则是真咖啡亚属旗下莫桑比克咖啡组的成员，该组以咖啡因低于阿拉比卡而闻名。两组皆为真咖啡亚属的物种，混血成功的概率远高于横跨亚属的混血。

意利天然半低因：Idillyum

意大利知名的意利咖啡，是最早洞烛天然半低因咖啡庞大商机的业者，也是最早研究尖身波旁的咖啡企业。

1989 年，年仅 44 岁的第三代掌门人安德里亚·意利（Andrea Illy）获悉美国一家基因公司有意抛售 18.5 万株咖啡树的研究资料，其中包括 2 万株 *Coffea arabica* var. *laurina*，也就是传说中美味又低因的尖身波旁。于是重金买下所有资料与苗株，并筹组一支研究团队，花了 5 年时间与可观的研究经费，筛选 15 株产能高、风味佳又低因的母株，移植到巴西试种。结果惨不忍睹，死亡率奇高，只好放弃巴西的实验。

但研究计划并未喊停，改而移植尖身波旁的苗株到萨尔瓦多更肥沃的火山岩地区试种。2000 年终于开花结果，咖啡因含量占生豆重量的 0.4% ～ 0.7%，约为阿拉比卡咖啡因含量 1.2% 的一半。于 2008 年 10 月，也就是意利研究尖身波旁的 20 年后，才开始以咖啡胶囊方式，限量推出天然半低因浓缩咖啡 Idillyum，在美国纽约抢先发售。

安德里亚在新品发表会上，试饮半低因浓缩咖啡 Idillyum，直夸："果酸明亮，并有茉莉花与巧克力余韵，如果能喝到低因又美味的咖啡，应可提高每日饮用量，这对生产者与消费者来说是一大佳音。"可惜的是，意利的尖身波旁产量不多，目前只在欧洲限量上市，尚未在亚洲贩售。不过，有消息指出，意利的 Idillyum 是配方豆，混有其他阿拉比卡豆，并非 100% 的尖身波旁。

铎卡庄园发现尖身波旁

● 意外发现变种株

就在意利转进萨尔瓦多试种尖身波旁有成的同时，哥斯达黎加的铎卡庄园也有所斩获。2002 年，该庄园的瓦加斯家族一名成员在咖啡园做研究，意外发现一株矮小的锥状咖啡树，树形神似小株圣诞树，叶子很像月桂叶，而且咖啡豆既尖且瘦，这与正常的圆身波旁截然不同，于是请专家做基因鉴定，证实是半低因的尖身波旁。

这是哥斯达黎加数百年来，有案可考的首株尖身波旁。

瓦加斯家族于是将采集的 80 颗种子拿到海拔 1,600 米的火山坡栽下，经过选拔育种，结出善果。于 2008 年春季，在铎卡庄园举办试饮会，邀请绿山咖啡总监以及毕兹咖啡副总经理前来杯测，均予好评。铎卡接受媒体采访时指出，预定2011年赴美贩售天然半低因咖啡。不过，本书初版截稿前，该庄园的尖身波旁仍未上架，原因不明。

铎卡庄园的实例显示，尖身波旁并非波旁岛独有的变种，世界各地的波旁咖啡树，在因缘际会下都有可能突变为矮身、豆尖、叶小且咖啡因减半的稀罕抗旱变种，但概率不大。

波旁的变种以卡杜拉、黄波旁、薇拉莎奇、薇拉洛柏和帕卡斯最常见，咖啡因与一般阿拉比卡无异，并非半低因咖啡。台湾地区栽种的咖啡树以铁比卡为主，波旁极为罕见，因此，找到尖身波旁的机会微乎其微。

● 上岛咖啡：后发先至，复育尖身波旁

1715年，法国人将也门的圆身咖啡移植到法属波旁岛，并取名为圆身波旁，以区别荷兰人抢种的长身豆，此一长身品种直到1913年才被植物学家克拉默定名为铁比卡。18世纪后，铁比卡成为亚洲抢种咖啡的主力品种，圆身波旁也就是俗称的波旁，在19世纪成为中南美洲的主干品种。

法国人在波旁岛建立咖啡栽培业，但该岛雨水少，圆身波旁不堪干旱，百年后出现抗旱的突变品种。法国人到

了 1810 年以后，才发现该岛除了圆身波旁外，还多了新变种，并根据其两头尖尖的外貌取名为"尖身波旁"。换言之，波旁岛在 19 世纪后至少有圆身波旁与尖身波旁进行商业栽培，产量以圆身为多。

尖身波旁的缺点是体质弱、易生病且产果量少，但最大优点是味谱优雅，饶富水果酸香味，多少法国文豪为之痴迷。不过，当时的民众仍对咖啡因不甚清楚，更不知尖身波旁是珍稀的半低因咖啡。直到 20 世纪初，尖身波旁的半低因秘密才被揭露，成为法国和英国饕客的最爱。

第二次世界大战后，波旁岛的咖啡生产成本太高，无法和中南美洲崛起的新兴生产国竞争，岛民纷纷改种利润更高的甘蔗，1950 年后该岛几乎看不到圆身波旁与尖身波旁。世人也淡忘了这绝品。所幸，法国人在 1860 年曾移植尖身波旁至澳大利亚东部、南太平洋上的法属小岛新喀里多尼亚，至今仍有少量栽种，但产量极稀。

波旁岛咖啡栽植业绝迹半个世纪后，遇到贵人，他就是日本上岛咖啡的专家川岛良彰。

早在 20 世纪 70 年代，川岛良彰在萨尔瓦多学习咖啡栽植时，就曾听老农诉说"古老又低因的咖啡树可能还活在法属波旁岛"。1999 年，川岛良彰赴非洲考察，顺道走访波旁岛，寻找传说中浪漫飘香的半低因咖啡，结果却大失所望。因为农民早已弃种咖啡，甚至不知道波旁岛曾有辉煌的咖啡栽培史。但他执意看咖啡，蔗农只好带他到超市买咖啡。失望之余，他给蔗农留下联系电话，结下善缘。

2001 年，他突然接到波旁岛蔗农来电，说在山区发现 30 多株矮小咖啡树，川岛良彰立即联系法国专家一起飞到该岛加以鉴定，果然是绝迹半世纪的尖身波旁。此事惊动法国国际农业发展研究中心，并与 UCC 联手复育尖身波旁。这桩跨国性的咖啡复育计划，深受国际瞩目，因为是在尖身波旁最早的发源地进行复育，这与意利咖啡买下实验室里的苗株在中南美洲试种，意义不同。

世界最贵"豆王"

复育过程极其艰辛，必须先选拔出最强壮、多产、味美又低因的母株，还需测试波旁岛最适合的水土与海拔，直到 2006 年才有 700 千克产量。2007 年 4 月，运往英国和日本首卖，UCC 烘焙后分成每单位 100 克袖珍包，要价 7,350 日元，比蓝山还贵上 5 倍。[1]

---

[1] 根据法国统计，光是 2007 年，尖身波旁已为波旁岛咖啡农创造每公顷农地 23,000 ～ 33,000 欧元的丰厚营收。

总统咖啡 = 尖身波旁

　　据说，法国前总统希拉克也是尖身波旁的贪杯者，在波旁岛不种咖啡的数十寒暑，全依赖新喀里多尼亚的珍稀来解馋。希拉克当上总统后，尖身波旁被堂而皇之送进凡尔赛宫，因而博得"总统咖啡"的雅号！

　　2010 年，上岛咖啡贩售的尖身波旁涨到每 100 克 8,000 日元。2011 年 3 月 11 日，日本发生百年大震与海啸，但尖身波旁并未受到的影响，如期在 4 月下旬接受预购。这是尖身波旁连续第 5 年在日本上岛咖啡独卖，但每 100 克涨到 8,400 日元。

　　尖身波旁同时也在法国、奥地利和英国贩售，每千克叫价 500 欧元，令人咋舌，世界最贵"豆王"，当之无愧。目前波旁岛的尖身波旁栽植面积约 12 公顷，年产生豆量 1 吨左右，仍在努力增产中。

● 豆不可貌相

　　然而，"豆王"却无帝王貌，外形尖细瘦小，奇丑无比，很容易让人看走眼，误以为是营养不良的瑕疵豆。去年春季，国外豆商寄 100 克尖身波旁样品豆到友人的烘焙厂，但接货的员工看到尖瘦豆貌，以为是超级烂豆，竟然丢到垃圾桶。两天后笔者获悉，赶紧到垃圾桶翻找，但已经来不及了，错失试烘鉴赏的机会，我只能以"豆不可貌相，手下留情"来教育员工。

上岛咖啡虽然比意利更晚接触到尖身波旁，却捷足先登，比意利早了一年贩售。虽然每年只有4月、5月才买得到，5年来已在日本掀起话题。尖身波旁堪称最尖瘦的咖啡，拿来与世界最雄伟的咖啡、一粒重达11克的巨种玛拉卡帕卡玛拉相比，很有笑点。

巴西主攻阿拉摩莎低因豆

在这场天然半低因咖啡大战中，咖啡科技最先进的巴西，当然不会缺席。巴西实验农场栽有800多株尖身波旁，但其水土不适合体弱的娇客，因此转攻跨种混血（种间混血），培育半低因新品种，亦获得初步成果。

混血新品种，咖啡因不低

早在1954年，莫桑比克发现新咖啡原种蕾丝摩莎，并送到埃塞俄比亚供研究，1965年又送到巴西进一步研究。植物学家检测染色体，发觉蕾丝摩莎只有两套，也就是 22 个染色体，为二倍体。她是真咖啡亚属底下，莫桑比克咖啡组的一员，风味虽不如阿拉比卡，但咖啡因含量只占豆重的 0.38%，远低于阿拉比卡的平均值 1.2%，且对叶锈病有抵抗力。

巴西植物家决定扮"红娘"，为两物种进行跨种杂交，但必须先解决二倍体蕾丝摩莎与四倍体阿拉比卡杂交，产出的后代无生殖力问题。经过多年育种，巴西终于培育出有 44 个染色体的变种蕾丝摩莎，才能够和四倍体的阿拉比卡混血，产出有生育力的新品种阿拉摩莎，也就是 Arabica × Racemosa = Aramosa。

混血的阿拉摩莎和阿拉比卡一样，有 44 条染色体，咖啡因含量经检测约占豆重的 0.9%，只比阿拉比卡平均值 1.2% 低了 30%，连半低因都称不上，表现还不如尖身波旁的 0.4% ～ 0.7%。

不过，达特拉庄园抢先与研究单位合作，于 2007 年推出名为"奇异一号"的阿拉摩莎，年产量不多，约 2,500 磅，宣称喝来有麦芽、杏仁、巧克力甜香与明亮果酸。每磅生豆售价 6 ～ 7 美元，倒是比尖身波旁便宜多了。

严格来说，目前欧美日贩售的尖身波旁，咖啡因含量为 0.4%～0.9%，称不上低因咖啡，顶多只能算半低因咖啡。而阿拉摩莎甚至连半低因都不够格，只能说是咖啡因含量较低，喝多了还是会影响睡眠。一般经化学处理的人工低因咖啡，咖啡因含量在 0.02%～0.03%，才可称为低因咖啡。

● **半低因咖啡杯测比香醇**

美国《华尔街日报》（*The Wall Street Journal*）也注意到半低因咖啡抢市的商业效应，于 2008 年 11 月，邀请纽约 4 位杯测师为意利的 Idillyum、上岛的尖身波旁以及达特拉的"奇异一号"进行杯测。另外，还加了一支萨尔瓦多 Los Inmortales 庄园的正常波旁豆，由第三波的知识分子烘焙，以及一支人工处理的非天然低因咖啡，由第三波的树墩城烘焙。

这 5 支豆除了意利的 Idillyum 事先已烘好外，其余 4 支的烘焙日期均为同一天，以减少变因，并在同天由 4 位杯测师做评比。

　　杯测结果出炉，上岛咖啡的尖身波旁以味谱酸甜优雅、口感厚实赢得冠军。评语较差的是达特拉"奇异一号"，评语为"像是喝一碗早餐的谷物粥，有肥皂味，酸质不雅，放凉后有海草或菠菜味"。但杯测师得知所批评的是"奇异一号"后又补充说："之前在其他地方杯测这支豆，风味比这次好多了。"

　　至于意利的 Idillyum，评语褒贬不一，"苦了点，丰富度不够，甚至有半生不熟的味道"。但也有人赞道："我很少喝浓缩，但这支的味谱非常干净，我喜欢。"意利咖啡的受测豆为罐装，在新鲜度方面吃了闷亏。这次杯测会最鼓舞人心的是，三支半低因咖啡的得分都比人工低因咖啡高，这表示天然半低因咖啡确实有开发潜力。

螳螂捕蝉，埃塞俄比亚在后

　　前述各大咖，把天然半低因咖啡炒得浓香四溢，但别忘了阿拉比卡的基因宝库埃塞俄比亚还未加入战局。

　　早在 1965 年，联合国粮农组织的专家为了保护埃塞俄比亚珍贵的阿拉比卡种源，远赴埃塞俄比亚西南、西北与东部野林，采集大批阿拉比卡的种源，送往肯尼亚、坦桑尼亚和哥斯达黎加保育，1975 年又送到巴西坎皮纳斯农业研究所。巴西科学家花了 10 多年分析与研究，发觉埃塞俄比亚的阿拉比卡遗传多样性非常丰富，咖啡因最低的只占豆重的 0.4%，不输尖身波旁，但咖啡因最高者占豆重的 2.9%，与罗布斯塔不遑多让。巴西科学家相信，埃塞俄比亚应该还有些品种的咖啡因含量比尖身波旁还要低，如果不是被列为商业机密，不得公之于世，就是尚未被发现。

◯ 埃塞俄比亚暗藏秘密品种？

此言不假，2008 年，埃塞俄比亚农业部官员宣布，已找到天然低因的品种，准备商业栽培，预计 4 年后上市，抢攻天然低因市场。但官员卖关子并未说明该品种的咖啡因含量有多低，笔者手上的资料相当有分歧，有占豆重 0.7% 的，亦有 0.07%。如果是后者，那就有意思了。咖啡因占豆重 0.07%，几乎接近欧美人工低因咖啡 0.02% ～ 0.03% 的含量标准，这对人工低因大厂，可说是一大梦魇。

无咖啡因新物种：喀麦隆咖啡

在这场天然低因大作战中，2009 年杀出个程咬金——喀麦隆咖啡。这是目前所知，中部非洲首见的无咖啡因咖啡物种（caffeine-free coffee species）。

2009 年，美国亚利桑那大学的国际物种探索学会（The International Institute for Species Exploration）与国际物种分类学家，评选出 2008 年全球确认的"十大风云新物种"，在喀麦隆南部森林发现的沙里耶里安纳咖啡（*Coffea charrieriana*）赫然入榜。据悉，她的种子不含咖啡因，是咖啡属底下的新物种。除了不含咖啡因外，也和阿拉比卡一样，以自花授粉为主，又称为喀麦隆咖啡，为天然低因大作战，增添生力军。[1]

---

[1] 沙里耶里安纳咖啡旨在纪念法国开发研究学会（Institut de recherche pour le développement，简称 IRD）的安德烈·沙里耶（André Charrier）博士，30 年来奔波非洲，从事咖啡物种采集与研究工作。沙里耶里安纳咖啡是 1983 年他在喀麦隆南部雨林保护区，以插条法取苗而得，并在实验农场培育，直到 1997 年才开始研究。2008 年，由另一组科学家确认是无咖啡因的新咖啡物种。

● 中非首例

过去科学家发现的天然半低因或无咖啡因咖啡树，多半出自埃塞俄比亚、莫桑比克或印度洋上的马达加斯加岛，以及马斯克林群岛，这是头一回在中非的喀麦隆采集到无咖啡因新物种。目前各界对沙里耶里安纳咖啡所知有限，其是二倍体还是四倍体植物？咖啡因含量多少？味谱如何？重要信息似乎仍锁在实验室里，更增添神秘性。目前只知道此物种制造咖啡因的合酶基因有缺陷，只会聚积可可碱却不会合成咖啡因。科学家正着手与阿拉比卡种混血，试图打造出低因又美味的新品种，竟功之日，尚言之过早。

巴西、喀麦隆、埃塞俄比亚、日本、法国、美国与意大利的咖啡实验室，究竟还藏有多少低因咖啡物种的最高机密？令人费疑猜。

● 低因咖啡抗病力弱

目前最大问题是，咖啡因是咖啡树抵御病虫害的武器，咖啡因含量较低的品种，其产果量与抗病力也较弱，生产成本很高。另一个问题是，咖啡因偏低的特质，能否代代相传，还是每隔几代就会失去低因特性？这都是科学家有待解决的难题。

● 咖啡因含量与杯测分数成反比?

不过,欧美植物学家研究阿拉比卡咖啡因含量与味谱优劣关系,发觉咖啡因越低,杯测分数似乎有越高倾向。巴拿马艺伎是杯测常胜军,咖啡因含量只有 0.9%,低于阿拉比卡 1.2% 的标准值;而罗布斯塔的咖啡因很高,风味很差。

但并非所有的咖啡物种均如此,马达加斯加咖啡几乎不含咖啡因,但味谱粗俗,苦味特重。可见咖啡因含量高低,并非断定味谱好坏的唯一要件。如何培育低因、味美又多产的新品种,成了近年咖啡栽植业的显学。

附录 I

全球十大最贵咖啡

完成阿拉比卡大观的论述，我忍不住列出"全球十大最贵咖啡"以及"全球十大风云咖啡"排行榜，为本套书总论篇画下香醇句点。

总论篇主要论述第三波来龙去脉、产地咖啡和重要品种；实务篇则聚焦咖啡味谱的论述、杯测、瑕疵豆，如何喝咖啡，如何换算浓度与萃出率，以及冲泡咖啡的变量与实务。在进入实务篇之前，先以这两个排行榜作为总论篇的总结。

记得 2007 年美国《福布斯》(*Forbes*) 杂志公布"全球十大最贵咖啡"排行榜，系以美国熟豆市价为准，虽然与今日行情落差不小，但仍值得参考。排名如下：

1. 印尼麝香猫，每磅 160 美元。

　　2. 巴拿马翡翠庄园艺伎，2006 年每磅拍卖价 50.25 美元，熟豆零售价 104 美元。

　　3. 巴西圣塔茵庄园 2005 年"超凡杯"冠军波旁，生豆每磅 49.75 美元，熟豆约 99.5 美元。

　　4. 圣赫勒拿岛咖啡公司（Island of St. Helena Coffee Company）的圣赫勒拿绿顶波旁，每磅熟豆 79 美元。

　　5. 危地马拉接枝庄园 2006 年"超凡杯"冠军波旁，每磅 25.2 美元，烘焙后的零售价每磅至少 50 美元。

　　6. 牙买加蓝山瓦伦佛处理厂（Wallenford Estate）的铁比卡熟豆，每磅 49 美元。

　　7. 萨尔瓦多洛帕兰庄园（Los Planes）的帕卡玛拉生豆，每磅 17.04 美元，烘焙后零售价 35 美元。

　　8. 夏威夷大岛的柯娜铁比卡熟豆，每磅 34 美元。

　　9. 波多黎各尤科精选铁比卡熟豆，每磅 22 美元。

　　10. 巴西绍班尼狄托庄园（Sao Benedito）波旁生豆，每磅 7.8 美元，烘焙后零售价 15 美元。

　　然而，时序推进，新叶换旧叶，这份名单到了 2011 年已不合时宜，有必要予以更新调整。我删掉了巴西豆，因为年产 200 多万吨的最大生产国，却不曾打进 SCAA 杯测赛金榜，昂贵豆价有点沽名钓誉，但巴西豆作为配方豆仍有其不可取代的价值。

　　我也删掉了圣赫勒拿咖啡，虽然背后有拿破仑临终前也要讨一小口来喝的传奇撑腰，但近年品质下滑，产量锐减，已失去昔日光彩。另外，台湾人迷恋的牙买加蓝山也遭除名，因为贵而不惠，要喝海岛咖啡，不如选夏威夷柯纳或咖雾，还更便宜好喝。波多黎各的尤科精选也被我删除了，因为产业结构改变，无意发展咖啡栽植业的生产国，其咖啡已不值得一试。

附录2

全球十大风云咖啡

我改以咖啡的话题性、杯测赛成绩、味谱稀有性以及身价四项标准，评选出 2008 年至 2011 年 6 月，最热门的"全球十大风云咖啡"排行榜。

1. 尖身波旁

中国台湾人对尖身波旁很陌生，但这支浪漫又香醇的半低因咖啡，却让日本人为之疯狂。即使 2011 年遭逢百年巨震与海啸，全国自肃，仍有日本咖啡迷不惜花费 8,400 日元，买 100 克解馋。她独特的荔枝味与柑橘香，迷倒古今文豪政要，是当今产量最少、咖啡因最低、身价最高的稀有品种。虽然年产仅数百千克至 1 吨，尚在复育阶段，也未打进 SCAA 杯测赛金榜，但她的传奇性，已够格奉上全球风云咖啡之首。

2. 巴拿马翡翠艺伎

2004 年艺伎初吐惊世奇香，她的橘味花韵与深长的焦糖香气，称霸各大杯测赛，话题不绝，身价更飙到 2010 年每磅生豆 170 美元新高。掀起中南美洲艺伎栽植热潮，更开拓中南美洲咖啡的新味域，是百年难得一见的奇豆。另外，翡翠庄园以及"巴拿马艺伎教父"唐·巴契，2011 年也推出古早味的日晒艺伎豆，身价不菲，掀起新话题，后势看俏。

3. 哥伦比亚艺伎

稀世美味的艺伎，不再是巴拿马所能垄断的，哥伦比亚考卡山谷省从巴拿马引进的绿顶尖身艺伎，终于发功飘香，赢得 2011 年 SCAA "年度最佳咖啡"榜首。哥伦比亚艺伎以莓香蜜味与辛香韵为主调，有别于巴拿马艺伎，今后，咖啡迷将有更多选择。"艺伎双娇"的争香斗醇才刚上演，好戏在后头。

4. 印尼麝香猫曼特宁

麝香猫咖啡是受争议的香醇，如果买到伪品或劣品，呛杂味超重；一旦喝到正宗麝香猫曼特宁咖啡，尝到她的酸甜水果调、榛果香与厚实感，保证钟爱一生。

要知道印尼不同品种的麝香猫，肠道菌种各殊，并非所有品种的麝香猫皆适合生产便便豆。基本上以体型较小、有银灰毛色的品种为佳，若是体型大、全身黑褐的麝香猫，就不太适合。另外，它吃进肚的是罗布斯塔、赖比瑞卡还是阿拉比卡，也至关重要。其中以喂食印尼曼特宁，排出的便便豆最优，如果它吃进的是罗布斯塔或赖比瑞卡，产出的便便豆会有浓浓的臭杂味，少碰为宜。再者，后制处理精湛与否，也是成败要因。

换言之，必须选对麝香猫品种，且麝香猫要吃进阿拉比卡，而后制处理更不可随便，此三大要件缺一不可，才能引出体内发酵豆的迷人味谱。

印尼与中国云南仍产有稀少的正宗麝香猫咖啡，我曾试杯多次，怀念至今。值得一提的是云南后谷咖啡公司，在咖啡园放养的麝香猫所产的便便豆，水果味谱干净剔透，是难得的极品，市面上不易买到。

至于台湾地区观光客到印尼，以一百多美元买到的麝香猫咖啡礼盒，九成以上是劣品或伪品。购买前最好先打开礼盒闻一闻，如果有呛鼻味，或烘得黑如木炭又有股浓浓奶油味，那肯定是劣品或人工调味咖啡，最好不要买。

我个人的经验是，麝香猫咖啡最好买未烘焙的生豆，先用鼻子闻一闻，如果有清香的奶酪味，肯定是真品，经过肠胃"洗礼"的生豆，才会有此风韵。

5. 埃塞俄比亚耶加雪菲小粒种日晒豆

"旧世界"以日晒古早味著称，耶加雪菲、西达莫产区，独特的小粒种咖啡最适合日晒处理，千香万味的水果味与花韵，略带姜黄、肉桂的香气，振幅很大，令人陶醉。碧洛雅、艾芮莎、雅蒂、奈吉塞均为风靡多年的日晒名品。在古早味感召下，2011 年艺伎也吹起日晒复古风。

6. 埃塞俄比亚哈拉水洗豆

埃塞俄比亚东部的咖啡重镇哈拉，千百年来独沽日晒味，近年不堪耶加日晒抢市，亦打破百年日晒古风，首度推出水洗哈拉，与耶加水洗较劲。哈拉水洗奇货可居，不易买到。我有幸试杯几回，印象深刻，水果韵深远，神似百香果，干净剔透远胜哈拉日晒，是咖啡迷必尝的珍稀品。

7. 危地马拉接枝庄园帕卡玛拉

源自萨尔瓦多的巨怪帕卡玛拉，自 2005 年起，连年在"超凡杯"大赛耀武扬威，重创萨尔瓦多与危地马拉的波旁大军。2008 年危地马拉知名接枝庄园的帕卡玛拉，更创下每磅生豆 80.2 美元新高价，震惊业界。帕卡玛拉犹如青苹果的霸道酸质，在饼干甜香与奶油味的调和下，尤为迷人，怕酸者少碰，嗜酸族必喝。

8. 肯尼亚 S28、S34 双重水洗发酵豆

肯尼亚位于埃塞俄比亚南边，但两国的咖啡味谱迥

异，埃塞俄比亚咖啡的口感较轻柔，犹如丝绸，香气神似柑橘。但肯尼亚咖啡的口感较厚实，香气以莓果为主调，另有莓类的酸质与迷人的黑糖韵，打造出迷人的地域之味，这与肯尼亚国宝品种 S28、S34，以及独到的双重水洗发酵法有关。中南美洲与夏威夷亦引进肯尼亚水洗法，增加味谱的厚实与干净度。

9. 夏威夷咖雾神秘铁比卡

过去，柯娜咖啡是夏威夷的骄傲，但 2007 年以后，柯娜东南 40 公里的新产区咖雾，在 SCAA 杯测赛四度凌迟柯娜，成为夏威夷咖啡新霸主。咖雾产区除了有危地马拉铁比卡外，还有神秘又古老的巴西铁比卡添香助阵，成就迷人的咖雾传奇。味谱厚实的咖雾，一举洗刷海岛型缺香乏醇的风评。

10. 印尼 Ateng 与 Tim Tim

印尼是中国台湾地区最大咖啡进口国，也是欧美眼中的另类生产国。咖啡专家的品种大论，到了印尼全乱了套。欧美公认的杂味混血品种 Catimor 和 Timor Hybrid，在印尼摇身变成怪异又绕口的 Ateng 和 Tim Tim，但杯测结果却胜过古老的铁比卡，原因何在？原来这些不入流的杂味品种，在印尼混合栽种的大熔炉里，又与阿拉比卡自然回交，洗净一身污秽，加上印尼独有的湿刨处理法，大幅提升两大杂味品种的味谱，建构曼特宁厚实、柔酸，有草本味与苦香的地域之味。曼特宁又是台湾地区的最爱，故选进十大风云咖啡榜。

索引
咖啡名词中外文对照表

H

Hacienda La Esmeralda 巴拿马翡翠庄园

Hair Bender 卷发器招牌综合豆

Harar 哈拉

Hario V60 日式玻璃王锥状手冲滤杯

I

Icatu 伊卡图

Intelligentsia Coffee & Tea 知识分子咖啡与茶

Interspecific Hybrid 种间混血

Intraspecific Hybrid 种内混血

K

Ka'u 咖雾

Kona 柯娜

L

Limu 林姆

Lintong Mandheling 林东曼特宁

M

Maracapacamara 巨种玛拉卡帕卡玛拉

Maracaturra 玛拉卡杜拉

Maragogype 象豆

Mattari 马塔利

Melitta 德国梅莉塔手冲滤杯

Miel / Honey processed 蜜处理法

Mocha 摩卡

Mundo Novo 新世界

N

New crop 新产季豆

Number 46 46 号综合咖啡

O
Obatā 欧巴塔
Old Crop 老豆

P
Pacamara 帕卡玛拉
Pacas 帕卡斯
Past Crop 逾产季豆
Peet's Coffee & Tea 毕兹咖啡与茶
Penny University 一分钱咖啡馆
Plantation Coffee 栽植场咖啡
Post-Espresso Era 后浓缩咖啡时代

Q
Q-Grader 精品咖啡鉴定师

R
Rasuna 雷苏娜
Ruiru11 鲁伊鲁 11

S
Sanani 沙那利
SCAA（Specialty Coffee Association of America）美国精品咖啡协会
Semi-forest Coffee 半森林咖啡
Sidama 西达莫
Specialty Coffee 精品咖啡
Stumptown Coffee Roasters 树墩城咖啡烘焙坊

T
Takengon Mandheling 塔肯贡曼特宁
Third Wave Coffee 第三波咖啡
Typica 铁比卡

U

Unwashed 日晒法

V

Villa Sarchi 薇拉莎奇

W

Washed 水洗法

Y

Yirgacheffe 耶加雪菲

图书在版编目（CIP）数据

精品咖啡学 . 总论篇 / 韩怀宗著 . — 杭州：浙江人民出版社，2022.6

ISBN 978-7-213-10369-8

Ⅰ . ①精… Ⅱ . ①韩… Ⅲ . ①咖啡—基本知识 Ⅳ . ① TS273

中国版本图书馆 CIP 数据核字（2021）第 216006 号

浙江省版权局
著作权合同登记章
图 字：11-2021-182

精品咖啡学·总论篇

JINGPIN KAFEI XUE.ZONGLUN PIAN

韩怀宗 著

出版发行	浙江人民出版社（杭州市体育场路 347 号　邮编 310006）
责任编辑	祝含瑶
责任校对	杨　帆　王欢燕
封面设计	别境 Lab
电脑制版	李春永
印　　刷	天津海顺印业包装有限公司
开　　本	787 毫米 ×1092 毫米　1/32
印　　张	16
字　　数	267 千字
版　　次	2022 年 6 月第 1 版
印　　次	2022 年 6 月第 1 次印刷
书　　号	ISBN 978-7-213-10369-8
定　　价	89.00 元